CAD/CAM/CAE
软件入门与提高

U0229546

AutoCAD 2013 中文版
入门与提高

胡仁喜 卢 园 等编著

AutoCAD
2013

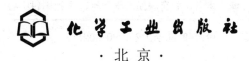

化学工业出版社

·北京·

本书重点介绍了 AutoCAD 2013 中文版的新功能及各种基本操作方法和技巧，并添加了具体的应用实例。其最大的特点是，在进行知识点讲解的同时，不仅列举了大量的实例，还有上机操作，使读者能够在实践中掌握 AutoCAD 2013 的操作方法和技巧。

全书分为 13 章，分别介绍了 AutoCAD 2013 入门、简单二维绘图命令、复杂二维绘图命令、图层与显示、精确绘图、编辑命令、文字与表格、尺寸标注、辅助绘图工具、绘制与编辑三维表面、实体造型、机械设计工程实例、建筑设计工程实例等内容。

在随书赠送的光盘中，包含了全书所有实例的源文件和效果文件，以及所有实例的操作视频和 AutoCAD 操作技巧大全电子书。

本书内容翔实，图文并茂，语言简洁，思路清晰，实例丰富，可以作为初学者的入门与提高教材，也可作为技术人员的参考工具书。

图书在版编目（CIP）数据

AutoCAD 2013 中文版入门与提高 / 胡仁喜，卢园
等编著.—北京：化学工业出版社，2013.1
（CAD/CAM/CAE 软件入门与提高）
ISBN 978-7-122-15826-0
ISBN 978-7-89472-682-7（光盘）

Ⅰ.A… Ⅱ.①胡…②卢… Ⅲ.①AutoCAD 软件
Ⅳ.TP391.72

中国版本图书馆 CIP 数据核字（2012）第 266986 号

责任编辑：瞿　微　　　　　　　　装帧设计：王晓宇

出版发行：化学工业出版社（北京市东城区青年湖南街 13 号　邮政编码 100011）
印　　装：三河市延风印装厂
787mm×1092mm　1/16　印张 23$\frac{1}{2}$　字数 602 千字　2013 年 1 月北京第 1 版第 1 次印刷

购书咨询：010-64518888（传真：010-64519686）　售后服务：010-64518899
网　　址：http://www.cip.com.cn
凡购买本书，如有缺损质量问题，本社销售中心负责调换。

定　　价：49.80 元(含 1DVD-ROM)　　　　　　　　　　　　　　版权所有　违者必究

丛书序

计算机日新月异的发展带动了各行各业的突飞猛进。工业界也在这场计算机革命的风暴中激流勇进，由过去传统的手工绘图设计与制造演变为今天的计算机辅助设计、计算机辅助制造。

目前我国的工程应用已全面进入 CAD/CAM/CAE 时期。世界上一些著名的 CAD/CAM/CAE 软件也在国内找到了相应稳定的用户群。各科研院所、工厂企业都根据自己行业发展与应用的需要，选用了其中一个或多个软件作为自己的工程应用工具。各大专院校也根据人才培养的需要，顺应时代潮流，根据相关专业应用需要，已经在课程设置中，将这些应用软件的学习列为重要的专业或专业基础课程。

为了适应 CAD/CAM/CAE 软件在工程应用中的迅速普及发展，提高广大工程设计人员的 CAD/CAM/CAE 软件应用能力，我们推出了这套《CAD/CAM/CAE 软件入门与提高》丛书。本丛书具有以下几个方面的特点。

一、图书层次

本系列丛书主要为 CAD/CAM/CAE 工程应用用户群体编写，读者可以是没有任何 CAD/CAM/CAE 软件应用基础、但又想尽快掌握并利用 CAD/CAM/CAE 软件进行工程设计的入门级学者，也可以是对 CAD/CAM/CAE 软件有初步的了解、但没有太多实际操作经验的初级学者。读者群体以大学高年级学生和企业设计与研发岗位上的技术人员为主，也包括一些参加社会培训、准备提高自身专业技能的人员。

二、写作模式

本系列图书采用了以实例推动基础知识讲解的写作方式，回避枯燥的基础知识讲解，通过实例讲解来演绎软件的功能。为了达到快速提高读者工程应用能力和熟悉软件功能的目的，在具体的实例讲解过程中我们注意了以下 4 点。

1．循序渐进

内容的讲解由浅入深，从易到难，以必要的基础知识作为铺垫，结合实例来逐步引导读者掌握软件的功能与操作技巧，让读者潜移默化地进入顺畅学习的轨道，逐步提高软件应用能力。

2．覆盖全面

本书在立足基本软件功能应用的基础上，全面地介绍了软件的各个功能模块，使读者全面掌握软件的强大功能，提高 CAD/CAM/CAE 工程应用能力。

3．学以致用

这是本系列丛书独具的特色，本丛书中的实例完全来源于工程实践，忠实于工程客观实际，帮助读者身临其境地演练工程设计案例，达到培养读者完整的工程设计能力的目的。

4．画龙点睛

本书在讲解基础知识和相应实例的过程中，及时对某些技巧进行总结，对知识的关键点给出提示，这样能够使读者少走弯路，能力得到快速提高。

三、丛书书目

本丛书的作者全部来自工程设计和教学一线，具有丰富的实践经验。根据他们对行业和市场的了解，以及多年来的经验，我们在本套丛书中组织了以下书目。

《AutoCAD 2013 中文版入门与提高》

《CAXA 电子图板 2013 入门与提高》

《Creo Parametric 2.0 中文版入门与提高》

《UG NX 9.0 中文版入门与提高》

《SolidWorks 2013 中文版入门与提高》

《Mastercam X6 中文版入门与提高》

《Altium Designer 11 电路设计入门与提高》

《ANSYS 14.0 有限元分析入门与提高》

上面这 8 本书，分别代表了 CAD/CAM/CAE 工程应用领域中各主要软件和各专业领域。希望通过本丛书的出版，为工程设计领域的广大读者提供一条快速提高 CAD/CAM/CAE 工程应用能力的捷径。

编者

2012 年 10 月

前　言

AutoCAD 是美国 Autodesk 公司推出的，集二维绘图、三维设计、渲染及通用数据库管理和互联网通讯功能为一体的计算机辅助绘图软件包。自 1982 年推出以来，从初期的 1.0 版本，经多次版本更新和性能完善，现已发展到 AutoCAD 2013。它不仅在机械、电子和建筑等工程设计领域得到了广泛的应用，而且在地理、气象、航海等特殊图形的绘制，甚至乐谱、灯光、幻灯和广告等领域也得到了多方面的应用，目前已成为微机 CAD 系统中应用最为广泛的图形软件之一。

本书的编者都是各高校多年从事计算机图形教学研究的一线人员，他们具有丰富的教学实践经验与教材编写经验，多年的教学工作使他们能够准确地把握读者心理与实际需求。值此 AutoCAD 2013 面市之际，编者根据广大读者对工程应用学习的需要编写了此书。本书凝结着他们的经验与体会，贯彻着他们的教学思想，希望能够为广大读者的学习起到良好的引导作用，为广大读者自学提供一个简洁有效的捷径。

本书重点介绍了 AutoCAD 2013 中文版的新功能及各种基本操作方法和技巧，还添加了具体应用实例。全书分为 13 章，分别介绍了 AutoCAD 2013 入门、简单二维绘图命令、复杂二维绘图命令、图层与显示、精确绘图、编辑命令、文字与表格、尺寸标注、辅助绘图工具、绘制与编辑三维表面、实体造型、机械设计工程实例、建筑设计工程实例等内容。

随书配送的多媒体光盘包含全书所有实例的源文件和效果图演示，以及所有讲解实例操作过程的 AVI 文件，可以帮助读者更加形象直观、轻松自在地学习本书。为了帮助读者提高应用 AutoCAD 的技巧，随书光盘还赠送了编者多年来积累和总结的 AutoCAD 操作技巧大全电子书。

本书在介绍的过程中，注意由浅入深、从易到难，各章节既相对独立又前后关联。编者根据自己多年的经验及学习的通常心理，及时给出总结和相关提示，帮助读者快捷地掌握所学知识。全书解说翔实，图文并茂，语言简洁，思路清晰，可以作为初学者的入门教材，也可作为工程技术人员的参考工具书。

本书的主要编写人员为胡仁喜和卢园。另外，路纯红、康士廷、刘昌丽、熊慧、王佩楷、袁涛、张日晶、李鹏、王义发、周广芬、王培合、周冰、王玉秋、李瑞、董伟、王敏、王渊峰、王兵学、王艳池、夏德伟、张俊生等也参与了部分章节的编写。限于时间和编者水平，书中疏漏之处在所难免，不当之处恳请读者批评指正，编者不胜感激。有任何问题，请登录网站 www.sjzsanweishuwu.com 或联系 win760520@126.com。

编　者
2012 年 10 月

目　录

第 1 章

AutoCAD 2013 入门

本章我们学习 AutoCAD 2013 绘图的基本知识，了解如何设置图形的系统参数、样板图，熟悉创建新的图形文件、打开已有文件的方法等，为进入系统学习准备必要的前提知识。

◆ 熟悉操作界面

◆ 设置绘图环境

◆ 配置绘图系统

◆ 了解文件管理

◆ 掌握基本输入操作

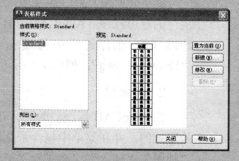

1.1 操作界面

AutoCAD 的操作界面是 AutoCAD 显示、编辑图形的区域,一个完整的 AutoCAD 操作界面如图 1-1 所示,包括标题栏、菜单栏、工具栏、快速访问工具栏、交互信息工具栏、功能区、绘图区、十字光标、坐标系图标、命令行窗口、状态栏、布局标签、滚动条、状态托盘等。

提示

需要将 AutoCAD 的工作空间切换到"AutoCAD 经典"模式下(单击操作界面右下角中的"切换工作空间"按钮,在打开的菜单中单击"AutoCAD 经典"命令),才能显示如图 1-1 所示的操作界面。本书稿中的所有操作均在"AutoCAD 经典"模式下进行。

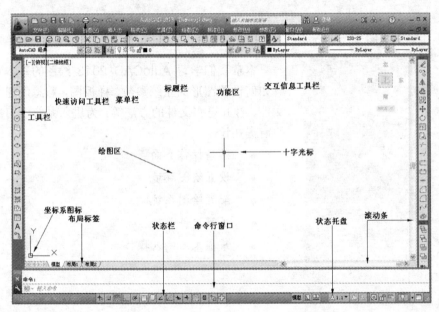

图 1-1　AutoCAD 2013 中文版操作界面

1. 标题栏

在 AutoCAD 2013 中文版操作界面的最上端是标题栏。在标题栏中,显示了系统当前正在运行的应用程序(AutoCAD 2013)和用户正在使用的图形文件名称。在第一次启动 AutoCAD 2013 时,在标题栏中将显示 AutoCAD 2013 在启动时创建并打开的图形文件的名称"Drawing1.dwg",如图 1-1 所示。

2. 菜单栏

在 AutoCAD 标题栏的下方是菜单栏,同其他 Windows 程序一样,AutoCAD 的菜单也是下拉形式的,并在菜单中包含子菜单。AutoCAD 的菜单栏中包含 12 个菜单:"文件"、"编辑"、"视图"、"插入"、"格式"、"工具"、"绘图"、"标注"、"修改"、"参数"、"窗口"和"帮助",这些菜单几乎包含了 AutoCAD 的所有绘图命令,后面的章节将对这些菜单功能作详细的讲解。一般来讲,AutoCAD 下拉菜单中的命令有以下 3 种。

（1）带有子菜单的菜单命令。这种类型的菜单命令后面带有小三角形。例如，选择菜单栏中的"绘图"→"圆"命令，系统就会进一步显示出"圆"子菜单中所包含的命令，如图 1-2 所示。

图 1-3 打开对话框的菜单命令

图 1-2 带有子菜单的菜单命令

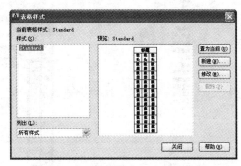

图 1-4 "表格样式"对话框

（2）打开对话框的菜单命令。这种类型的命令后面带有省略号。例如，选择菜单栏中的"格式"→"表格样式"命令，如图 1-3 所示，系统就会打开"表格样式"对话框，如图 1-4 所示。

（3）直接执行操作的菜单命令。这种类型的命令后面既不带小三角形，也不带省略号，选择该命令将直接进行相应的操作。例如，选择菜单栏中的"视图"→"重画"命令，系统将刷新显示所有视图。

3．工具栏

工具栏是一组按钮工具的集合，把光标移动到某个按钮上，稍停片刻即可在该按钮的一侧显示相应的功能提示，同时在状态栏中显示对应的说明和命令名，此时，单击按钮就可以启动相应的命令了。在 AutoCAD 经典模式的默认情况下，可以看到操作界面顶部的"标准"工具栏、"样式"工具栏、"特性"工具栏以及"图层"工具栏（如图 1-5 所示）和位于绘图区左侧的"绘图"工具栏、右侧的"修改"工具栏和"绘图次序"工具栏（如图 1-6 所示）。

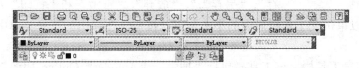

图 1-5 "标准"、"样式"、"特性"、"图层"工具栏

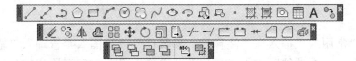

图 1-6 "绘图"、"修改"、"绘图次序"工具栏

01 chapter
02 chapter
03 chapter
04 chapter
05 chapter
06 chapter
07 chapter
08 chapter
09 chapter
10 chapter
11 chapter
12 chapter
13 chapter

3

（1）设置工具栏。AutoCAD 2013 提供了 50 种工具栏，将光标放在操作界面上方的工具栏区右击，系统会自动打开单独的工具栏标签，如图 1-7 所示。单击某一个未在界面显示的工具栏名，系统自动在界面打开该工具栏；反之，关闭该工具栏。

（2）工具栏的"固定"、"浮动"与"打开"。工具栏可以在绘图区"浮动"显示（如图 1-8 所示），此时显示该工具栏标题，并可关闭该工具栏。可以拖动"浮动"工具栏到绘图区边界，使它变为"固定"工具栏，此时该工具栏标题隐藏；也可以把"固定"工具栏拖出，使它成为"浮动"工具栏。

图 1-7　单独的工具栏标签　　　　　　　　　图 1-8　"浮动"工具栏

图 1-9　打开工具栏

有些工具栏按钮的右下角带有一个小三角，单击会打开相应的工具栏，将光标移动到某一按钮上并单击，该按钮就变为当前显示的按钮。单击当前显示的按钮，即可执行相应的命令（如图 1-9 所示）。

4．快速访问工具栏和交互信息工具栏

（1）快速访问工具栏。该工具栏包括"新建"、"打开"、"保存"、"另存为"、"放弃"、"重做"和"打印"7 个最常用的工具按钮。用户也可以单击此工具栏后面的小三角下拉按钮，在弹出的下拉菜单中选择需要的常用工具。

（2）交互信息工具栏。该工具栏包括"搜索"、"Autodesk Online 服务"、"交换"和"帮助"4 个常用的数据交互访问工具按钮。

5．功能区

功能区包括"常用"、"插入"、"注释"、"参数化"、"视图"、"管理"、"输出"、"插件"和"联机"9 个选项卡，在功能区中集成了相关的操作工具，方便了用户的使用。用户可以单击功能区选项板后面的下拉按钮，控制功能的展开与收缩。打开或关闭功能区的操作方法如下。

命令行：RIBBON（或 RIBBONCLOSE）。

菜单：选择菜单栏中的"工具"→"选项板"→"功能区"命令。

6. 绘图区

绘图区是指在标题栏下方的大片空白区域，是用户使用 AutoCAD 绘制图形的区域。用户要完成一幅设计图形，其主要工作都是在绘图区中完成。

在绘图区中，有一个十字线，该十字线称为光标，其交点坐标反映了光标在当前坐标系中的位置。十字线的方向与当前用户坐标系的 X、Y 轴方向平行，十字线的长度系统预设为绘图区大小的 5%。

（1）修改绘图区十字光标的大小。光标的长度，用户可以根据绘图的实际需要修改其大小，修改光标大小的操作方法如下。

选择菜单栏中的"工具"→"选项"命令，打开"选项"对话框，如图 1-10 所示。单击"显示"选项卡，在"十字光标大小"文本框中直接输入数值，或拖动文本框后面的滑块，即可以对十字光标的大小进行调整。

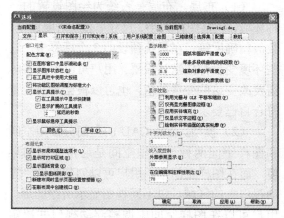

图 1-10　"显示"选项卡

此外，还可以通过设置系统变量 CURSORSIZE 的值，修改其大小，其操作方法是在命令行中输入如下命令。

命令：CURSORSIZE✓
输入 CURSORSIZE 的新值 <5>：

在提示下输入新值即可修改光标大小，默认值为 5%。

（2）修改绘图区的颜色。在默认情况下，AutoCAD 的绘图区是黑色背景、白色线条，这不符合大多数用户的习惯，因此修改绘图区颜色是大多数用户都要进行的操作。修改绘图区颜色的操作方法如下。

1）选择菜单栏中的"工具"→"选项"命令，打开"选项"对话框。单击"显示"选项卡，再单击"窗口元素"选项组中的"颜色"按钮，打开如图 1-11 所示的"图形窗口颜色"对话框。

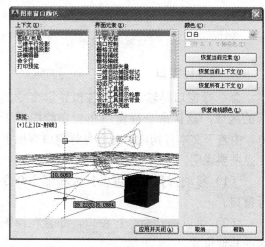

图 1-11　"图形窗口颜色"对话框

2）在"颜色"下拉列表框中，选择需要的窗口颜色，然后单击"应用并关闭"按钮，此时 AutoCAD 的绘图区就变换了背景色，通常按视觉习惯选择白色为窗口颜色。

7. 坐标系图标

在绘图区的左下角，有一个箭头指向的图标，称为坐标系图标，表示用户绘图时正在使用的坐标系样式。坐标系图标的作用是为点的坐标确定一个参照系。根据工作需要，用户可以选择将其关闭，其操作方法是选择菜单栏中的"视图"→"显示"→"UCS 图标"→"开"命令，如图 1-12 所示。

图 1-12 "视图"菜单

8．命令行窗口

命令行窗口是输入命令名和显示命令提示的区域，默认命令行窗口布置在绘图区下方，由若干文本行构成。对命令行窗口有以下几点需要说明。

（1）移动拆分条，可以扩大和缩小命令行窗口。

（2）可以拖动命令行窗口，布置在绘图区的其他位置。

（3）对当前命令行窗口中输入的内容，可以按<F2>键用文本编辑的方法进行编辑，如图 1-13 所示。AutoCAD 文本窗口和命令行窗口相似，可以显示当前 AutoCAD 进程中命令的输入和执行过程。在执行 AutoCAD 某些命令时，会自动切换到文本窗口，列出有关信息。

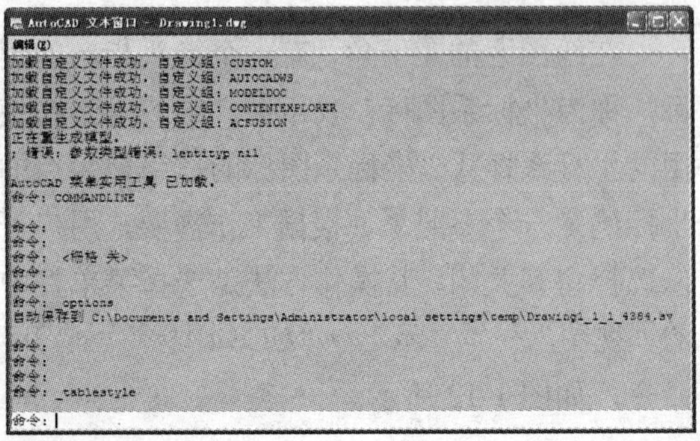

图 1-13 文本窗口

（4）AutoCAD 通过命令行窗口反馈各种信息，也包括出错信息，因此，用户要时刻关注在命令行窗口中出现的信息。

9．状态栏

状态栏在操作界面的底部，左端显示绘图区中光标定位点的坐标 x、y、z 值，右端依次有"推断约束"、"捕捉模式"、"栅格显示"、"正交模式"、"极轴追踪"、"对象捕捉"、"三维对象捕捉"、"对象捕捉追踪"、"允许/禁止动态 UCS"、"动态输入"、"显示/隐藏线宽"、"显示/隐藏透明度"、"快捷特征"、"选择循环"和"注释监视器"15 个功能开关按钮。单击这些开关按钮，可以实现这些功能的开和关。这些开关按钮的功能与使用方法将在第 5 章详细介绍，在此从略。

10．布局标签

AutoCAD 系统默认设定一个"模型"空间和"布局 1"、"布局 2"两个图样空间布局标签。在这里有两个概念需要解释一下。

（1）布局。布局是系统为绘图设置的一种环境，包括图样大小、尺寸单位、角度设定、数值精确度等。在系统预设的 3 个标签中，这些环境变量都按默认设置。用户可以根据实际需要改变这些变量的值，也可以根据需要设置符合自己要求的新标签。

（2）模型。AutoCAD 的空间分模型空间和图样空间两种。模型空间是通常绘图的环境，而在图样空间中，用户可以创建叫做"浮动视口"的区域，以不同视图显示所绘图形。用户可以在图样空间中调整浮动视口并决定所包含视图的缩放比例。如果用户选择图样空间，可打印多个视图，也可以打印任意布局的视图。AutoCAD 系统默认打开模型空间，用户可以通过单击操作界面下方的布局标签，选择需要的布局。

11．滚动条

在 AutoCAD 的绘图区下方和右侧还提供

了用来浏览图形的水平和竖直方向的滚动条。拖动滚动条中的滚动块，可以在绘图区按水平或竖直两个方向浏览图形。

12．状态托盘

状态托盘包括一些常见的显示工具和注释工具按钮，包括模型与布局空间转换按钮，如图 1-14 所示，通过这些按钮可以控制图形或绘图区的状态。

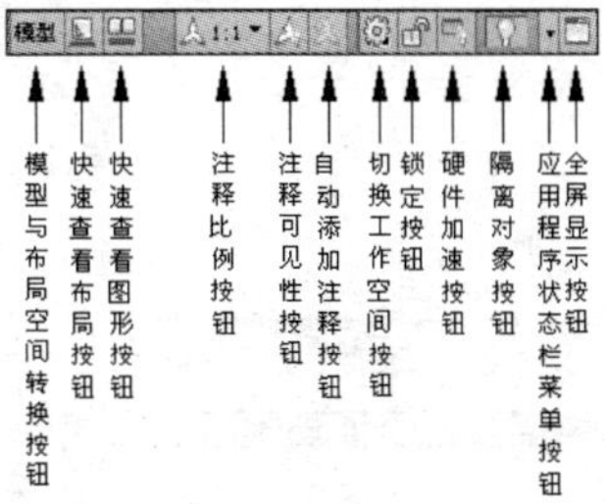

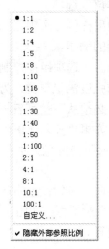

图 1-14　状态托盘

- "模型与布局空间转换"按钮 模型：在模型空间与布局空间之间进行转换。
- "快速查看布局"按钮：快速查看当前图形在布局空间中的布局。
- "快速查看图形"按钮：快速查看当前图形在模型空间中的位置。
- "注释比例"按钮 1:1▾：单击注释比例右侧的下三角按钮，弹出注释比例列表，如图 1-15 所示，可以根据需要选择适当的注释比例。

```
● 1:1
  1:2
  1:4
  1:5
  1:8
  1:10
  1:16
  1:20
  1:30
  1:40
  1:50
  1:100
  2:1
  4:1
  8:1
  10:1
  100:1
  自定义…
  ✔ 隐藏外部参照比例
```

图 1-15　注释比例列表

- "注释可见性"按钮：当图标亮显时，表示显示所有比例的注释性对象；当图标变暗时，表示仅显示当前比例的注释性对象。
- "自动添加注释"按钮：更改注释比例时，自动将比例添加到注释对象。
- "切换工作空间"按钮：进行工作空间转换。
- "锁定"按钮：控制是否锁定工具栏或绘图区在操作界面中的位置。
- "硬件加速"按钮：设定图形卡的驱动程序以及设置硬件加速的选项。
- "隔离对象"按钮：当选择隔离对象时，在当前视图中显示选定对象，所有其他对象都暂时隐藏；当选择隐藏对象时，在当前视图中暂时隐藏选定对象，所有其他对象都可见。
- "应用程序状态栏菜单"按钮：单击该按钮，弹出如图 1-16 所示的快捷菜单，可以选择打开或锁定相关选项位置。

图 1-16　快捷菜单

- "全屏显示"按钮：该选项可以清除 Windows 窗口中的标题栏、工具栏和选项板等界面元素，使 AutoCAD 的绘图区全屏显示，如图 1-17 所示。

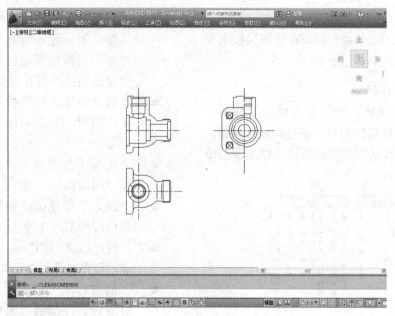

图 1-17　全屏显示

1.2 设置绘图环境

1.2.1 设置图形单位

1. 执行方式

- 命令行：DDUNITS（或 UNITS，快捷命令：UN）。
- 菜单栏：选择菜单栏中的"格式"→"单位"命令。

执行上述操作后，系统打开"图形单位"对话框，如图 1-18 所示，该对话框用于定义单位和角度格式。

图 1-18　"图形单位"对话框

2. 选项说明

（1）"长度"与"角度"选项组：指定测量的长度与角度当前单位及精度。

（2）"插入时的缩放单位"选项组：控制插入到当前图形中的块和图形的测量单位。如果块或图形创建时使用的单位与该选项指定的单位不同，则在插入这些块或图形时，将对其按比例进行缩放。插入比例是原块或图形使用的单位与目标图形使用的单位之比。如果插入块时不按指定单位缩放，则在其下拉列表框中选择"无单位"选项。

（3）"输出样例"选项组：显示用当前单位和角度设置的例子。

（4）"光源"选项组：控制当前图形中光度控制光源的强度测量单位。为创建和使用光度控制光源，必须从下拉列表框中指定非"常规"的单位。如果"插入比例"设置为"无单位"，则将显示警告信息，通知用户渲染输出可能不正确。

（5）"方向"按钮：单击该按钮，系统打开"方向控制"对话框，如图 1-19 所示，可进行方向控制设置。

图 1-19　"方向控制"对话框

1.2.2　设置图形界限

1．执行方式

● 命令行：LIMITS。
● 菜单栏：选择菜单栏中的"格式"
　→"图形界限"命令。

2．操作步骤

命令行提示与操作如下。

命令：LIMITS✓
重新设置模型空间界限：
　指定左下角点或 [开(ON)/关(OFF)]
<0.0000,0.0000>：输入图形界限左下角的坐标，
按<Enter>键。
　指定右上角点 <12.0000,9.0000>：输入图形
界限右上角的坐标，按<Enter>键。

3．选项说明

（1）开（ON）：使图形界限有效。系统在图形界限以外拾取的点将视为无效。

（2）关（OFF）：使图形界限无效。用户可以在图形界限以外拾取点或实体。

（3）动态输入角点坐标：可以直接在绘图区的动态文本框中输入角点坐标，输入了横坐标值后，按<,>键，接着输入纵坐标值，如图 1-20 所示；也可以在光标位置直接单击，确定角点位置。

图 1-20　动态输入

1.3　配置绘图系统

每台计算机所使用的显示器、输入设备和输出设备的类型不同，用户喜好的风格及计算机的目录设置也不同。一般来讲，使用 AutoCAD 2013 的默认配置就可以绘图。但为了使用定点设备或打印机，以及提高绘图的效率，推荐用户在开始作图前先进行必要的配置。

1．执行方式

● 命令行：PREFERENCES。
● 菜单栏：选择菜单栏中的"工具"
　→"选项"命令。
● 快捷菜单：在绘图区右击，系统打开快捷菜单，如图 1-21 所示，选择"选项"命令。

图 1-21　快捷菜单

2．操作步骤

执行上述命令后，系统打开"选项"对话框，用户可以在该对话框中设置有关选项，对绘图系统进行配置。下面就其中主要的两个选项卡做一下说明，其他配置选项在后面用到时再做具体说明。

（1）系统配置。"选项"对话框中的第 5 个选项卡为"系统"选项卡，如图 1-22 所示，该选项卡用来设置 AutoCAD 系统的有关特性。其中"常规选项"选项组确定是否选择系统配置的有关基本选项。

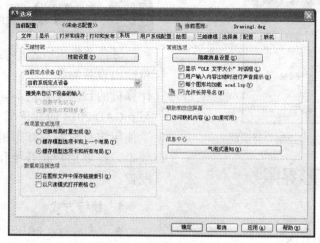

图 1-22　"系统"选项卡

（2）显示配置。"选项"对话框中的第 2 个选项卡为"显示"选项卡，该选项卡用于控制 AutoCAD 系统的外观，如图 1-23 所示。该选项卡设定滚动条显示与否、界面菜单显示与否、绘图区颜色、光标大小、AutoCAD 的版面布局设置、各实体的显示精度等。

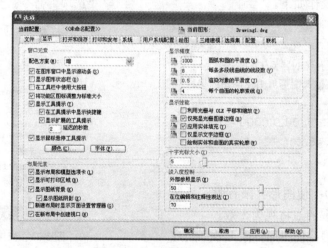

图 1-23　"显示"选项卡

提示

设置实体显示精度时，请务必记住，显示质量越高，即精度越高，计算机计算的时间越长。建议不要将精度设置得太高，显示质量设定在一个合理的程度即可。

1.4　文件管理

本节介绍有关文件管理的一些基本操作方法，包括新建文件、打开已有文件、保存文件、删除文件等，这些都是进行 AutoCAD 操作最基础的知识。

1．新建文件

新建文件的执行方式有以下 3 种。

- 命令行：NEW。
- 菜单栏：选择菜单栏中的"文件"→"新建"命令。
- 工具栏：单击"标准"工具栏中的"新建"按钮 □。

执行上述命令后，系统打开如图 1-24 所示的"选择样板"对话框。

图 1-24 "选择样板"对话框

另外还有一种快速创建图形的功能，该功能是开始创建新图形的最快捷方法。

命令行：QNEW✓

执行上述命令后，系统立即从所选图形样板中创建新图形，而不显示任何对话框或提示。

在运行快速创建图形功能之前必须进行如下设置。

（1）在命令行输入"FILEDIA"，按<Enter>键，设置系统变量为 1；在命令行输入"STARTUP"，设置系统变量为 0。

（2）选择菜单栏中的"工具"→"选项"命令，在"选项"对话框中选择默认图形样板文件。具体操作方法是：在"文件"选项卡中单击"样板设置"前面的"+"，在展开的选项列表中选择"快速新建默认样板文件名"选项，如图 1-25 所示；单击"浏览"按钮，打开"选择文件"对话框，然后选择需要的样板文件即可。

2．打开文件

打开文件的执行方式有以下 3 种。

- 命令行：OPEN。
- 菜单栏：选择菜单栏中的"文件"→"打开"命令。
- 工具栏：单击"标准"工具栏中的"打开"按钮 □。

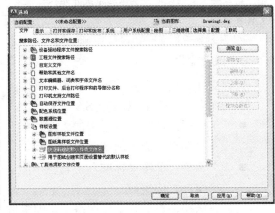

图 1-25 "文件"选项卡

执行上述命令后，打开"选择文件"对话框，如图 1-26 所示。在"文件类型"下拉列表框中用户可选 .dwg 文件、.dwt 文件、.dxf 文件和 .dws 文件。.dws 文件是包含标准图层、标注样式、线型和文字样式的样板文件；.dxf 文件是用文本形式存储的图形文件，能够被其他程序读取，许多第三方应用软件都支持 .dxf 格式。

图 1-26 "选择文件"对话框

有时在打开.dwg文件时，系统会打开一个信息提示对话框，提示用户图形文件不能打开，在这种情况下先退出打开操作，然后选择菜单栏中的"文件"→"图形实用工具"→"修复"命令，或在命令行中输入"recover"，接着在"选择文件"对话框中输入要恢复的文件，确认后系统开始执行恢复文件操作。

3．保存文件

保存文件的执行方式有以下 3 种。
● 命令名：QSAVE（或 SAVE）。
● 菜单栏：选择菜单栏中的"文件"→"保存"命令。
● 工具栏：单击"标准"工具栏中的"保存"按钮 。

执行上述命令后，若文件已命名，则系统自动保存文件；若文件未命名（即为默认名 Drawing1.dwg），则系统打开"图形另存为"对话框，如图 1-27 所示，用户可以重新命名文件并保存。在"保存于"下拉列表框中指定保存文件的路径，在"文件类型"下拉列表框中指定保存文件的类型。

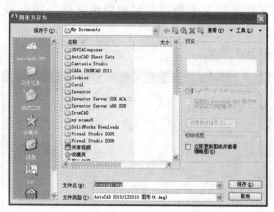

图 1-27 "图形另存为"对话框

为了防止因意外操作或计算机系统故障导致正在绘制的图形文件丢失，可以对当前图形文件设置自动保存，其操作方法如下。

（1）在命令行输入"SAVEFILEPATH"，按<Enter>键，设置所有自动保存文件的位置，如"D:\HU\"。

（2）在命令行输入"SAVEFILE"，按<Enter>键，设置自动保存文件名。该系统变量储存的文件名文件是只读文件，用户可以从中查询自动保存的文件名。

（3）在命令行输入"SAVETIME"，按<Enter>键，指定在使用自动保存时，多长时间保存一次图形，单位是"分"。

4．另存为

另存为的执行方式有以下两种。
● 命令行：SAVEAS。
● 菜单栏：选择菜单栏中的"文件"→"另存为"命令。

执行上述命令后，打开"图形另存为"对话框，如图 1-27 所示，系统用新的文件名保存，并为当前图形更名。

系统打开"选择样板"对话框，在"文件类型"下拉列表框中有 4 种格式的图形样板，后缀分别是.dwt、.dwg、.dws 和.dxf。

5．退出

退出的执行方式有以下 3 种。
● 命令行：QUIT 或 EXIT。
● 菜单栏：选择菜单栏中的"文件"→"退出"命令。
● 按钮：单击 AutoCAD 操作界面右上角的"关闭"按钮 。

执行上述操作后，若用户对图形所做的修改尚未保存，则会打开如图 1-28 所示的系统警告对话框。单击"是"按钮，系统将保存文件，然后退出；单击"否"按钮，系统将不保存文件。若用户对图形所做的修改已经保存，则直接退出。

图 1-28 系统警告对话框

1.5　基本输入操作

1.5.1　命令输入方式

AutoCAD 交互绘图必须输入必要的指令和参数。有多种 AutoCAD 命令输入方式，下面以画直线为例，介绍命令输入方式。

（1）在命令行输入命令名。命令字符可不区分大小写，例如命令"LINE"。执行命令时，在命令行提示中经常会出现命令选项。在命令行输入绘制直线命令"LINE"后，命令行中的提示如下。

命令: LINE↙
　指定第一点：在绘图区指定一点或输入一个点的坐标
　指定下一点或 [放弃(U)]:

命令行中不带括号的提示为默认选项（如上面的"指定下一点或"），因此可以直接输入直线段的起点坐标或在绘图区指定一点；如果要选择其他选项，则应该首先输入该选项的标识字符，如"放弃"选项的标识字符"U"，然后按系统提示输入数据即可。在命令选项的后面有时还带有尖括号，尖括号内的数值为默认数值。

（2）在命令行输入命令缩写字。例如 L（Line）、C（Circle）、A（Arc）、Z（Zoom）、R（Redraw）、M（Move）、CO（Copy）、PL（Pline）、E（Erase）等。

（3）选择"绘图"菜单栏中对应的命令，在命令行窗口中可以看到对应的命令说明及命令名。

（4）单击"绘图"工具栏中对应的按钮，在命令行窗口中也可以看到对应的命令说明及命令名。

（5）在命令行打开快捷菜单。如果在前面刚使用过要输入的命令，可以在命令行右击，打开快捷菜单，在"最近使用的命令"子菜单中选择需要的命令，如图 1-29 所示。"最近使用的命令"子菜单中储存最近使用的 6 个

命令，如果经常重复使用某 6 个命令以内的命令，这种方法就比较快速简洁。

图 1-29　命令行快捷菜单

（6）在绘图区右击。如果用户要重复使用上次使用的命令，可以直接在绘图区右击，打开快捷菜单，选择"重复"命令，系统立即重复执行上次使用的命令。这种方法适用于重复执行某个命令。

教你一招

在命令行中输入坐标时，请检查此时的输入法是否是英文输入。如果是中文输入法，例如输入"150，20"，则由于逗号"，"的原因，系统会认定该坐标输入无效。这时，只需将输入法改为英文即可。

1.5.2　命令的重复、撤销、重做

（1）命令的重复。单击<Enter>键，可重复调用上一个命令，不管上一个命令是完成了还是被取消了。

（2）命令的撤销。在命令执行的任何时刻都可以取消和终止命令的执行。其执行方式有以下 3 种。

- 命令行：UNDO。
- 菜单栏：选择菜单栏中的"编辑"→"放弃"命令。
- 快捷键：按<Esc>键。

（3）命令的重做。已被撤销的命令要恢复重做，可以恢复撤销的最后一个命令。其执行方式有以下 3 种。

- 命令行：REDO。

01 chapter
02 chapter
03 chapter
04 chapter
05 chapter
06 chapter
07 chapter
08 chapter
09 chapter
10 chapter
11 chapter
12 chapter
13 chapter

- 菜单栏：选择菜单栏中的"编辑"
  →"重做"命令。
- 快捷键：按<Ctrl>+<Y>键。

AutoCAD 2013 可以一次执行多重放弃和重做操作。单击"标准"工具栏中的"放弃"按钮或"重做"按钮后面的小三角，可以选择要放弃或重做的操作，如图1-30所示。

图 1-30　多重放弃选项

1.5.3　透明命令

在 AutoCAD 2013 中有些命令不仅可以直接在命令行中使用，还可以在其他命令的执行过程中插入并执行，待该命令执行完毕后，系统继续执行原命令，这种命令称为透明命令。透明命令一般多为修改图形设置或打开辅助绘图工具的命令。

1.5.2 节中 3 种命令的执行方式同样适用于透明命令的执行，例如在命令行中进行如下操作。

```
命令: ARC✓
指定圆弧的起点或 [圆心(C)]: 'ZOOM✓透明使
用显示缩放命令 ZOOM
>>执行 ZOOM 命令
正在恢复执行 ARC 命令
指定圆弧的起点或 [圆心(C)]: 继续执行原命令
```

1.5.4　按键定义

在 AutoCAD 2013 中，除了可以通过在命令行输入命令、单击工具栏按钮或选择菜单栏中的命令来完成操作外，还可以通过使用键盘上的一组或单个快捷键快速实现指定功能，例如按<F1>键，系统调用 AutoCAD 帮助对话框。

系统使用 AutoCAD 传统标准（Windows之前）或 Microsoft Windows 标准解释快捷键。有些快捷键在 AutoCAD 的菜单中已经指出，例如"粘贴"的快捷键为"<Ctrl>+<V>"，这些只要用户在使用的过程中多加留意，就会熟练掌握。快捷键的定义见菜单命令后面的说明，例如"粘贴<Ctrl>+<V>"。

1.5.5　命令执行方式

有的命令有两种执行方式，通过对话框或通过命令行输入命令。如果指定使用命令行方式，可以在命令名前加短划线来表示，例如"-LAYER"表示用命令行方式执行"图层"命令。而如果在命令行输入"LAYER"，系统则会打开"图层特性管理器"对话框。

另外，有些命令同时存在命令行、菜单栏和工具栏 3 种执行方式，这时如果选择菜单栏或工具栏方式，命令行会显示该命令，并在前面加一下划线。例如，通过菜单栏或工具栏方式执行"直线"命令时，命令行会显示"_line"，命令的执行过程和结果与命令行方式相同。

1.5.6　坐标系统与数据输入法

1. 新建坐标系

AutoCAD 采用两种坐标系：世界坐标系（WCS）与用户坐标系。用户刚进入 AutoCAD 时的坐标系统就是世界坐标系，是固定的坐标系统。世界坐标系是坐标系统中的基准，绘制图形时大多都是在这个坐标系统下进行的。其执行方式有以下 3 种。

- 命令行：UCS。
- 菜单栏：选择菜单栏的"工具"→"新建 UCS"子菜单中相应的命令。
- 工具栏：单击"UCS"工具栏中的相应按钮。

AutoCAD 有两种视图显示方式：模型空间和图纸空间。模型空间使用单一视图显示，我们通常使用的都是这种显示方式；图纸空间能够在绘图区创建图形的多视图，用户可以对其中每一个视图进行单独操作。在默认情况下，当前 UCS 与 WCS 重合。如图 1-31 所示，图（a）为模型空间下的 UCS 坐标系图标，通常在绘图区左下角处；如果当前 UCS 和 WCS 重合，则出现一个 W 字，如图 1-31（b）所示；也可以指定其放在当前 UCS 的实际坐标原点位置，此时出现一个十字，如图 1-31（c）所示；图 1-31（d）为图纸空间下的坐标系图标。

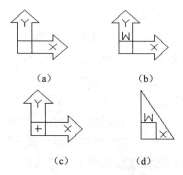

图 1-31　坐标系图标

2. 数据输入法

在 AutoCAD 2013 中，点的坐标可以用直角坐标、极坐标、球面坐标和柱面坐标表示，每一种坐标又分别具有两种坐标输入方式：绝对坐标和相对坐标。其中直角坐标和极坐标最为常用，具体输入方法如下。

（1）直角坐标法。用点的 X、Y 坐标值表示的坐标。

在命令行中输入点的坐标"15,18"，则表示输入了一个 X、Y 的坐标值分别为 15、18 的点，此为绝对坐标输入方式，表示该点的坐标是相对于当前坐标原点的坐标值，如图 1-32（a）所示。如果输入"@10,20"，则为相对坐标输入方式，表示该点的坐标是相对于前一点的坐标值，如图 1-32（b）所示。

（2）极坐标法。用长度和角度表示的坐标，只能用来表示二维点的坐标。

在绝对坐标输入方式下，表示为："长度<角度"，例如"25<50"，其中长度表示该点到坐标原点的距离，角度表示该点到原点的连线与 X 轴正向的夹角，如图 1-32（c）所示。

在相对坐标输入方式下，表示为："@长度<角度"，例如"@25<45"，其中长度为该点到前一点的距离，角度为该点至前一点的连线与 X 轴正向的夹角，如图 1-32（d）所示。

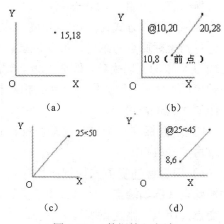

图 1-32　数据输入方法

（3）动态数据输入。按下状态栏中的"动态输入"按钮，系统打开动态输入功能，可以在绘图区动态地输入某些参数数据。例如，绘制直线时，在光标附近会动态地显示"指定第一个角点或"，以及后面的坐标框。当前坐标框中显示的是目前光标所在位置，可以输入数据，两个数据之间以逗号隔开，如图 1-33 所示。指定第一点后，系统动态显示直线的角度，同时要求输入线段长度值，如图 1-34 所示，其输入效果与"@长度<角度"方式相同。

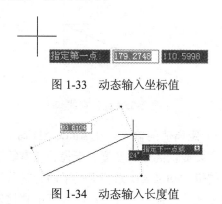

图 1-33　动态输入坐标值

图 1-34　动态输入长度值

01 chapter
02 chapter
03 chapter
04 chapter
05 chapter
06 chapter
07 chapter
08 chapter
09 chapter
10 chapter
11 chapter
12 chapter
13 chapter

15

下面分别介绍点与距离值的输入方法。

1）点的输入。在绘图过程中，常需要输入点的位置，AutoCAD 提供了如下几种输入点的方式。

（a）用键盘直接在命令行输入点的坐标。直角坐标有两种输入方式：x,y（点的绝对坐标值，例如"100,50"）和@x,y（相对于上一点的相对坐标值，例如"@50,-30"）。

极坐标的输入方式为"长度<角度"（其中，长度为点到坐标原点的距离，角度为原点至该点连线与 X 轴的正向夹角，例如"20<45"）或"@长度<角度"（相对于上一点的相对极坐标，例如"@50<-30"）。

（b）用鼠标等定标设备移动光标，在绘图区单击直接取点。

（c）用目标捕捉方式捕捉绘图区已有图形的特殊点（例如端点、中点、中心点、插入点、交点、切点、垂足点等）。

（d）直接输入距离。先拖拉出直线以确定方向，然后用键盘输入距离，这样有利于准确控制对象的长度。例如，要绘制一条 10mm 长的线段，命令行提示与操作方法如下。

命令：_line↙
指定第一点：在绘图区指定一点
指定下一点或 [放弃(U)]：

这时在绘图区移动光标指明线段的方向，但不要单击鼠标，然后在命令行输入"10"，这样就在指定方向上准确地绘制了长度为 10mm 的线段，如图 1-35 所示。

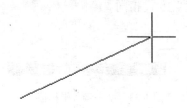

图 1-35　绘制直线

2）距离值的输入。在 AutoCAD 命令中，有时需要提供高度、宽度、半径、长度等表示距离的值。AutoCAD 系统提供了两种输入距离值的方式：一种是用键盘在命令行中直接输入数值；另一种是在绘图区选择两点，以两点的距离值确定出所需数值。

1.6　上机操作

1．目的要求

任何一个图形文件都有一个特定的绘图环境，包括图形边界、绘图单位、角度等。设置绘图环境通常有两种方法：设置向导与单独的命令设置方法。通过学习设置绘图环境，可以促进读者对图形总体环境的认识。

2．操作提示

（1）选择菜单栏中的"文件"→"新建"命令，系统打开"选择样板"对话框，单击"打开"按钮，进入绘图界面。

（2）选择菜单栏中的"格式"→"图形界限"命令，设置界限为"(0,0)，(297,210)"，在命令行中可以重新设置模型空间界限。

（3）选择菜单栏中的"格式"→"单位"命令，系统打开"图形单位"对话框，设置长度类型为"小数"，精度为"0.00"；角度类型为十进制度数，精度为"0"；用于缩放插入内容的单位为"毫米"，用于指定光源强度的单位为"国际"；角度方向为"顺时针"。

（4）选择菜单栏中的"工具"→"工作空间"→"AutoCAD 经典"命令，进入工作空间。

【实验2】熟悉操作界面。

1．目的要求

操作界面是用户绘制图形的平台，操作界面的各个部分都有其独特的功能，熟悉操作界面有助于用户方便快速地进行绘图。本例要求了解操作界面各部分功能，掌握改变绘图区颜色和光标大小的方法，能够熟练地打开、移动、关闭工具栏。

2．操作提示

（1）启动 AutoCAD 2013，进入操作界面。
（2）调整操作界面大小。

（3）设置绘图区颜色与光标大小。

（4）打开、移动、关闭工具栏。

（5）尝试同时利用命令行、菜单命令和工具栏绘制一条线段。

【实验 3】管理图形文件。

1．目的要求

图形文件管理包括文件的新建、打开、保存、加密、退出等。本例要求读者熟练掌握 DWG 文件的赋名保存、自动保存、加密及打开的方法。

2．操作提示

（1）启动 AutoCAD 2013，进入操作界面。

（2）打开一幅已经保存过的图形。

（3）进行自动保存设置。

（4）尝试在图形上绘制任意图线。

（5）将图形以新的名称保存。

（6）退出该图形。

【实验 4】数据操作。

1．目的要求

AutoCAD 2013 人机交互的最基本内容就是数据输入。本例要求用户熟练地掌握各种数据的输入方法。

2．操作提示

（1）在命令行输入"LINE"命令。

（2）输入起点在直角坐标方式下的绝对坐标值。

（3）输入下一点在直角坐标方式下的相对坐标值。

（4）输入下一点在极坐标方式下的绝对坐标值。

（5）输入下一点在极坐标方式下的相对坐标值。

（6）单击直接指定下一点的位置。

（7）按下状态栏中的"正交模式"按钮，用光标指定下一点的方向，在命令行输入一个数值。

（8）按下状态栏中的"动态输入"按钮，拖动光标，系统会动态显示角度，拖动到选定角度后，在长度文本框中输入长度值。

（9）按<Enter>键，结束绘制线段的操作。

第 2 章

简单二维绘图命令

二维图形是指在二维平面空间绘制的图形，AutoCAD 提供了大量的绘图工具，可以帮助用户完成二维图形的绘制。用户利用 AutoCAD 提供的二维绘图命令，可以快速方便地完成某些图形的绘制。本章主要介绍直线、圆和圆弧、椭圆和椭圆弧、平面图形和点的绘制。

♦ 了解二维绘图命令

♦ 熟练掌握二维绘图的方法

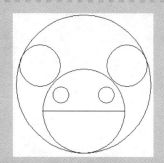
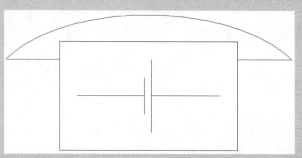

2.1　直线类命令

直线类命令包括直线段、射线和构造线。这几个命令是 AutoCAD 中最简单的绘图命令。

2.1.1　直线段

1．执行方式

● 　命令行：LINE（快捷命令：L）。
● 　菜单栏：选择菜单栏中的"绘图"→"直线"命令。
● 　工具栏：单击"绘图"工具栏中的"直线"按钮。

2．操作步骤

命令行提示与操作如下。

> 命令：LINE✓
> 指定第一点：输入直线段的起点坐标或在绘图区单击指定点
> 指定下一点或 [放弃(U)]：输入直线段的端点坐标，或利用光标指定一定角度后，直接输入直线的长度
> 指定下一点或 [放弃(U)]：输入下一直线段的端点，或输入选项"U"表示放弃前面的输入；右击或按 <Enter> 键，结束命令
> 指定下一点或 [闭合(C)/放弃(U)]：输入下一直线段的端点，或输入选项"C"使图形闭合，结束命令

3．选项说明

（1）若采用按 <Enter> 键响应"指定第一点"提示，系统会把上次绘制图线的终点作为本次图线的起始点。若上次操作为绘制圆弧，按 <Enter> 键响应后绘出通过圆弧终点并与该圆弧相切的直线段，该线段的长度为光标在绘图区指定的一点与切点之间线段的距离。

（2）在"指定下一点"提示下，用户可以指定多个端点，从而绘出多条直线段。但是，每一段直线是一个独立的对象，可以进行单独的编辑操作。

（3）绘制两条以上直线段后，若采用输入选项"C"响应"指定下一点"提示，系统会自动连接起始点和最后一个端点，从而绘出封闭的图形。

（4）若采用输入选项"U"响应提示，则删除最近一次绘制的直线段。

> **教你一招**
>
> 　　若设置正交方式（按下状态栏中的"正交模式"按钮　），只能绘制水平线段或垂直线段。若设置动态数据输入方式（按下状态栏中的"动态输入"按钮　），则可以动态输入坐标或长度值，效果与非动态数据输入方式类似。除了特别需要，以后不再强调，而只按非动态数据输入方式输入相关数据。

2.1.2　实例——折叠门

本例利用直线命令绘制折叠门。绘制流程如图 2-1 所示。

图 2-1　折叠门的绘制流程图

01 chapter
02 chapter
03 chapter
04 chapter
05 chapter
06 chapter
07 chapter
08 chapter
09 chapter
10 chapter
11 chapter
12 chapter
13 chapter

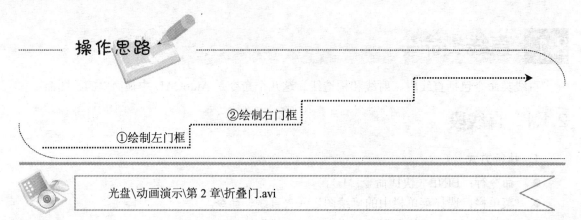

②绘制右门框

①绘制左门框

光盘\动画演示\第 2 章\折叠门.avi

操作步骤

命令行提示与操作如图 2-2～图 2-4 所示。

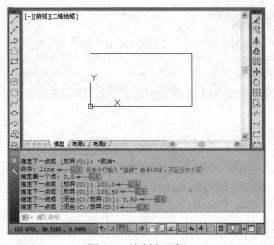

图 2-2　绘制左门框

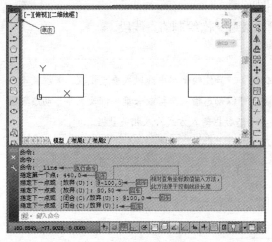

图 2-3　绘制右门框

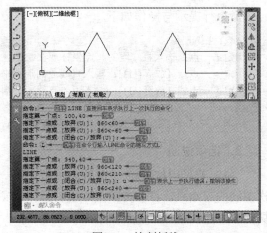

图 2-4　绘制折线

教你一招

在指定下一点或 [放弃(U)]: @60<240 时，也可以按下状态栏中的"动态输入"按钮，在鼠标位置为 240° 时，动态输入 60，如图 2-5 所示。

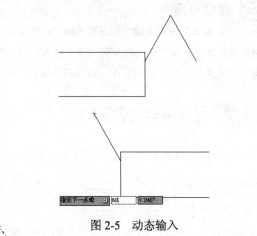

图 2-5　动态输入

　　一般每个命令有 3 种执行方式，这里只给出了命令行执行方式，其他两种执行方式的操作方法与命令行执行方式相同。

2.1.3　构造线

1．执行方式

- 命令行：XLINE（快捷命令：XL）。
- 菜单栏：选择菜单栏中的"绘图"→"构造线"命令。
- 工具栏：单击"绘图"工具栏中的"构造线"按钮✍。

2．操作步骤

命令行提示与操作如下。

> 命令：XLINE✓
> 指定点或 [水平(H)/垂直(V)/角度(A)/二等分(B)/偏移(O)]：指定起点 1
> 　　指定通过点：指定通过点 2，绘制一条双向无限长直线
> 　　指定通过点：继续指定点绘制直线，如图 2-6（a）所示，按<Enter>键结束命令

3．选项说明

　　（1）执行选项中有"指定点"、"水平"、"垂直"、"角度"、"二等分"和"偏移"6 种方式绘制构造线，分别如图 2-6（a）～（f）所示。

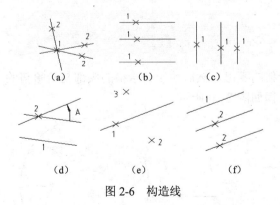

图 2-6　构造线

　　（2）构造线模拟手工作图中的辅助作图线，用特殊的线型显示，在图形输出时可不作输出。应用构造线作为辅助线绘制机械图中的

　　三视图是构造线的最主要用途，构造线的应用保证了三视图之间"主、俯视图长对正，主、左视图高平齐，俯、左视图宽相等"的对应关系。如图 2-7 所示为应用构造线作为辅助线绘制机械图中三视图的示例，图中细线为构造线，粗线为三视图轮廓线。

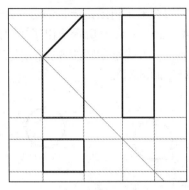

图 2-7　构造线辅助绘制三视图

2.2　圆类命令

　　圆类命令主要包括"圆"、"圆弧"、"圆环"、"椭圆"以及"椭圆弧"命令，这几个命令是 AutoCAD 中最简单的曲线命令。

2.2.1　圆

1．执行方式

- 命令行：CIRCLE（快捷命令：C）。
- 菜单栏：选择菜单栏中的"绘图"→"圆"命令。
- 工具栏：单击"绘图"工具栏中的"圆"按钮⊙。

2．操作步骤

命令行提示与操作如下。

> 命令：CIRCLE✓
> 指定圆的圆心或 [三点(3P)/两点(2P)/切点、切点、半径(T)]：指定圆心
> 　　指定圆的半径或 [直径(D)]：直接输入半径值或在绘图区单击指定半径长度
> 　　指定圆的直径 <默认值>：输入直径值或在绘图区单击指定直径长度

01 chapter
02 chapter
03 chapter
04 chapter
05 chapter
06 chapter
07 chapter
08 chapter
09 chapter
10 chapter
11 chapter
12 chapter
13 chapter

21

3. 选项说明

（1）三点（3P）：通过指定圆周上三点绘制圆。

（2）两点（2P）：通过指定直径的两端点绘制圆。

（3）切点、切点、半径（T）：通过先指定两个相切对象，再给出半径的方法绘制圆。如图 2-8（a）～（d）所示给出了以"切点、切点、半径"方式绘制圆的各种情形（加粗的圆为最后绘制的圆）。

命令行提示与操作如下。

> 指定圆上的第一个点：_tan 到：选择相切的第一个圆弧
> 指定圆上的第二个点：_tan 到：选择相切的第二个圆弧
> 指定圆上的第三个点：_tan 到：选择相切的第三个圆弧

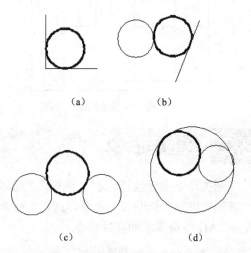

（a）　　　　　　　　（b）

（c）　　　　　　　　（d）

图 2-8　圆与另外两个对象相切

选择菜单栏中的"绘图"→"圆"命令，其子菜单中多了一种"相切、相切、相切"的绘制方法，当选择此方式时（如图 2-9 所示），

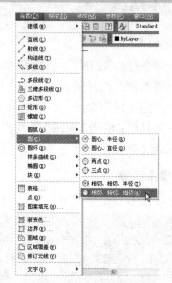

图 2-9　"相切、相切、相切"绘制方法

提示

对于圆心点的选择，除了直接输入圆心点外，还可以利用圆心点与中心线的对应关系，利用对象捕捉的方法选择。按下状态栏中的"对象捕捉"按钮，命令行中会提示"命令：<对象捕捉 开>"。

2.2.2　实例——哈哈猪造型

首先绘制哈哈猪的两个眼睛，接着绘制哈哈猪的嘴巴，然后绘制哈哈猪的头部与哈哈猪的上下颌分界线，最后绘制哈哈猪的鼻子。绘制流程如图 2-10 所示。

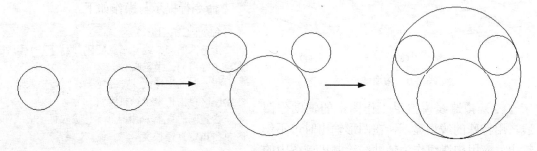

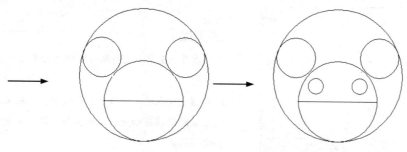

图 2-10　哈哈猪造型的绘制流程图

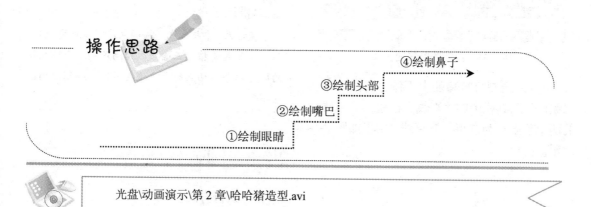

④绘制鼻子

③绘制头部

②绘制嘴巴

①绘制眼睛

光盘\动画演示\第 2 章\哈哈猪造型.avi

 操作步骤

（1）绘制哈哈猪的两个眼睛。单击"绘图"工具栏中的"圆"按钮，绘制圆，命令行提示与操作如图 2-11 所示。

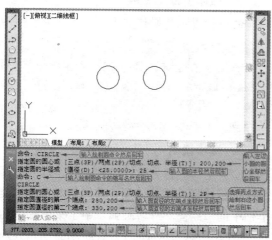

图 2-11　绘制哈哈猪的两个眼睛

（2）绘制哈哈猪的嘴巴。单击"绘图"工具栏中的"圆"按钮，以"切点、切点、半径"方式，捕捉两只眼睛的切点，绘制半径为 50 的圆，命令行提示与操作如图 2-12 所示。

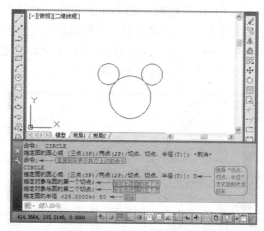

图 2-12　绘制哈哈猪的嘴巴

（3）绘制哈哈猪的头部。选择菜单栏中的"绘图"→"圆"→"相切、相切、相切"命令，分别捕捉三个圆的切点绘制圆，命令行提示与操作如图 2-13 所示。

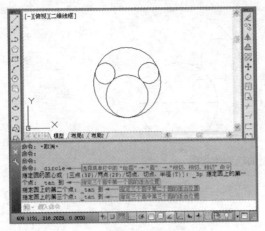

图 2-13　绘制哈哈猪的头部

（4）绘制哈哈猪的上下颌分界线。单击"绘图"工具栏中的"直线"按钮 ✎，以嘴巴的两个象限点为端点绘制直线，结果如图 2-14 所示。

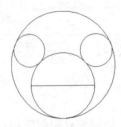

图 2-14　绘制哈哈猪的上下颌分界线

（5）绘制哈哈猪的鼻子。单击"绘图"工具栏中的"圆"按钮 ⊘，分别以（225, 165）和（280, 165）为圆心，绘制直径为 20 的圆，命令行提示与操作如图 2-15 所示。

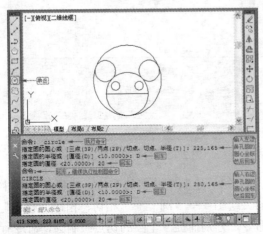

图 2-15　绘制哈哈猪的鼻子

 提示

在步骤 2 中满足与两个圆相切且半径为 50 的圆有 4 个，分别是与两个圆在上、下方内、外切，所以要指定切点的大致位置，系统会自动在大致指定的位置附近捕捉切点，这样所确定的圆才是用户想要绘制的圆。

提示

在步骤 3 中指定三个圆的顺序可以任意选择，但大体位置要指定正确，因为满足和三个圆相切的圆有两个，切点的大体位置不同，绘制出的圆也不同。

2.2.3　圆弧

1．执行方式

- 命令行：ARC（快捷命令：A）。
- 菜单栏：选择菜单栏中的"绘图" → "圆弧"命令。
- 工具栏：单击"绘图"工具栏中的"圆弧"按钮 ◠。

2．操作步骤

命令行提示与操作如下。

命令：ARC✓
指定圆弧的起点或 [圆心(C)]：指定起点
指定圆弧的第二点或 [圆心(C)/端点(E)]：指定第二点
指定圆弧的端点：指定末端点

3．选项说明

（1）用命令行方式绘制圆弧时，可以根据系统提示选择不同的选项，具体功能和利用菜单栏中的"绘图" → "圆弧"中子菜单提供的 11 种方式相似。这 11 种方式绘制的圆弧分别如图 2-16（a）～（k）所示。

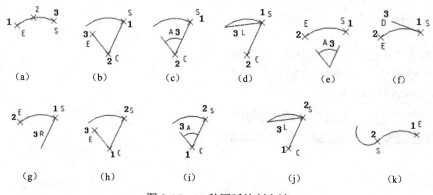

图 2-16　11 种圆弧绘制方法

（2）需要强调的是"继续"方式绘制的圆弧与上一线段圆弧相切。继续绘制圆弧段，只提供端点即可。

教你一招

绘制圆弧时，注意圆弧的曲率是遵循逆时针方向的，所以在选择指定圆弧两个端点和半径模式时，需要注意端点的指定顺序，否则有可能导致圆弧的凹凸形状与预期的相反。

2.2.4　实例——小靠背椅

本例利用直线和圆弧命令绘制小靠背椅。绘制流程如图 2-17 所示。

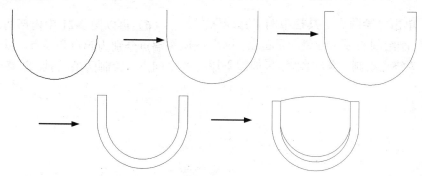

图 2-17　小靠背椅的绘制流程图

操作思路

①绘制直线和圆弧
②绘制直线
③绘制圆弧

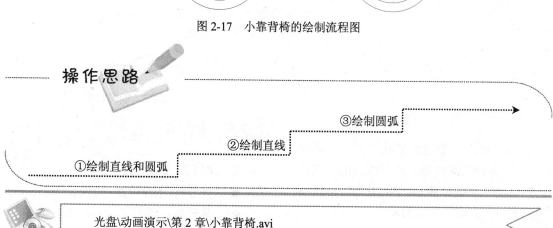

光盘\动画演示\第 2 章\小靠背椅.avi

01 chapter
02 chapter
03 chapter
04 chapter
05 chapter
06 chapter
07 chapter
08 chapter
09 chapter
10 chapter
11 chapter
12 chapter
13 chapter

操作步骤

（1）单击"绘图"工具栏中的"直线"按钮，任意指定一点为线段起点，以点（@0，-140）为终点绘制一条线段。

（2）单击"绘图"工具栏中的"圆弧"按钮，绘制圆弧，命令行提示与操作如图2-18所示。

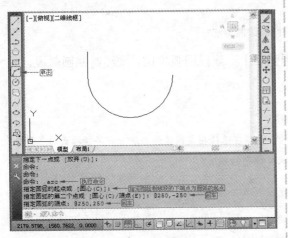

图2-18　绘制圆弧

（3）单击"绘图"工具栏中的"直线"按钮，以刚绘制的圆弧右端点为起点，以点（@0，140）为终点绘制一条线段，结果如图2-19所示。

图2-19　绘制直线1

（4）单击"绘图"工具栏中的"直线"按钮，分别以刚绘制的两条线段的上端点为起点，以点（@50，0）和（@-50，0）为终点绘制两条线段，结果如图2-20所示。

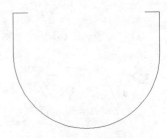

图2-20　绘制直线2

（5）按同样方法以刚绘制的两条水平线的两个端点为起点和终点绘制线段和圆弧，结果如图2-21所示。

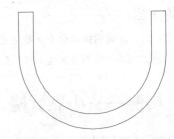

图2-21　绘制线段和圆弧

（6）再以图2-21中内部两条竖线的上下两个端点分别为起点和终点，以适当位置一点为中间点，绘制两条圆弧，最终效果如图2-22所示。

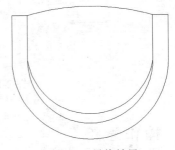

图2-22　最终效果

2.2.5　圆环

1. 执行方式

● 命令行：DONUT（快捷命令：DO）。
● 菜单栏：选择菜单栏中的"绘图"→"圆环"命令。

2. 操作步骤

命令行提示与操作如下。

命令: DONUT↙
指定圆环的内径 <默认值>: 指定圆环内径
指定圆环的外径 <默认值>: 指定圆环外径
指定圆环的中心点或 <退出>: 指定圆环的中心点
指定圆环的中心点或 <退出>: 继续指定圆环的中心点, 则继续绘制相同内外径的圆环

按<Enter>、<Space>键或右击, 结束命令, 如图 2-23（a）所示。

3. 选项说明

（1）若指定内径为零, 则画出实心填充圆, 如图 2-23（b）所示。

（2）用命令 FILL 可以控制圆环是否填充, 具体操作方法如下。

命令: FILL↙
输入模式 [开(ON)/关(OFF)] <开>:选择"开"表示填充, 选择"关"表示不填充, 如图 2-23（c）所示

（a）　　　　　　　（b）　　　　　　　（c）

图 2-23　绘制圆环

2.2.6　椭圆与椭圆弧

1. 执行方式

- 命令行: ELLIPSE（快捷命令: EL）。
- 菜单栏: 选择菜单栏中的"绘图"→"椭圆"→"圆弧"命令。
- 工具栏: 单击"绘图"工具栏中的"椭圆"按钮◯或"椭圆弧"按钮◯。

2. 操作步骤

命令行提示与操作如下。

命令 ELLIPSE↙
指定椭圆的轴端点或 [圆弧(A)/中心点(C)]: 指定轴端点 1, 如图 2-24（a）所示
指定轴的另一个端点: 指定轴端点 2, 如图 2-24（a）所示
指定另一条半轴长度或 [旋转(R)]:

3. 选项说明

（1）指定椭圆的轴端点: 根据两个端点定义椭圆的第一条轴, 第一条轴的角度确定了整个椭圆的角度。第一条轴既可定义椭圆的长轴, 也可定义其短轴。

（2）圆弧（A）: 用于创建一段椭圆弧, 与"单击'绘图'工具栏中的'椭圆弧'按钮◯"功能相同。其中第一条轴的角度确定了椭圆弧的角度。第一条轴既可定义椭圆弧长轴, 也可定义其短轴。选择该项, 系统命令行中继续提示如下。

指定椭圆弧的轴端点或 [中心点(C)]: 指定端点或输入"C"↙
指定轴的另一个端点: 指定另一端点
指定另一条半轴长度或 [旋转(R)]: 指定另一条半轴长度或输入"R"
指定起点角度或 [参数(P)]: 指定起始角度或输入"P"↙
指定端点角度或 [参数(P)/包含角度(I)]:

其中各选项含义如下。

1）起点角度: 指定椭圆弧端点的两种方式之一, 光标与椭圆中心点连线的夹角为椭圆端点位置的角度, 如图 2-24（b）所示。

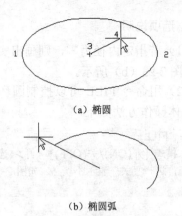

（a）椭圆

（b）椭圆弧

图 2-24　椭圆和椭圆弧

2）参数（P）：指定椭圆弧端点的另一种方式，该方式同样是指定椭圆弧端点的角度，但通过以下矢量参数方程式创建椭圆弧。

$$p(u) = c + a \times \cos(u) + b \times \sin(u)$$

其中，c 是椭圆的中心点；a 和 b 分别是椭圆的长轴和短轴；u 为光标与椭圆中心点连线的夹角。

3）包含角度（I）：定义从起点角度开始的包含角度。

（3）中心点（C）：通过指定的中心点创建椭圆。

（4）旋转（R）：通过绕第一条轴旋转圆来创建椭圆。相当于将一个圆绕椭圆轴翻转一个角度后的投影视图。

教你一招

椭圆命令生成的椭圆是以多义线还是以椭圆为实体，是由系统变量 PELLIPSE 决定的，当其为 1 时，生成的椭圆就是以多义线形式存在。

2.2.7　实例——电话机

本例利用直线和椭圆弧命令绘制电话机。绘制流程如图 2-25 所示。

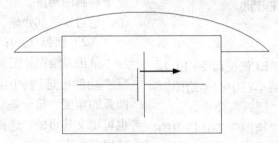

图 2-25　电话机的绘制流程图

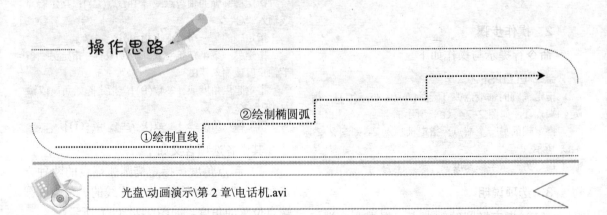

操作思路

②绘制椭圆弧

①绘制直线

光盘\动画演示\第 2 章\电话机.avi

操作步骤

（1）单击"绘图"工具栏中的"直线"按钮，绘制一系列的直线段，输入的坐标和选项分别为{(100,100)、(@100,0)、(@0,60)、(@-100,0)、C(闭合)}，{(152,110)、(152,150)}，{(148,120)、(148,140)}，{(148,130)、(110,130)}，{(152,130)、(190,130)}，{(100,150)、(70,150)}，{(200,150)、(230,150)}，结果如图 2-26 所示。

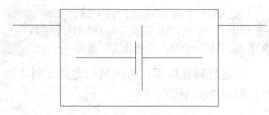

图 2-26　绘制直线

（2）单击"绘图"工具栏中的"椭圆弧"按钮，绘制椭圆弧，命令行提示与操作如图 2-27 所示。

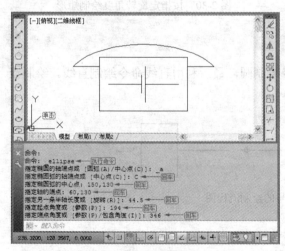

图 2-27　绘制椭圆弧

 提示

在绘制圆环时，可能仅仅一次无法准确确定圆环外径大小以确定圆环与椭圆的相对大小，可以通过多次绘制的方法找到一个相对合适的外径值。

2.3　平面图形

2.3.1　矩形

1. 执行方式

● 命令行：RECTANG（快捷命令：REC）。
● 菜单栏：选择菜单栏中的"绘图"→"矩形"命令。
● 工具栏：单击"绘图"工具栏中的"矩形"按钮。

2. 操作步骤

命令行提示与操作如下。

> 命令：RECTANG↙
> 指定第一个角点或 [倒角(C)/标高(E)/圆角(F)/厚度(T)/宽度(W)]：指定角点
> 指定另一个角点或 [面积(A)/尺寸(D)/旋转(R)]：

3. 选项说明

（1）第一个角点：通过指定两个角点确定矩形，如图 2-28（a）所示。

（2）倒角（C）：指定倒角距离，绘制带倒角的矩形，如图 2-28（b）所示。每一个角点的逆时针和顺时针方向的倒角可以相同，也可以不同。其中第一个倒角距离是指角点逆时针方向倒角距离，第二个倒角距离是指角点顺时针方向倒角距离。

（3）标高（E）：指定矩形标高（Z 坐标），即把矩形放置在标高为 Z 并与 XOY 坐标面平行的平面上，并作为后续矩形的标高值。

（4）圆角（F）：指定圆角半径，绘制带圆角的矩形，如图 2-28（c）所示。

（5）厚度（T）：指定矩形的厚度，如图 2-28（d）所示。

（6）宽度（W）：指定线宽，如图 2-28（e）所示。

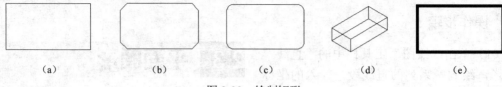

图 2-28　绘制矩形

（7）面积（A）：指定面积和长或宽创建矩形。选择该项，命令行提示与操作如下。

> 输入以当前单位计算的矩形面积 **<20.0000>**：输入面积值
> 计算矩形标注时依据 **[长度(L)/宽度(W)]** **<长度>**：按**<Enter>**键或输入"W"
> 输入矩形长度 **<4.0000>**：指定长度或宽度

指定长度或宽度后，系统自动计算另一个维度，绘制出矩形。如果矩形被倒角或圆角，则长度或面积计算中也会考虑此设置，如图 2-29 所示。

图 2-29　按面积绘制矩形

（8）尺寸（D）：使用长和宽创建矩形，第二个指定点将矩形定位在与第一角点相关的 4 个位置之一内。

（9）旋转（R）：使所绘制的矩形旋转一定角度。选择该项，命令行提示与操作如下。

> 指定旋转角度或 **[拾取点(P)] <135>**：指定角度
> 指定另一个角点或 **[面积(A)/尺寸(D)/旋转(R)]**：指定另一个角点或选择其他选项

指定旋转角度后，系统按指定角度创建矩形，如图 2-30 所示。

图 2-30　按指定旋转角度绘制矩形

2.3.2　实例——非门符号

首先利用矩形命令绘制矩形，再利用圆命令绘制圆，最后利用直线命令绘制直线。绘制流程如图 2-31 所示。

图 2-31　非门符号的绘制流程图

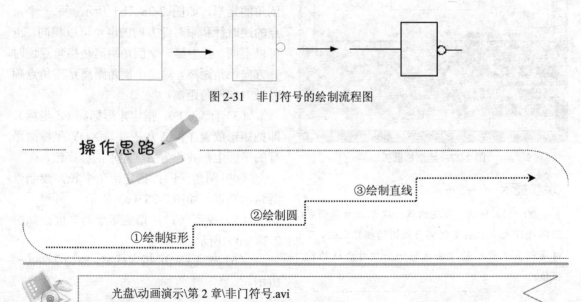

操作思路

③绘制直线

②绘制圆

①绘制矩形

光盘\动画演示\第 2 章\非门符号.avi

操作步骤

（1）单击"绘图"工具栏中的"矩形"按钮□，绘制外框，命令行提示与操作如图2-32所示。

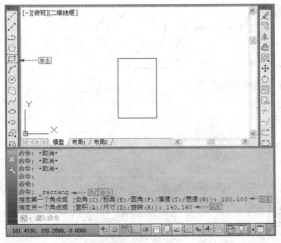

图 2-32 绘制矩形

（2）单击"绘图"工具栏中的"圆"按钮◎，绘制圆，命令行提示与操作如图 2-33所示。

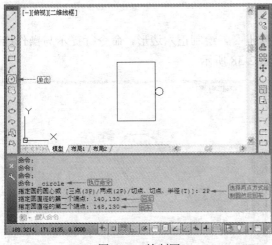

图 2-33 绘制圆

（3）单击"绘图"工具栏中的"直线"按钮✐，绘制两条直线，端点坐标分别为{(100, 130)，(40, 130)}和{(148, 130)，(168, 130)}，效果如图 2-34 所示。

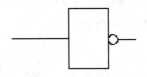

图 2-34 绘制直线

2.3.3 正多边形

1. 执行方式

● 命令行：POLYGON（快捷命令：POL）。
● 菜单栏：选择菜单栏中的"绘图"→"多边形"命令。
● 工具栏：单击"绘图"工具栏中的"多边形"按钮⬠。

2. 操作步骤

命令行提示与操作如下。

命令：POLYGON✓
输入侧面数 <4>：指定多边形的边数，默认值为4
指定正多边形的中心点或 [边(E)]：指定中心点
输入选项 [内接于圆(I)/外切于圆(C)] <I>：指定是内接于圆或外切于圆
指定圆的半径：指定外接圆或内切圆的半径

3. 选项说明

（1）边（E）：选择该选项，则只要指定多边形的一条边，系统就会按逆时针方向创建该正多边形，如图2-35（a）所示。

（2）内接于圆（I）：选择该选项，绘制的多边形内接于圆，如图2-35（b）所示。

（3）外切于圆（C）：选择该选项，绘制的多边形外切于圆，如图2-35（c）所示。

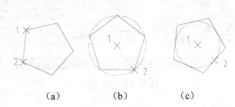

(a)　　　　(b)　　　　(c)

图 2-35 绘制正多边形

01 chapter
02 chapter
03 chapter
04 chapter
05 chapter
06 chapter
07 chapter
08 chapter
09 chapter
10 chapter
11 chapter
12 chapter
13 chapter

2.3.4　实例——螺母俯视图

本例首先利用圆命令绘制圆，再利用多边形命令绘制多边形，最后利用圆命令绘制圆。绘制流程如图 2-36 所示。

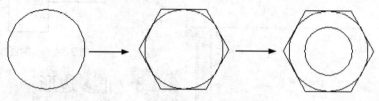

图 2-36　螺母俯视图的绘制流程图

操作思路

③绘制圆

②绘制多边形

①绘制圆

光盘\动画演示\第 2 章\螺母.avi

操作步骤

（1）单击"绘图"工具栏中的"圆"按钮，绘制一个圆，命令行提示与操作如图 2-37 所示。

按钮，绘制正六边形，命令行提示与操作如图 2-38 所示。

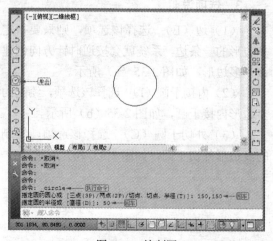

图 2-37　绘制圆

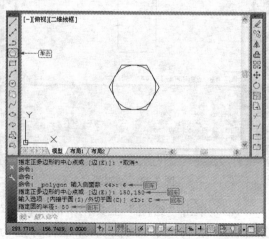

图 2-38　绘制正六边形

（2）单击"绘图"工具栏中的"多边形"

（3）单击"绘图"工具栏中的"圆"按钮，以(150, 150)为中心，以 30 为半径绘制一个圆，效果如图 2-39 所示。

图 2-39　绘制圆

2.4　点

点在 AutoCAD 中有多种不同的表示方式，用户可以根据需要进行设置，也可以设置等分点和测量点。

2.4.1　点

1．执行方式

- 命令行：POINT（快捷命令：PO）。
- 菜单栏：选择菜单栏中的"绘图"→"点"命令。
- 工具栏：单击"绘图"工具栏中的"点"按钮 。

2．操作步骤

命令行提示与操作如下。

命令：POINT✓
当前点模式：PDMODE=0　PDSIZE=0.0000
指定点：指定点所在的位置。

3．选项说明

（1）通过菜单方法操作时（如图 2-40 所示），"单点"命令表示只输入一个点，"多点"命令表示可输入多个点。

（2）可以按下状态栏中的"对象捕捉"按钮，设置点捕捉模式，帮助用户选择点。

（3）点在图形中的表示样式共有 20 种。可通过"DDPTYPE"命令或选择菜单栏中的"格式"→"点样式"命令，通过打开的"点样式"对话框来设置，如图 2-41 所示。

图 2-40　"点"的子菜单

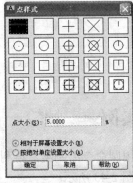

图 2-41　"点样式"对话框

2.4.2　等分点与测量点

1．等分点

（1）执行方式。

- 命令行：DIVIDE（快捷命令：DIV）。
- 菜单栏：选择菜单栏中的"绘图"→"点"→"定数等分"命令。

（2）操作步骤。

命令行提示与操作如下。

命令：DIVIDE✓
选择要定数等分的对象：
输入线段数目或 [块(B)]：指定实体的等分数

如图 2-42（a）所示为绘制等分点的图形。

（3）选项说明。

1）等分数目范围为 2～32767。

01 chapter
02 chapter
03 chapter
04 chapter
05 chapter
06 chapter
07 chapter
08 chapter
09 chapter
10 chapter
11 chapter
12 chapter
13 chapter

2）在等分点处，按当前点样式设置画出等分点。

3）在第二提示行选择"块（B）"选项时，表示在等分点处插入指定的块。

2. 测量点

（1）执行方式。

- 命令行：MEASURE（快捷命令：ME）。
- 菜单栏：选择菜单栏中的"绘图"→"点"→"定距等分"命令。

（2）操作步骤。

命令行提示与操作如下。

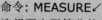

命令：MEASURE✓

选择要定距等分的对象：选择要设置测量点的实体

指定线段长度或 [块(B)]：指定分段长度

如图 2-42（b）所示为绘制测量点的图形。

（3）选项说明。

1）设置的起点一般是指定线的绘制起点。

2）在第二提示行选择"块（B）"选项时，表示在测量点处插入指定的块。

3）在等分点处，按当前点样式设置绘制测量点。

4）最后一个测量段的长度不一定等于指定分段长度。

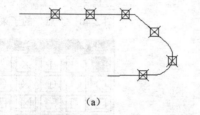

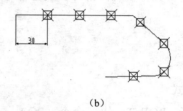

（a）   （b）

图 2-42　绘制等分点和测量点

2.4.3　实例——棘轮

本例利用圆命令绘制圆，再利用定数等分命令等分圆，最后利用直线命令绘制棘轮轮齿。绘制流程如图 2-43 所示。

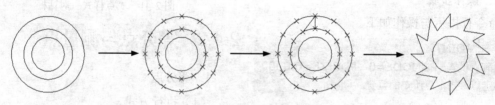

图 2-43　棘轮的绘制流程图

 操作思路

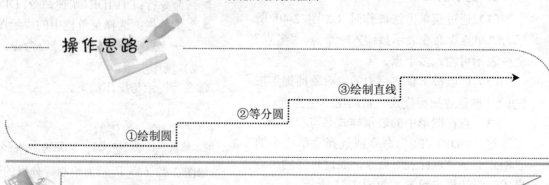

③绘制直线

②等分圆

①绘制圆

光盘\动画演示\第 2 章\棘轮.avi

操作步骤

（1）单击"绘图"工具栏中的"圆"按钮 ⊙，绘制 3 个半径分别为 90、60、40 的同心圆，如图 2-44 所示。

（2）设置点样式。选择菜单栏中的"格式"→"点样式"命令，在打开的"点样式"对话框中选择"⊠"样式。

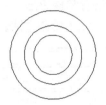

图 2-44　绘制圆

（3）选择菜单栏中的"绘图"→"点"→"定数等分"命令，等分圆，命令行提示与操作如图 2-45 所示；采用同样的方法，等分半径为 60 的圆，等分结果如图 2-46 所示。

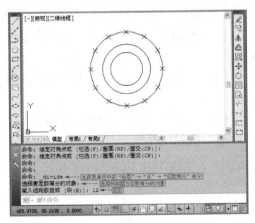

图 2-45　等分圆

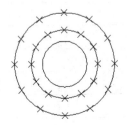

图 2-46　等分半径为 60 的圆

（4）单击"绘图"工具栏中的"直线"按钮 ，连接 3 个等分点，绘制棘轮轮齿，效

果如图 2-47 所示（"对象捕捉"和"捕捉"按钮都要是关闭状态）。

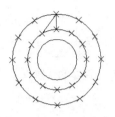

图 2-47　绘制棘轮轮齿

（5）采用相同的方法连接其他点，选择绘制的点和多余的圆及圆弧，按<Delete>键将其删除，最终绘制完成的棘轮如图 2-48 所示。

图 2-48　棘轮

2.5　上机操作

【实例1】绘制如图 2-49 所示的螺栓。

1．目的要求

本例图形涉及的命令主要是"直线"。为了做到准确无误，要求通过坐标值的输入指定直线的相关点，从而使读者灵活掌握直线的绘制方法。

2．操作提示

（1）利用"直线"命令绘制螺帽。
（2）利用"直线"命令绘制螺杆。

【实例2】绘制如图 2-50 所示的连环圆。

1．目的要求

本例图形涉及的命令主要是"圆"。为了做到准确无误，要求通过坐标值的输入指定点，从而使读者灵活掌握圆的各种绘制方法。

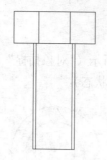

图 2-49　螺栓

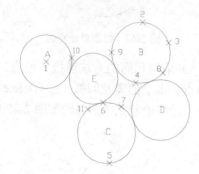

图 2-50　连环圆

2．操作提示

（1）利用"圆"命令依次绘制 A、B、C、D、E 五个圆。

（2）注意灵活采用各种绘制圆的方法。

【实例3】绘制如图 2-51 所示的椅子。

1．目的要求

本例图形涉及的命令主要是"直线"和"圆弧"。为了做到准确无误，要求通过坐标值的输入指定线段的端点和圆弧的相关点，从而使读者灵活掌握线段以及圆弧的绘制方法。

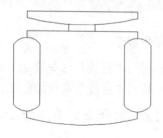

图 2-51　椅子

2．操作提示

（1）利用"直线"命令绘制初步轮廓。

（2）利用"圆弧"命令绘制图形中的圆弧部分。

（3）利用"直线"命令绘制连接线段。

【实例4】绘制如图 2-52 所示的方头平键。

1．目的要求

本例绘制的是一个机械零件图形，涉及的命令有"矩形"、"构造线"和"直线"等。通过本例，要求读者掌握矩形和构造线的绘制方法，同时复习直线的绘制方法。

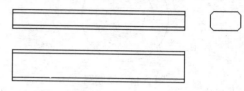

图 2-52　方头平键

2．操作提示

（1）利用"矩形"和"直线"命令绘制主视图。

（2）利用"构造线"命令绘制竖直辅助线。

（3）利用"矩形"和"直线"命令绘制俯视图。

（4）利用"构造线"命令绘制左视图辅助线。

（5）利用"矩形"命令绘制左视图。

（6）删除辅助线。

【实例5】绘制如图 2-53 所示的楼梯。

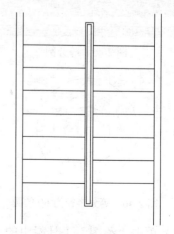

图 2-53　楼梯

1．目的要求

本例绘制的是一个建筑图形，涉及的命令有"点样式"、"直线"、"点"和"矩形"。通过本例，要求读者掌握点相关命令的使用方法，同时体会利用"点"命令绘制建筑图形的优点。

2．操作提示

（1）设置点格式。

（2）利用"直线"和"矩形"命令绘制墙体和扶手。

（3）利用"定数等分"命令绘制等分点。

（4）利用"直线"命令绘制楼梯踏步。

（5）删除点。

第3章

复杂二维绘图命令

面域与图案填充属于一类特殊的图形区域，在这个图形区域中，AutoCAD 赋予其共同的特殊性质，例如相同的图案、计算面积、重心、布尔运算等。本章主要介绍多段线、样条曲线、多线、面域和图案填充的相关命令。

◆ 了解复杂二维绘图的基本命令

◆ 熟练掌握面域的创建、布尔运算及数据提取

◆ 掌握图案填充的操作和编辑方法

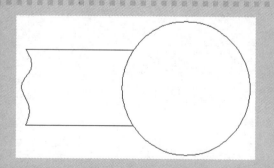
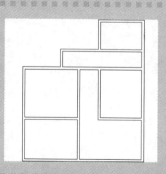

3.1　多段线

　　多段线是一种由线段和圆弧组合而成的，可以有不同线宽的多线。由于多段线组合形式多样，线宽可以变化，弥补了直线或圆弧功能的不足，适合绘制各种复杂的图形轮廓，因而得到了广泛的应用。

3.1.1　绘制多段线

1．执行方式

- 命令行：PLINE（快捷命令：PL）。
- 菜单栏：选择菜单栏中的"绘图"→"多段线"命令。
- 工具栏：单击"绘图"工具栏中的"多段线"按钮 。

3.1.2　实例——三极管符号

　　本例首先利用直线命令绘制直线，然后利用多段线命令绘制多段线。绘制流程如图 3-1 所示。

2．操作步骤

命令行提示与操作如下。

命令：PLINE↙
指定起点：指定多段线的起点
当前线宽为 0.0000
指定下一个点或 [圆弧(A)/半宽(H)/长度(L)/放弃(U)/宽度(W)]：指定多段线的下一个点

3．选项说明

　　多段线主要由连续且不同宽度的线段或圆弧组成，如果在上述提示中选择"圆弧（A）"选项，则命令行提示如下。

指定圆弧的端点或[角度(A)/圆心(CE)/闭合(CL)/方向(D)/半宽(H)/直线(L)/半径(R)/第二个点(S)/放弃(U)/宽度(W)]：

　　绘制圆弧的方法与"圆弧"命令相似。

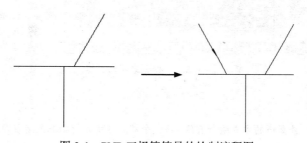

图 3-1　PNP 三极管符号的绘制流程图

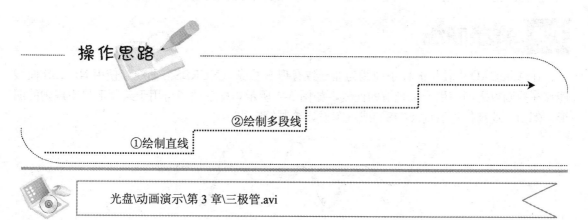

操作思路

②绘制多段线

①绘制直线

光盘\动画演示\第 3 章\三极管.avi

01 chapter
02 chapter
03 chapter
04 chapter
05 chapter
06 chapter
07 chapter
08 chapter
09 chapter
10 chapter
11 chapter
12 chapter
13 chapter

操作步骤

（1）单击"绘图"工具栏中的"直线"按钮，绘制隔层、基极和集电极，坐标分别为{(100, 00)、(200, 100)}，{(150, 40)、(150, 100)}，{(160, 100)、(@60<60)}，结果如图 3-2 所示。

（2）单击"绘图"工具栏中的"多段线"按钮，可以连续绘制多段直线，并且可以修改线宽，其很重要的一个用途就是直接绘制箭头等符号。命令行中的提示与操作如图 3-3 所示。

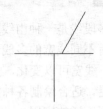

图 3-2　绘制直线

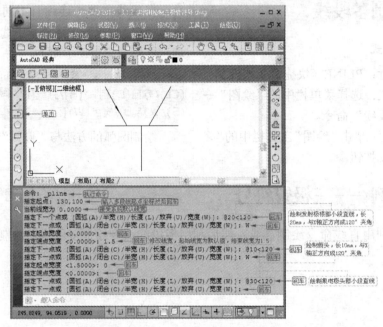

图 3-3　绘制多段线

教你一招

通常采用两点确定一条直线的方式绘制直线，第一个端点可由光标拾取或者在命令行中输入绝对或相对坐标，第二个端点可按同样的方式输入。

3.2　样条曲线

在 AutoCAD 中使用的样条曲线为非一致有理 B 样条（NURBS）曲线，使用 NURBS 曲线能够在控制点之间产生一条光滑的曲线，如图 3-4 所示。样条曲线可用于绘制形状不规则的图形，例如为地理信息系统（GIS）或汽车设计绘制轮廓线。

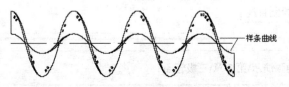

样条曲线

图 3-4　样条曲线

3.2.1　绘制样条曲线

1．执行方式

- 命令行：SPLINE（快捷命令：SPL）。
- 菜单栏：选择菜单栏中的"绘图"
  →"样条曲线"命令。
- 工具栏：单击"绘图"工具栏中的
  "样条曲线"按钮～。

2．操作步骤

命令行提示与操作如下。

命令：SPLINE✓
当前设置：方式=拟合　　节点=弦
指定第一个点或 [方式(M)/节点(K)/对象(O)]：
指定一点或选择"对象(O)"选项
　输入下一个点或 [起点切向(T)/公差(L)]：
　输入下一个点或 [端点相切(T)/公差(L)/放弃
(U)]：
　　输入下一个点或 [端点相切(T)/公差(L)/放弃
(U)/闭合(C)]：

3．选项说明

（1）方式（M）：控制是使用拟合点还是使用控制点来创建样条曲线。选项会因您选择的是使用拟合点创建样条曲线的选项还是使用控制点创建样条曲线的选项而异。

（2）节点（K）：指定节点参数化，它会影响曲线在通过拟合点时的形状。

（3）对象（O）：将二维或三维的二次或三次样条曲线拟合多段线转换为等价的样条曲线，然后（根据 DELOBJ 系统变量的设置）删除该多段线。

（4）起点切向（T）：定义样条曲线的第一点和最后一点的切向。如果在样条曲线的两端都指定切向，可以输入一个点或使用"切点"和"垂足"对象捕捉模式使样条曲线与已有的对象相切或垂直。如果按<Enter>键，系统将计算默认切向。

（5）端点相切（T）：停止基于切向创建曲线。可通过指定拟合点继续创建样条曲线。

（6）公差（L）：指定距样条曲线必须经过的指定拟合点的距离。公差应用于除起点和端点外的所有拟合点。

（7）闭合（C）：将最后一点定义与第一点一致，并使其在连接处相切，以闭合样条曲线。选择该项，命令行提示如下。

指定切向：指定点或按<Enter>键

用户可以指定一点来定义切向矢量，或按下状态栏中的"对象捕捉"按钮，使用"切点"和"垂足"对象捕捉模式使样条曲线与现有对象相切或垂直。

3.2.2　实例——局部视图的绘制

本例首先利用圆和直线命令绘制图形，然后利用样条曲线命令绘制样条曲线。绘制流程如图 3-5 所示。

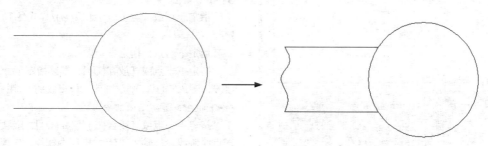

图 3-5　局部视图的绘制流程图

01
chapter

02
chapter

03
chapter

04
chapter

05
chapter

06
chapter

07
chapter

08
chapter

09
chapter

10
chapter

11
chapter

12
chapter

13
chapter

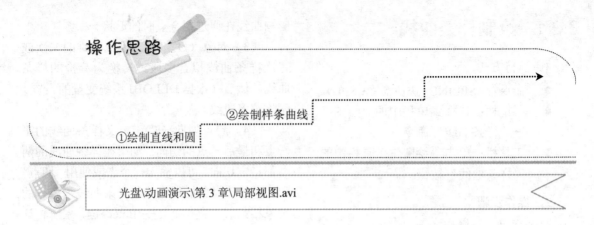

操作思路

②绘制样条曲线

①绘制直线和圆

光盘\动画演示\第 3 章\局部视图.avi

操作步骤

（1）单击"绘图"工具栏中的"圆"按钮⊘和"直线"按钮 ╱，绘制局部视图的圆和直线，如图 3-6 所示。

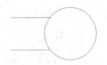

图 3-6　绘制圆和直线

（2）单击"绘图"工具栏中的"样条曲线"按钮 ⁓，绘制局部视图的左侧样条曲线，命令行提示与操作如图 3-7 所示。

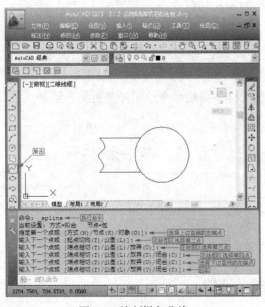

图 3-7　绘制样条曲线

3.3　多线

多线是一种复合线，由连续的直线段复合组成。多线的突出优点就是能够大大提高绘图效率，保证图线之间的统一性。

3.3.1　绘制多线

1．执行方式

● 命令行：MLINE（快捷命令：ML）。
● 菜单栏：选择菜单栏中的"绘图"→"多线"命令。

2．操作步骤

命令行提示与操作如下。

命令：MLINE✓
当前设置：对正 = 上，比例 = 20.00，样式 = STANDARD
指定起点或 [对正(J)/比例(S)/样式(ST)]：指定起点
指定下一点：指定下一点
指定下一点或 [放弃(U)]：继续指定下一点绘制线段；输入"U"，则放弃前一段多线的绘制；右击或按<Enter>键，结束命令
指定下一点或 [闭合(C)/放弃(U)]：继续给定下一点绘制线段；输入"C"，则闭合线段，结束命令

3．选项说明

（1）对正（J）：该项用于指定绘制多线的

基准。共有 3 种对正类型："上"、"无"和"下"。其中，"上"表示以多线上侧的线为基准，其他两项依此类推。

（2）比例（S）：选择该项，要求用户设置平行线的间距。输入值为零时，平行线重合；输入值为负时，多线的排列倒置。

（3）样式（ST）：用于设置当前使用的多线样式。

3.3.2　定义多线样式

1．执行方式

● 命令行：MLSTYLE。

2．操作步骤

执行上述命令后，系统打开如图 3-8 所示的"多线样式"对话框。在该对话框中，用户可以对多线样式进行定义、保存和加载等操作。下面通过定义一个新的多线样式来介绍该对话框的使用方法。欲定义的多线样式由 3 条平行线组成，中心轴线和两条平行的实线相对于中心轴线上、下各偏移 0.5，其操作步骤如下。

（1）在"多线样式"对话框中单击"新建"按钮，系统打开"创建新的多线样式"对话框，如图 3-9 所示。

图 3-8　"多线样式"对话框

图 3-9　"创建新的多线样式"对话框

（2）在"创建新的多线样式"对话框的"新样式名"文本框中输入"THREE"，单击"继续"按钮。

（3）系统打开"新建多线样式：THREE"对话框，如图 3-10 所示。

图 3-10　"新建多线样式：THREE"对话框

（4）在"封口"选项组中可以设置多线起点和端点的特性，包括直线、外弧还是内弧封口以及封口线段或圆弧的角度。

（5）在"填充颜色"下拉列表框中可以选择多线填充的颜色。

（6）在"图元"选项组中可以设置组成多线元素的特性。单击"添加"按钮，可以为多线添加元素；反之，单击"删除"按钮，为多线删除元素。在"偏移"文本框中可以设置选中元素的位置偏移值。在"颜色"下拉列表框中可以为选中的元素选择颜色。单击"线型"按钮，系统打开"选择线型"对话框，可以为选中的元素设置线型。

（7）设置完毕后，单击"确定"按钮，返回"多线样式"对话框。在"样式"列表中会显示刚设置的多线样式名，选择该样式，单击"置为当前"按钮，则将刚设置的多线样式设置为当前样式，下面的预览框中会显示所选

01 chapter
02 chapter
03 chapter
04 chapter
05 chapter
06 chapter
07 chapter
08 chapter
09 chapter
10 chapter
11 chapter
12 chapter
13 chapter

的多线样式。

（8）单击"确定"按钮，完成多线样式设置。

如图 3-11 所示为按设置后的多线样式绘制的多线。

图 3-11　绘制的多线

3.3.3　编辑多线

1. 执行方式

● 命令行：MLEDIT。
● 菜单栏：选择菜单栏中的"修改"→"对象"→"多线"命令。

2. 操作步骤

执行上述命令后，打开"多线编辑工具"对话框，如图 3-12 所示。

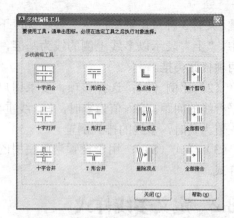

图 3-12　"多线编辑工具"对话框

利用该对话框，可以创建或修改多线的模式。对话框中分 4 列显示示例图形。其中，第一列管理十字交叉形多线，第二列管理 T 形多线，第三列管理拐角接合点和节点，第四列管理多线被剪切或连接的形式。

单击选择某个示例图形，就可以调用该项编辑功能。

下面以"十字打开"为例，介绍多线编辑的方法，把选择的两条多线进行打开交叉。命令行提示与操作如下。

> 选择第一条多线：选择第一条多线
> 选择第二条多线：选择第二条多线

选择完毕后，第二条多线被第一条多线横断交叉，命令行提示如下。

> 选择第一条多线：

可以继续选择多线进行操作，选择"放弃"选项会撤销前次操作。执行结果如图 3-13 所示。

选择第一条多线　　　　选择第二条多线　　　　执行结果

图 3-13　十字打开

3.3.4　实例——墙体的绘制

本例首先利用构造线命令绘制辅助线，然后利用多线命令绘制多线，最后利用多线编辑命令编辑多线。绘制流程如图 3-14 所示。

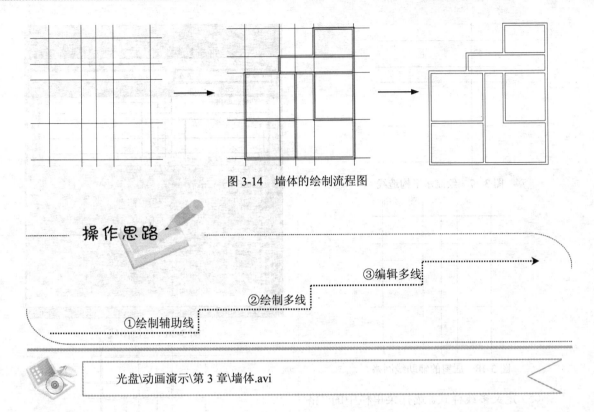

图 3-14　墙体的绘制流程图

操作思路

③编辑多线

②绘制多线

①绘制辅助线

光盘\动画演示\第 3 章\墙体.avi

01 chapter
02 chapter
03 chapter
04 chapter
05 chapter
06 chapter
07 chapter
08 chapter
09 chapter
10 chapter
11 chapter
12 chapter
13 chapter

操作步骤

（1）单击"绘图"工具栏中的"构造线"按钮，绘制一条水平构造线和一条竖直构造线，组成"十"字辅助线，如图 3-15 所示。

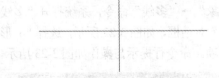

图 3-15　绘制辅助线

（2）重复"构造线"命令，将水平构造线依次向上偏移 4200，命令行提示与操作如图 3-16 所示。

（3）采用步骤（2）的方法将偏移得到的水平构造线依次向上偏移 5100、1800 和 3000，绘制的水平构造线如图 3-17 所示。

（4）采用步骤（2）的方法偏移竖直构造线，依次向右偏移 3900、1800、2100 和 4500，绘制完成的居室辅助线网格如图 3-18 所示。

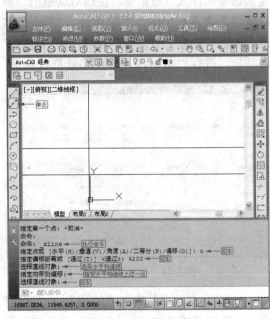

图 3-16　偏移构造线

图 3-17　绘制水平构造线

图 3-18　居室的辅助线网格

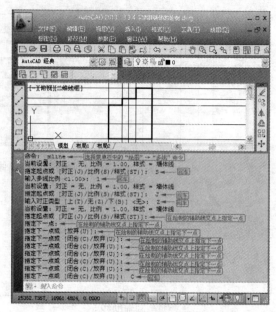

图 3-20　绘制多线

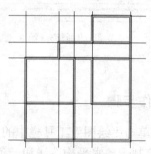

图 3-21　绘制多线结果

（5）定义多线样式。选择菜单栏中的"格式"→"多线样式"命令，系统打开"多线样式"对话框。单击"新建"按钮，系统打开"创建新的多线样式"对话框，在该对话框的"新样式名"文本框中输入"墙体线"，单击"继续"按钮。系统打开"新建多线样式：墙体线"对话框，进行如图 3-19 所示的多线样式设置。

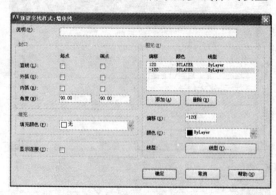

图 3-19　设置多线样式

（6）选择菜单栏中的"绘图"→"多线"命令，绘制多线墙体，命令行提示与操作如图 3-20 所示。

（7）采用相同的方法根据辅助线网格绘制多线，绘制结果如图 3-21 所示。

（8）编辑多线。选择菜单栏中的"修改"→"对象"→"多线"命令，系统打开"多线编辑工具"对话框，如图 3-22 所示，选择"T 形合并"选项。命令行提示与操作如图 3-23 所示。

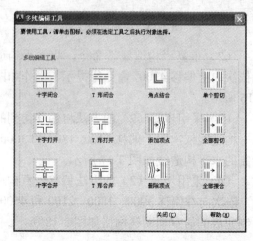

图 3-22　"多线编辑工具"对话框

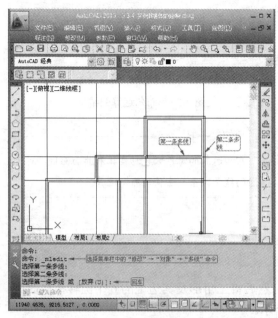

图 3-23 编辑多线

采用同样的方法继续进行多线编辑，然后将辅助线删除，最终结果如图 3-24 所示。

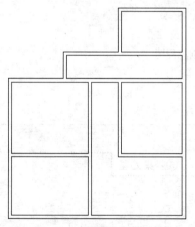

图 3-24 编辑多线结果

3.4 面域

面域是具有边界的平面区域，内部可以包含孔。用户可以将由某些对象围成的封闭区域转变为面域，这些封闭区域可以是圆、椭圆、封闭二维多段线、封闭样条曲线等，也可以是由圆弧、直线、二维多段线和样条曲线等构成的封闭区域。

3.4.1 创建面域

1. 执行方式

- 命令行：REGION（快捷命令：REG）。
- 菜单栏：选择菜单栏中的"绘图"→"面域"命令。
- 工具栏：单击"绘图"工具栏中的"面域"按钮 ⃞。

2. 操作步骤

命令：REGION↙
选择对象：

选择对象后，系统自动将所选择的对象转换成面域。

3.4.2 面域的布尔运算

布尔运算是数学中的一种逻辑运算，用在 AutoCAD 绘图中，能够极大地提高绘图效率。布尔运算包括并集、交集和差集 3 种，操作方法类似，一并介绍如下。

1. 执行方式

- 命令行：UNION（并集，快捷命令：UNI）或 INTERSECT（交集，快捷命令：IN）或 SUBTRACT（差集，快捷命令：SU）。
- 菜单栏：选择菜单栏中的"修改"→"实体编辑"→"并集"（"差集"、"交集"）命令。
- 工具栏：单击"实体编辑"工具栏中的"并集"按钮 ⃝（"差集"按钮 ⃝、"交集"按钮 ⃝）。

2. 操作步骤

命令行提示与操作如下。

命令：UNION（INTERSECT）↙
选择对象：

选择对象后，系统对所选择的面域做并集（交集）计算。

01 chapter
02 chapter
03 chapter
04 chapter
05 chapter
06 chapter
07 chapter
08 chapter
09 chapter
10 chapter
11 chapter
12 chapter
13 chapter

47

```
命令：SUBTRACT✓
选择要从中减去的实体、曲面和面域
选择对象：选择差集运算的主体对象
选择对象：右击结束选择
选择要减去的实体、曲面和面域
选择对象：选择差集运算的参照体对象
选择对象：右击结束选择
```

(a) 面域原图　　(b) 并集　　(c) 交集　　(d) 差集

图 3-25　布尔运算的结果

 教你一招

布尔运算的对象只包括实体和共面面域，对于普通的线条对象无法使用布尔运算。

选择对象后，系统对所选择的面域做差集运算。运算逻辑是在主体对象上减去与参照体对象重叠的部分，布尔运算的结果如图 3-25 所示。

3.4.3　实例——三角截面的绘制

本例首先利用圆和多边形命令绘制初步轮廓，然后将三角形及其边上的 6 个圆转换成面域，最后对图形进行实体编辑。绘制流程如图 3-26 所示。

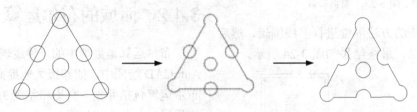

图 3-26　三角截面的绘制流程图

操作思路

①绘制初步轮廓　②并集处理　③差集处理

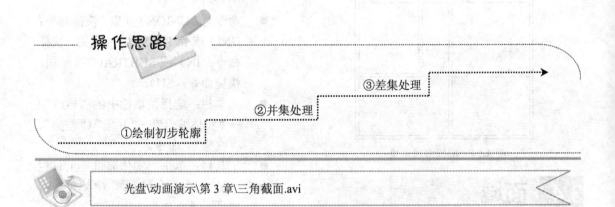

光盘\动画演示\第 3 章\三角截面.avi

 **操作步骤**

（1）单击"绘图"工具栏中的"圆"按钮 绘制适当大小的圆，单击"绘图"工具栏中的"多边形"按钮 ，以绘制的圆的圆心为中心点绘制三角形，完成初步轮廓的绘制，重复"圆"命令，以相同半径绘制其他 6 个圆，

结果如图 3-27 所示。

（2）单击"绘图"工具栏中的"面域"按钮 ，将三角形及其边上的 6 个圆转换成面域。命令行提示与操作如图 3-28 所示。

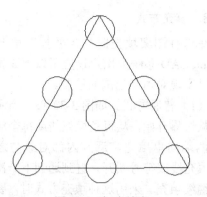

图 3-27　初步轮廓

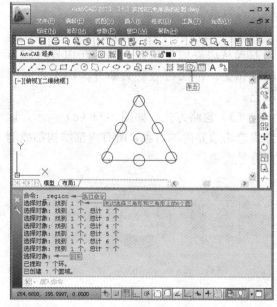

图 3-28　转换面域

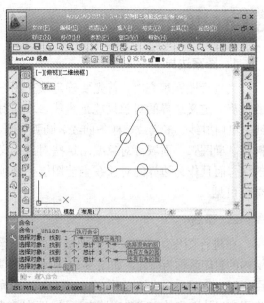

图 3-29　并集处理

（3）单击"实体编辑"工具栏中的"并集"按钮◎，将正三角形分别与 3 个角上的圆进行并集处理。命令行提示与操作如图 3-29 所示。

（4）单击"实体编辑"工具栏中的"差集"按钮◎，以三角形为主体对象，以 3 个边中间位置的圆为参照体，进行差集处理。命令行提示与操作如图 3-30 所示。

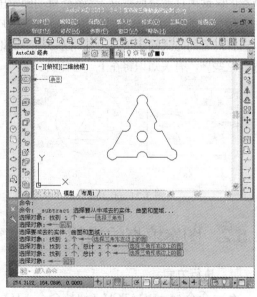

图 3-30　差集处理

 教你一招

在步骤（3）中选择对象时要按住<Shift>键，同时选择并集处理的两个对象。

3.5　图案填充

当用户需要用一个重复的图案（pattern）填充一个区域时，可以使用"BHATCH"命令，创建一个相关联的填充阴影对象，即所谓的图案填充。

01
chapter

02
chapter

03
chapter

04
chapter

05
chapter

06
chapter

07
chapter

08
chapter

09
chapter

10
chapter

11
chapter

12
chapter

13
chapter

3.5.1 基本概念

1. 图案边界

当进行图案填充时，首先要确定填充图案的边界。定义边界的对象只能是直线、双向射线、单向射线、多义线、样条曲线、圆弧、圆、椭圆、椭圆弧、面域等对象或用这些对象定义的块，而且作为边界的对象在当前图层上必须全部可见。

2. 孤岛

在进行图案填充时，我们把位于总填充区域内的封闭区称为孤岛，如图 3-31 所示。在使用"BHATCH"命令填充时，AutoCAD 系统允许用户以拾取点的方式确定填充边界，即在希望填充的区域内任意拾取一点，系统会自动确定出填充边界，同时也确定该边界内的岛。如果用户以选择对象的方式确定填充边界，则必须确切地选取这些岛，有关知识将在下一节中介绍。

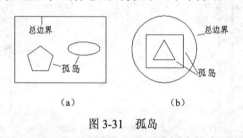

（a）　　　　　（b）

图 3-31　孤岛

3. 填充方式

在进行图案填充时，需要控制填充的范围，AutoCAD 系统为用户设置了以下 3 种填充方式以实现对填充范围的控制。

（1）普通方式。如图 3-32（a）所示，该方式从边界开始，从每条填充线或每个填充符号的两端向里填充，遇到内部对象与之相交时，填充线或符号断开，直到遇到下一次相交时再继续填充。采用这种填充方式时，要避免剖面线或符号与内部对象的相交次数为奇数，该方式为系统内部的缺省方式。

（2）最外层方式。如图 3-32（b）所示，该方式从边界向里填充，只要在边界内部与对象相交，剖面符号就会断开，而不再继续填充。

（3）忽略方式。如图 3-32（c）所示，该方式忽略边界内的对象，所有内部结构都被剖面符号覆盖。

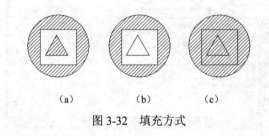

（a）　　　　（b）　　　　（c）

图 3-32　填充方式

3.5.2　图案填充的操作

1. 执行方式

- 命令行：BHATCH（快捷命令：H）。
- 菜单栏：选择菜单栏中的"绘图"→"图案填充"或"渐变色"命令。
- 工具栏：单击"绘图"工具栏中的"图案填充"按钮 ▨ 或"渐变色"按钮 ▧。

2. 操作步骤

执行上述命令后，系统打开如图 3-33 所示的"图案填充和渐变色"对话框，各选项和按钮含义介绍如下。

（1）"图案填充"选项卡：此选项卡中的各选项用来确定图案及其参数，单击此选项卡后，打开如图 3-33 左边的控制面板，其中各选项含义如下。

1）"类型"下拉列表框：用于确定填充图案的类型及图案。"用户定义"选项表示用户要临时定义填充图案，与命令行方式中的"U"选项作用相同；"自定义"选项表示选用 ACAD.PAT

图案文件或其他图案文件（.PAT 文件）中的图案填充；"预定义"选项表示用 AutoCAD 标准图案文件（ACAD.PAT 文件）中的图案填充。

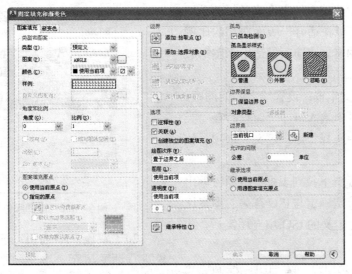

图 3-33　"图案填充和渐变色"对话框

2）"图案"下拉列表框：用于确定标准图案文件中的填充图案。在其下拉列表框中，用户可从中选择填充图案。选择需要的填充图案后，在下面的"样例"显示框中会显示出该图案。只有在"类型"下拉列表框中选择了"预定义"选项，此选项才允许用户从自己定义的图案文件中选择填充图案。如果选择图案类型是"预定义"，单击"图案"下拉列表框右侧的按钮 ，会打开如图 3-34 所示的"填充图案选项板"对话框。在该对话框中显示出所选类型具有的图案，用户可从中确定所需要的图案。

图 3-34　"填充图案选项板"对话框

3）"颜色"显示框：使用填充图案和实体填充的指定颜色替代当前颜色。

4）"样例"显示框：用于给出一个样本图案。在其右侧有一长方形图像框，显示当前用户所选用的填充图案。可以单击该图像，迅速查看或选择已有的填充图案，如图 3-34 所示。

5）"自定义图案"下拉列表框：此下拉列表框只用于用户自定义的填充图案。只有在"类型"下拉列表框中选择"自定义"选项，该项才允许用户从自己定义的图案文件中选择填充图案。

6）"角度"下拉列表框：用于确定填充图案的旋转角度。每种图案在定义时的旋转角度为零，用户可以在"角度"文本框中设置所希望的旋转角度。

7）"比例"下拉列表框：用于确定填充图案的比例值。每种图案在定义时的初始比例为 1，用户可以根据需要放大或缩小，其方法是在"比例"文本框中输入相应的比例值。

8）"双向"复选框：用于确定用户临时定义的填充线是一组平行线，还是相互垂直的两组平行线。只有在"类型"下拉列表框中选择

01 chapter
02 chapter
03 chapter
04 chapter
05 chapter
06 chapter
07 chapter
08 chapter
09 chapter
10 chapter
11 chapter
12 chapter
13 chapter

51

"用户定义"选项时，该项才可以使用。

9)"相对图纸空间"复选框：确定是否相对于图纸空间单位来确定填充图案的比例值。勾选该复选框，可以按适合于版面布局的比例方便地显示填充图案。该选项仅适用于图形版面编排。

10)"间距"文本框：设置线之间的间距，在"间距"文本框中输入值即可。只有在"类型"下拉列表框中选择"用户定义"选项，该项才可以使用。

11)"ISO 笔宽"下拉列表框：用于告诉用户根据所选择的笔宽确定与 ISO 有关的图案比例。只有选择了已定义的 ISO 填充图案后，才可确定它的内容。

12)"图案填充原点"选项组：控制填充图案生成的起始位置。此图案填充（例如砖块图案）需要与图案填充边界上的一点对齐。默认情况下，所有图案填充原点都对应于当前的 UCS 原点。也可以点选"指定的原点"单选钮，以及设置下面一级的选项重新指定原点。

(2)"渐变色"选项卡：渐变色是指从一种颜色到另一种颜色的平滑过渡。渐变色能产生光的视觉感受，可为图形添加视觉立体效果。单击该选项卡，如图 3-35 所示。

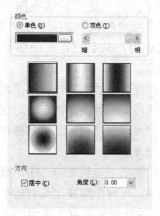

图 3-35　"渐变色"选项卡

1)"单色"单选钮：应用单色对所选对象进行渐变填充。其下面的显示框显示用户所选择的真彩色，单击右侧的按钮 ，系统打开

"选择颜色"对话框，如图 3-36 所示。该对话框将在第 5 章详细介绍。

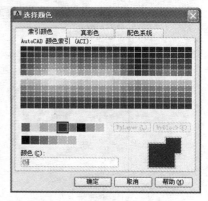

图 3-36　"选择颜色"对话框

2)"双色"单选钮：应用双色对所选对象进行渐变填充。填充颜色从颜色 1 渐变到颜色 2，颜色 1 和颜色 2 的选择与单色选择相同。

3)渐变方式样板：在"渐变色"选项卡中有 9 个渐变方式样板，分别表示不同的渐变方式，包括线形、球形、抛物线形等方式。

4)"居中"复选框：决定渐变填充是否居中。

5)"角度"下拉列表框：在该下拉列表框中选择的角度为渐变色倾斜的角度。不同的渐变色填充如图 3-37 所示。

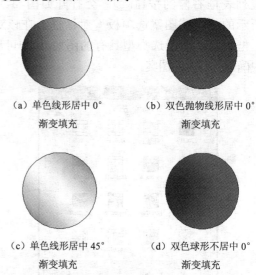

(a)单色线形居中 0°　　　(b)双色抛物线形居中 0°
　　渐变填充　　　　　　　　　渐变填充

(c)单色线形居中 45°　　　(d)双色球形不居中 0°
　　渐变填充　　　　　　　　　渐变填充

图 3-37　不同的渐变色填充

（3）"边界"选项组。

1）"添加：拾取点"按钮⊞：以拾取点的方式自动确定填充区域的边界。在填充的区域内任意拾取一点，系统会自动确定包围该点的封闭填充边界，并且高亮度显示，如图 3-38 所示。

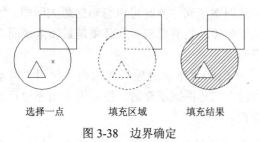

选择一点　　　填充区域　　　填充结果

图 3-38　边界确定

2）"添加：选择对象"按钮⊞：以选择对象的方式确定填充区域的边界。可以根据需要选择构成填充区域的边界。同样，被选择的边界也会以高亮度显示，如图 3-39 所示。

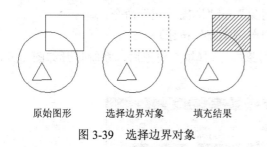

原始图形　　　选择边界对象　　　填充结果

图 3-39　选择边界对象

3）"删除边界"按钮⊠：从边界定义中删除以前添加的任何对象，如图 3-40 所示。

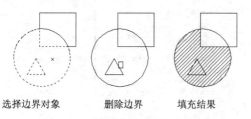

选择边界对象　　　删除边界　　　填充结果

图 3-40　删除边界后的填充图形

4）"重新创建边界"按钮⊡：对选定的图案填充或填充对象创建多段线或面域。

5）"查看选择集"按钮⊙：查看填充区域的边界。单击该按钮，AutoCAD 系统临时切换到作图状态，将所选的作为填充边界的对象以高亮度显示。只有通过"添加：拾取点"按钮

⊞或"添加：选择对象"按钮⊞选择填充边界，"查看选择集"按钮⊙才可以使用。

（4）"选项"选项组。

1）"注释性"选框：此特性会自动完成缩放注释过程，从而使注释能够以正确的大小在图纸上打印或显示。

2）"关联"复选框：用于确定填充图案与边界的关系。勾选该复选框，则填充的图案与填充边界保持关联关系，即图案填充后，当用钳夹（Grips）功能对边界进行拉伸等编辑操作时，系统会根据边界的新位置重新生成填充图案。

3）"创建独立的图案填充"复选框：当指定了几个独立的闭合边界时，控制是创建单个图案填充对象，还是多个图案填充对象，如图 3-41 所示。

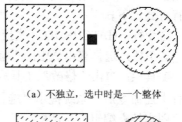

（a）不独立，选中时是一个整体

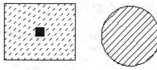

（b）独立，选中时不是一个整体

图 3-41　不独立与独立填充

4）"绘图次序"下拉列表框：指定图案填充的绘图顺序。图案填充可以置于所有其他对象之后、所有其他对象之前、图案填充边界之后或图案填充边界之前。

（5）"继承特性"按钮⊡：此按钮的作用是继承特性，即选用图中已有的填充图案作为当前的填充图案。

（6）"孤岛"选项组。

1）"孤岛检测"复选框：确定是否检测孤岛。

2）"孤岛显示样式"选项组：用于确定图案的填充方式。用户可以从中选择想要的填充方式。默认的填充方式为"普通"。用户也可

01 chapter
02 chapter
03 chapter
04 chapter
05 chapter
06 chapter
07 chapter
08 chapter
09 chapter
10 chapter
11 chapter
12 chapter
13 chapter

以在快捷菜单中选择填充方式。

（7）"边界保留"选项组：指定是否将边界保留为对象，并确定应用于这些对象的对象类型是多段线还是面域。

（8）"边界集"选项组：此选项组用于定义边界集。当单击"添加：拾取点"按钮圈，以根据指定点方式确定填充区域时，有两种定义边界集的方法：一种是将包围所指定点的最近有效对象作为填充边界，即"当前视口"选项，该选项是系统的默认方式；另一种方式是用户自己选定一组对象来构造边界，即"现有集合"选项，选定对象通过"新建"按钮圈实

现，单击该按钮，AutoCAD 临时切换到作图状态，并在命令行中提示用户选择作为构造边界集的对象。此时若选择"现有集合"选项，系统会根据用户指定的边界集中的对象来构造一个封闭边界。

（9）"允许的间隙"选项组：设置将对象用做图案填充边界时可以忽略的最大间隙。默认值为 0，此值要求对象必须是封闭区域而没有间隙。

（10）"继承选项"选项组：使用"继承特性"创建图案填充时，控制图案填充原点的位置。

3.5.3 编辑填充的图案

利用 HATCHEDIT 命令可以编辑已经填充的图案。

执行方式如下。

● 命令行：HATCHEDIT（快捷命令：HE）。

● 菜单栏：选择菜单栏中的"修改"→"对象"→"图案填充"命令。

● 工具栏：单击"修改"工具栏中的"编辑图案填充"按钮。

执行上述命令后，系统提示"选择图案填充对象"。选择填充对象后，系统打开如图 3-42 所示的"图案填充编辑"对话框。

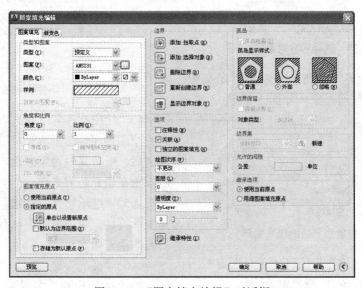

图 3-42　"图案填充编辑"对话框

在图 3-42 中，只有亮显的选项才可以对其进行操作。该对话框中各项的含义与图 3-33 所示的"图案填充和渐变色"对话框中各项的含义相同，利用该对话框，可以对已填充的图案进行一系列的编辑修改。

3.5.4 实例——春色花园的绘制

本例首先利用矩形和样条曲线命令绘制花园外形，然后利用图案填充命令对图形进行图案填充。绘制流程如图 3-43 所示。

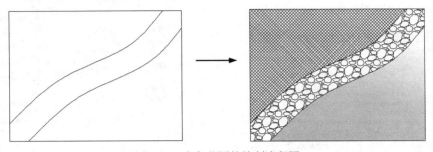

图 3-43 春色花园的绘制流程图

操作思路

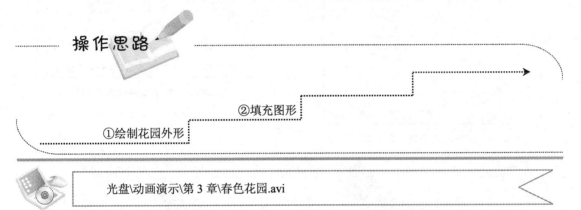

②填充图形

①绘制花园外形

光盘\动画演示\第 3 章\春色花园.avi

 操作步骤

（1）单击"绘图"工具栏中的"矩形"按钮□和"样条曲线"按钮～，绘制花园外形，如图 3-44 所示。

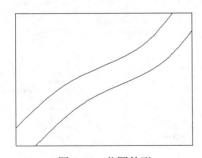

图 3-44 花园外形

（2）单击"绘图"工具栏中的"图案填充"按钮，系统打开"图案填充和渐变色"对话框。选择图案"类型"为"预定义"，单击图案"样例"右侧的按钮，打开"填充图案选项板"对话框，选择"其他预定义"选项卡中的"GRAVEL"图案，如图 3-45 所示。

图 3-45 "填充图案选项板"对话框

（3）单击"确定"按钮，返回"图案填

充和渐变色"对话框,如图 3-46 所示。单击"添加:拾取点"按钮,在绘图区两条样条曲线组成的小路中拾取一点,按<Enter>键,返回"图案填充和渐变色"对话框,单击"确定"按钮,完成鹅卵石小路的绘制,如图 3-47 所示。

按<Enter>键,返回"图案填充和渐变色"对话框,单击"确定"按钮,完成草坪的绘制,如图 3-51 所示。

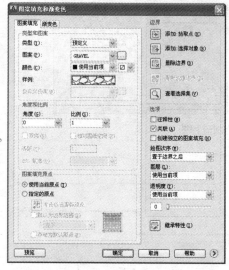

图 3-46　"图案填充和渐变色"对话框 1

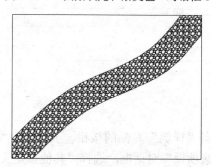

图 3-47　填充小路

图 3-48　"图案填充编辑"对话框

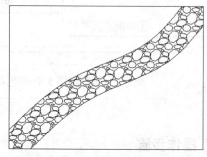

图 3-49　修改后的填充图案

（4）从图 3-47 中可以看出,填充图案过于细密,可以对其进行编辑修改。双击该填充图案,系统打开"图案填充编辑"对话框,将图案填充"比例"改为"3",如图 3-48 所示,单击"确定"按钮,修改后的填充图案如图 3-49 所示。

（5）单击"绘图"工具栏中的"图案填充"按钮,系统打开"图案填充和渐变色"对话框。选择图案"类型"为"用户定义",填充"角度"为 45°、"间距"为 10,勾选"双向"复选框,如图 3-50 所示;单击"添加:拾取点"按钮,在绘制的图形左上方拾取一点,

图 3-50　"图案填充和渐变色"对话框 2

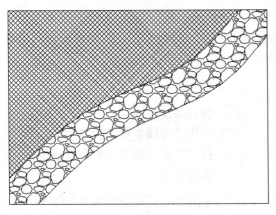

图 3-51　填充草坪

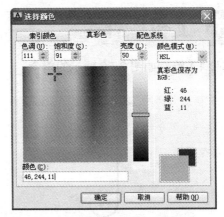

图 3-53　"选择颜色"对话框

（6）再次单击"绘图"工具栏中的"图案填充"按钮，系统打开"图案填充和渐变色"对话框，单击"渐变色"选项卡，点选"单色"单选钮，如图 3-52 所示；单击"单色"显示框右侧的按钮，打开"选择颜色"对话框，选择如图 3-53 所示的绿色，单击"确定"按钮，返回"图案填充和渐变色"对话框，选择了如图 3-54 所示的颜色变化方式，单击"添加：拾取点"按钮，在绘制的图形右下方拾取一点，按<Enter>键，返回"图案填充和渐变色"对话框，单击"确定"按钮，完成池塘的绘制，如图 3-55 所示。

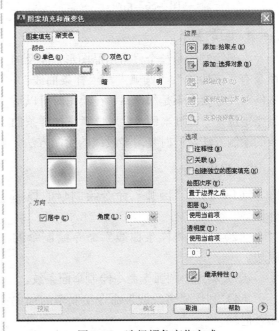

图 3-54　选择颜色变化方式

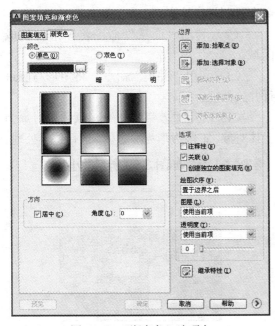

图 3-52　"渐变色"选项卡

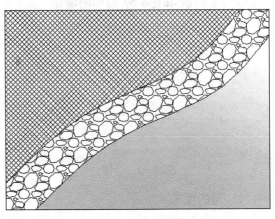

图 3-55　填充池塘

01 chapter

02 chapter

03 chapter

04 chapter

05 chapter

06 chapter

07 chapter

08 chapter

09 chapter

10 chapter

11 chapter

12 chapter

13 chapter

57

3.6 上机操作

【实验1】绘制如图 3-56 所示的雨伞。

图 3-56 雨伞

1. 目的要求

本例绘制的是一个日常用品图形，涉及的命令有"多段线"、"圆弧"和"样条曲线"。本例对尺寸要求不是很严格，在绘图时可以适当指定位置。通过本例，要求读者掌握样条曲线的绘制方法，同时复习多段线的绘制方法。

2. 操作提示

（1）利用"圆弧"命令绘制伞的顶部外框。

（2）利用"样条曲线"命令绘制伞的底边。

（3）利用"圆弧"命令绘制伞面条纹。

（4）利用"多段线"命令绘制伞的顶尖和伞把。

【实验2】绘制如图 3-57 所示的墙体。

图 3-57 墙体

1. 目的要求

本例绘制的是一个建筑图形，对尺寸要求不太严格，涉及的命令有"多线样式"、"多线"

和"多线编辑工具"。通过本例，要求读者掌握多线相关命令的使用方法，同时体会利用多线绘制建筑图形的优点。

2. 操作提示

（1）设置多线格式。

（2）利用"多线"命令绘制多线。

（3）打开"多线编辑工具"对话框。

（4）编辑多线。

【实验3】利用布尔运算绘制如图 3-58 所示的扳手。

图 3-58 扳手

1. 目的要求

本例所绘制的图形如果仅利用简单的二维绘图命令进行绘制，将非常复杂，利用面域相关命令绘制，则可以变得简单。本例要求读者掌握面域相关命令。

2. 操作提示

（1）利用"矩形"、"正多边形"和"圆"命令绘制初步轮廓。

（2）利用"面域"命令将图形转换成面域。

（3）利用"并集"命令，将矩形与圆进行并集处理。

（4）利用"差集"命令，以并集对象为主体对象、正多边形为参照体，进行差集处理。

【实验4】绘制如图 3-59 所示的小屋。

图 3-59 小屋

1．目的要求

本例绘制的是一个写意小屋，其中有 4 处图案填充。本例要求读者掌握不同图案填充的设置和绘制方法。

2．操作提示

（1）利用"直线"、"矩形"、"多段线"命令绘制小屋框架。

（2）利用"图案填充"命令填充屋顶，选择预定义的"GRASS"图案。

（3）利用"图案填充"命令填充窗户，选择预定义的"ANGLE"图案。

（4）利用"图案填充"命令填充正面墙壁，选择预定义的"BRSTONE"图案。

（5）利用"图案填充"命令填充侧面墙壁，选择"渐变色"图案。

01 chapter
02 chapter
03 chapter
04 chapter
05 chapter
06 chapter
07 chapter
08 chapter
09 chapter
10 chapter
11 chapter
12 chapter
13 chapter

第4章

图层与显示

AutoCAD 提供了图层工具，对每个图层规定其颜色和线型，并把具有相同特征的图形对象放在同一图层上绘制，这样绘图时不用分别设置对象的线型和颜色，不仅方便绘图，而且保存图形时只需存储其几何数据和所在图层即可，因而既节省了存储空间，又可以提高工作效率。本章将对有关图层的知识以及图层上颜色和线型的设置进行介绍。

- ◆ 熟练掌握利用对话框和工具栏设置图层
- ◆ 学习图层颜色和线型的设置
- ◆ 掌握缩放与平移操作
- ◆ 了解视口与空间的概念
- ◆ 了解图形输出

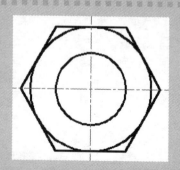
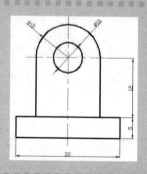
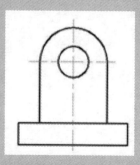
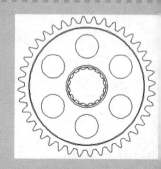

4.1 设置图层

图层的概念类似投影片，将不同属性的对象分别放置在不同的投影片（图层）上。例如将图形的主要线段、中心线、尺寸标注等分别绘制在不同的图层上，每个图层可设定不同的线型、线条颜色，然后把不同的图层堆栈在一起成为一张完整的视图，这样可使视图层次分明，方便图形对象的编辑与管理。一个完整的图形就是由它所包含的所有图层上的对象叠加在一起构成的，如图 4-1 所示。

图 4-1　图层效果

4.1.1 利用对话框设置图层

AutoCAD 2013 提供了详细直观的"图层特性管理器"选项板，用户可以方便地通过对该选项板中的各选项及其二级对话框进行设置，从而实现创建新图层、设置图层颜色及线型的各种操作。

1. 执行方式

- 命令行：LAYER。
- 菜单栏：选择菜单栏中的"格式"→"图层"命令。
- 工具栏：单击"图层"工具栏中的"图层特性管理器"按钮🔲。

执行上述命令后，系统打开如图 4-2 所示的"图层特性管理器"选项板。

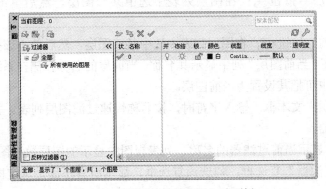

图 4-2　"图层特性管理器"选项板

2. 选项说明

（1）"新建特性过滤器"按钮 🔄：单击该按钮，可以打开"图层过滤器特性"对话框，如图 4-3 所示，从中可以基于一个或多个图层特性创建图层过滤器。

（2）"新建组过滤器"按钮 🔄：单击该按钮，可以创建一个图层过滤器，其中包含用户选定并添加到该过滤器的图层。

（3）"图层状态管理器"按钮 🔄：单击该按钮，可以打开"图层状态管理器"对话框，如图 4-4 所示，从中可以将图层的当前特性设置保存到命名图层状态中，以后可以再恢复这些设置。

01 chapter
02 chapter
03 chapter
04 chapter
05 chapter
06 chapter
07 chapter
08 chapter
09 chapter
10 chapter
11 chapter
12 chapter
13 chapter

61

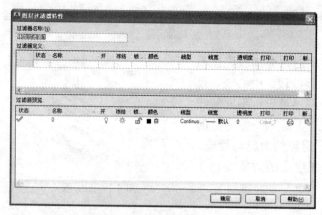
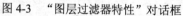

图 4-3 "图层过滤器特性"对话框   图 4-4 "图层状态管理器"对话框

（4）"新建图层"按钮：单击该按钮，图层列表中出现一个新的图层名称"图层 1"，用户可使用此名称，也可改名。要想同时创建多个图层，可选中一个图层名后，输入多个名称，各名称之间以逗号分隔。图层的名称可以包含字母、数字、空格和特殊符号，AutoCAD 2013 支持长达 255 个字符的图层名称。新的图层继承了创建新图层时所选中的已有图层的所有特性（颜色、线型、开/关状态等），如果新建图层时没有图层被选中，则新图层具有默认的设置。

（5）"在所有视口中都被冻结的新图层视口"按钮：单击该按钮，将创建新图层，然后在所有现有布局视口中将其冻结。可以在"模型"空间或"布局"空间上访问此按钮。

（6）"删除图层"按钮：在图层列表中选中某一图层，然后单击该按钮，则把该图层删除。

（7）"置为当前"按钮：在图层列表中选中某一图层，然后单击该按钮，则把该图层设置为当前图层，并在"当前图层"列中显示其名称。当前层的名称存储在系统变量 CLAYER 中。另外，双击图层名也可把其设置为当前图层。

（8）"搜索图层"文本框：输入字符时，按名称快速过滤图层列表。关闭图层特性管理器时并不保存此过滤器。

（9）状态行：显示当前过滤器的名称、列表视图中显示的图层数和图形中的图层数。

（10）"反向过滤器"复选框：勾选该复选框，显示所有不满足选定图层特性过滤器中条件的图层。

（11）图层列表区：显示已有的图层及其特性。要修改某一图层的某一特性，单击它所对应的图标即可。右击空白区域或利用快捷菜单可快速选中所有图层。列表区中各列的含义如下。

1）状态：指示项目的类型，有图层过滤器、正在使用的图层、空图层和当前图层四种。

2）名称：显示满足条件的图层名称。如果要对某图层修改，首先要选中该图层的名称。

3）状态转换图标：在"图层特性管理器"选项板的图层列表中有一列图标，单击这些图标，可以打开或关闭该图标所代表的功能。各图标功能说明如表 4-1 所示。

表 4-1　图标功能

图　示	名　称	功能说明
♀ / ♀	开 / 关闭	将图层设定为打开或关闭状态。当呈现关闭状态时，该图层上的所有对象将隐藏不显示，只有处于打开状态的图层会在绘图区上显示或由打印机打印出来。因此，绘制复杂的视图时，先将不编辑的图层暂时关闭，可降低图形的复杂性。如图 4-5（a）和图 4-5（b）分别表示尺寸标注图层打开和关闭的情形
☀ / ❋	解冻 / 冻结	将图层设定为解冻或冻结状态。当图层呈现冻结状态时，该图层上的对象均不会显示在绘图区上，也不能由打印机打出，而且不会执行重生（REGEN）、缩放（EOOM）、平移（PAN）等命令的操作，因此若将视图中不编辑的图层暂时冻结，可加快执行绘图编辑的速度。而 ♀ / ♀（开 / 关闭）功能只是单纯将对象隐藏，因此并不会加快执行速度
🔓 / 🔒	解锁 / 锁定	将图层设定为解锁或锁定状态。被锁定的图层，仍然显示在绘图区，但不能编辑修改被锁定的对象，只能绘制新的图形，这样可防止重要的图形被修改
🖶 / 🖶⊘	打印 / 不打印	设定该图层是否可以打印图形

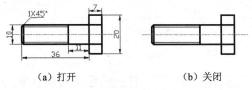

（a）打开　　　　　（b）关闭

图 4-5　打开或关闭尺寸标注图层

4）颜色：显示和改变图层的颜色。如果要改变某一图层的颜色，单击其对应的颜色图标，AutoCAD 系统打开如图 4-6 所示的"选择颜色"对话框，用户可从中选择需要的颜色。

图 4-6　"选择颜色"对话框

5）线型：显示和修改图层的线型。如果要修改某一图层的线型，单击该图层的"线型"项，系统打开"选择线型"对话框，如图 4-7 所示，其中列出了当前可用的线型，用户可从中选择。

图 4-7　"选择线型"对话框

6）线宽：显示和修改图层的线宽。如果要修改某一图层的线宽，单击该图层的"线宽"列，打开"线宽"对话框，如图 4-8 所示，其中列出了 AutoCAD 设定的线宽，用户可从中进行选择。其中"线宽"列表框中显示可以选用的线宽值，用户可从中选择需要的线宽；"旧的"显示行显示前面赋予图层的线宽，当创建一个新图层时，采用默认线宽（其值为 0.01in，即 0.25mm），默认线宽的值由系统变量 LWDEFAULT 设置；"新的"显示行显示赋予图层的新线宽。

图 4-8　"线宽"对话框

7）打印样式：打印图形时各项属性的设置。

教你一招

　　合理利用图层，可以事半功倍。我们在开始绘制图形时，就预先设置一些基本图层。每个图层锁定自己的专门用途，这样做我们只需绘制一份图形文件，就可以组合出许多需要的图纸，需要修改时也可针对各个图层进行。

4.1.2　利用工具栏设置图层

　　AutoCAD 2013 提供了一个"特性"工具栏，如图 4-9 所示。用户可以利用工具栏下拉列表框中的选项，快速地查看和改变所选对象的图层、颜色、线型和线宽特性。"特性"工具栏中的图层颜色、线型、线宽和打印样式的控制增强了查看和编辑对象属性的命令。在绘图区选择任何对象，都将在工具栏上自动显示它所在的图层、颜色、线型等属性。"特性"工具栏各部分的功能介绍如下。

图 4-9　"特性"工具栏

　　（1）"颜色控制"下拉列表框：单击右侧的向下箭头，用户可从打开的选项列表中选择一种颜色，使之成为当前颜色，如果选择"选择颜色"选项，系统打开"选择颜色"对话框以选择其他颜色。修改当前颜色后，不论在哪个图层上绘图都采用这种颜色，但对各个图层的颜色没有影响。

　　（2）"线型控制"下拉列表框：单击右侧的向下箭头，用户可从打开的选项列表中选择一种线型，使之成为当前线型。修改当前线型后，不论在哪个图层上绘图都采用这种线型，但对各个图层的线型设置没有影响。

　　（3）"线宽控制"下拉列表框：单击右侧的向下箭头，用户可从打开的选项列表中选择一种线宽，使之成为当前线宽。修改当前线宽后，不论在哪个图层上绘图都采用这种线宽，但对各个图层的线宽设置没有影响。

　　（4）"打印类型控制"下拉列表框：单击右侧的向下箭头，用户可从打开的选项列表中选择一种打印样式，使之成为当前打印样式。

4.2　设置颜色

　　AutoCAD 绘制的图形对象都具有一定的颜色，为使绘制的图形清晰表达，可把同一类的图形对象用相同的颜色绘制，而使不同类的对象具有不同的颜色，以示区分，这样就需要适当地对颜色进行设置。AutoCAD 允许用户设置图层颜色，为新建的图形对象设置当前颜色，还可以改变已有图形对象的颜色。

1. 执行方式

● 命令行：COLOR（快捷命令：COL）。
● 菜单栏：选择菜单栏中的"格式"→"颜色"命令。

执行上述命令后，系统打开图 4-6 所示的"选择颜色"对话框。

2.选项说明

（1）"索引颜色"选项卡：单击此选项卡，可以在系统所提供的 255 种颜色索引表中选择所需要的颜色，如图 4-6 所示。

1）"颜色索引"列表框：依次列出了 255 种索引色，在此列表框中可选择所需要的颜色。

2）"颜色"文本框：所选择的颜色代号值显示在"颜色"文本框中，也可以直接在该文本框中输入自己设定的代号值来选择颜色。

3）"ByLayer"和"ByBlock"按钮：单击这两个按钮，颜色分别按图层和图块设置。这两个按钮只有在设定了图层颜色和图块颜色后才可以使用。

（2）"真彩色"选项卡：单击此选项卡，可以选择需要的任意颜色，如图 4-10 所示。可以拖动调色板中的颜色指示光标和亮度滑块选择颜色及其亮度。也可以通过"色调"、"饱和度"和"亮度"的调节钮来选择需要的颜色。所选颜色的红、绿、蓝值显示在下面的"颜色"文本框中，也可以直接在该文本框中输入自己设定的红、绿、蓝值来选择颜色。

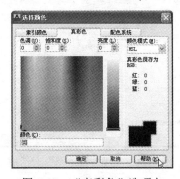

图 4-10　"真彩色"选项卡

在此选项卡中还有一个"颜色模式"下拉列表框，默认的颜色模式为"HSL"模式，即图 4-10 所示的模式。RGB 模式也是常用的一种颜色模式，如图 4-11 所示。

图 4-11　RGB 模式

（3）"配色系统"选项卡：单击此选项卡，可以从标准配色系统（例如 Pantone）中选择预定义的颜色，如图 4-12 所示。在"配色系统"下拉列表框中选择需要的系统，然后拖动右边的滑块来选择具体的颜色，所选颜色编号显示在下面的"颜色"文本框中，也可以直接在该文本框中输入编号值来选择颜色。

图 4-12　"配色系统"选项卡

4.3　图层的线型

在国家标准 GB/T 4457.4—1984 中，对机械图样中使用的各种图线名称、线型、线宽以及在图样中的应用做了规定，如表 4-2 所示。其中常用的图线有 4 种，即粗实线、细实线、虚线、细点划线。图线分为粗、细两种，粗线的宽度 b 应按图样的大小和图形的复杂程度，在 0.5～2mm 之间选择，细线的宽度约为 $b/3$。

01 chapter
02 chapter
03 chapter
04 chapter
05 chapter
06 chapter
07 chapter
08 chapter
09 chapter
10 chapter
11 chapter
12 chapter
13 chapter

表4-2 图线的型式及应用

图线名称	线　型	线　宽	主要用途
粗实线	——	b	可见轮廓线，可见过渡线
细实线	——	约 b/3	尺寸线、尺寸界线、剖面线、引出线、弯折线、牙底线、齿根线、辅助线等
细点划线	——	约 b/3	轴线、对称中心线、齿轮节线等
虚线	----	约 b/3	不可见轮廓线、不可见过渡线
波浪线	～～	约 b/3	断裂处的边界线、剖视与视图的分界线
双折线	～	约 b/3	断裂处的边界线
粗点划线	——	b	有特殊要求的线或面的表示线
双点划线	——	约 b/3	相邻辅助零件的轮廓线、极限位置的轮廓线、假想投影的轮廓线

4.3.1 在"图层特性管理器"选项板中设置线型

单击"图层"工具栏中的"图层特性管理器"按钮，打开"图层特性管理器"对话框，如图4-2所示。在图层列表的线型列下单击线型名，系统打开"选择线型"选项板，如图4-7所示，对话框中选项的含义如下。

（1）"已加载的线型"列表框：显示在当前绘图中加载的线型，可供用户选用，其右侧显示线型的形式。

（2）"加载"按钮：单击该按钮，打开"加载或重载线型"对话框，如图4-13所示，用户可通过此对话框加载线型并把它添加到线型列中。但要注意，加载的线型必须在线型库（LIN）文件中定义过。标准线型都保存在acad.lin文件中。

图4-13 "加载或重载线型"对话框

4.3.2 直接设置线型

设置线型的执行方式如下。

● 命令行：LINETGYPE。

执行上述命令后，系统打开"线型管理器"对话框，如图4-14所示，用户可在该对话框中设置线型。该对话框中的选项含义与前面介绍的选项含义相同，此处不再赘述。

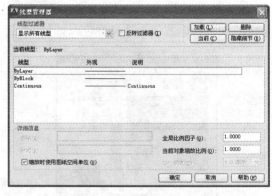

图4-14 "线型管理器"对话框

4.3.3 实例——轴承座

本例首先利用图层特性管理器命令设置图层，然后绘制中心线，最后绘制主体图形。绘制流程如图4-15所示。

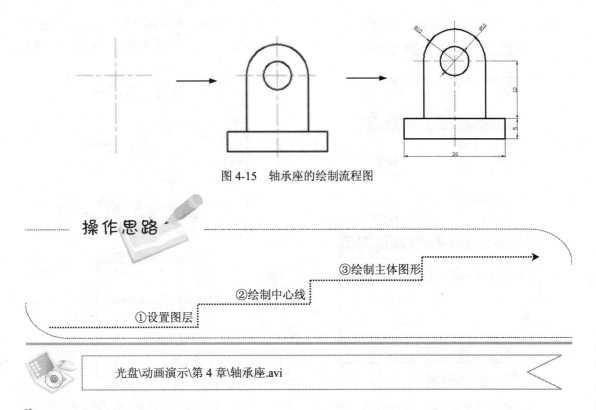

图 4-15　轴承座的绘制流程图

操作思路

③绘制主体图形

②绘制中心线

①设置图层

光盘\动画演示\第 4 章\轴承座.avi

01 chapter

02 chapter

03 chapter

04 chapter

05 chapter

06 chapter

07 chapter

08 chapter

09 chapter

10 chapter

11 chapter

12 chapter

13 chapter

操作步骤

（1）单击"图层"工具栏中的"图层特性管理器"按钮，打开"图层特性管理器"选项板。

（2）单击"新建"按钮创建一个新层，把该层的名字由默认的"图层 1"改为"中心线"，如图 4-16 所示。

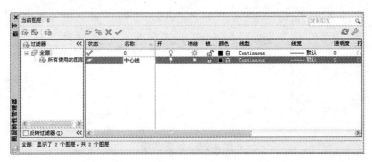

图 4-16　更改图层名

（3）单击"中心线"层对应的"颜色"项，打开"选择颜色"对话框，选择红色为该层颜色，如图 4-17 所示，单击"确定"按钮返回"图层特性管理器"选项板。

（4）单击"中心线"层对应的"线型"项，打开"选择线型"对话框，如图 4-18 所示。

（5）在"选择线型"对话框中，单击"加载"按钮，系统打开"加载或重载线型"对话框，选择 CENTER 线型，如图 4-19 所示，单击"确定"按钮退出该对话框。

（6）在"选择线型"对话框中选择 CENTER（点划线）为该层线型，单击"确定"

按钮返回"图层特性管理器"选项板。

项，打开"线宽"对话框，选择 0.09mm 线宽，如图 4-20 所示。单击"确定"按钮退出该对话框。

图 4-17 "选择颜色"对话框

图 4-19 "加载或重载线型"对话框

图 4-18 "选择线型"对话框

（7）单击"中心线"层对应的"线宽"

图 4-20 "线宽"对话框

（8）用相同的方法再建立两个新层，分别命名为"轮廓线"和"尺寸线"。"轮廓线"层的颜色设置为白色，线型为 Continuous（实线），线宽为 0.30mm。"尺寸线"层的颜色设置为蓝色，线型为 Continuous，线宽为 0.09mm。并且让 3 个图层均处于打开、解冻和解锁状态，各项设置如图 4-21 所示。

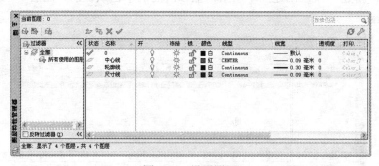

图 4-21 设置图层

（9）将"中心线"层设置为当前层。在当前层"中心线"层上绘制两条中心线，如图 4-22（a）所示。

（10）单击"图层"工具栏中图层下拉列表的下拉按钮，将"轮廓线"层设置为当前层，绘制主体图形，如图 4-22（b）所示。

（11）将当前层设置为"尺寸线"层，并在"尺寸线"层上进行尺寸标注（后面章节会讲述具体的方法），绘制结果如图 4-23 所示。

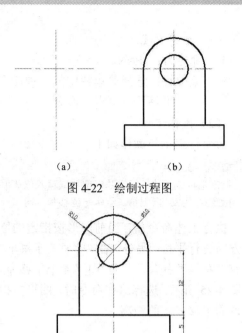

（a）　　　　　　（b）

图 4-22　绘制过程图

图 4-23　结果图

4.4　缩放与平移

改变视图最一般的方法就是利用缩放和平移命令。用它们可以在绘图区放大或缩小图像显示，或改变图形位置。

4.4.1　缩放

1．实时缩放

AutoCAD 2013 为交互式的缩放和平移提供了可能。利用实时缩放，用户就可以通过垂直向上或向下移动鼠标的方式来放大或缩小图形。利用实时平移，能通过单击或移动鼠标重新放置图形。

（1）执行方式。
- 命令行：ZOOM。
- 菜单栏：选择菜单栏中的"视图"→"缩放"→"实时"命令。
- 工具栏：单击"标准"工具栏中的"实时缩放"按钮。

（2）操作步骤。

按住鼠标左键垂直向上或向下移动，可以

放大或缩小图形。

2．动态缩放

如果打开"快速缩放"功能，就可以用动态缩放功能改变图形显示而不产生重新生成的效果。动态缩放会在当前视区中显示图形的全部。

（1）执行方式。
- 命令行：ZOOM。
- 菜单栏：选择菜单栏中的"视图"→"缩放"→"动态"命令。
- 工具栏：单击"标准"工具栏中的"动态缩放"按钮。

（2）操作步骤。

命令行提示与操作如下。

> 命令：ZOOM✓
>
> 指定窗口角点，输入比例因子 (nX 或 nXP)，或 [全部(A)/中心点(C)/动态(D)/范围(E)/上一个(P)/比例(S)/窗口(W)]/对象(O) <实时>：D✓

执行上述命令后，系统打开一个图框。选择动态缩放前图形区呈绿色的点线框，如果要动态缩放的图形显示范围与选择的动态缩放前的范围相同，则此绿色点线框与白线框重合而不可见。重生成区域的四周有一个蓝色虚线框，用以标记虚拟图纸，此时，如果线框中有一个"×"出现，就可以拖动线框，把它平移到另外一个区域。如果要放大图形到不同的放大倍数，单击一下，"×"就会变成一个箭头，这时左右拖动边界线就可以重新确定视区的大小。

另外，缩放命令还有窗口缩放、比例缩放、放大、缩小、中心缩放、全部缩放、对象缩放、缩放上一个和最大图形范围缩放，其操作方法与动态缩放类似，此处不再赘述。

4.4.2　平移

1．实时平移

执行方式有以下几种。
- 命令行：PAN。

01 chapter
02 chapter
03 chapter
04 chapter
05 chapter
06 chapter
07 chapter
08 chapter
09 chapter
10 chapter
11 chapter
12 chapter
13 chapter

- 菜单栏：选择菜单栏中的"视图"
  →"平移"→"实时"命令。
- 工具栏：单击"标准"工具栏中的
  "实时平移"按钮🖐。

执行上述命令后，光标变为🖑形状，按住鼠标左键移动手形光标就可以平移图形了。当移动到图形的边沿时，光标就变为▷显示。

另外，在 AutoCAD 2013 中，为显示控制命令设置了一个快捷菜单，如图 4-24 所示。在该菜单中，用户可以在显示命令执行的过程中，透明地进行切换。

图 4-24　快捷菜单

2．定点平移

除了最常用的"实时平移"命令外，也常用到"定点平移"命令。

（1）执行方式。
- 命令行：-PAN。
- 菜单栏：选择菜单栏中的"视图"
  →"平移"→"点"命令。

（2）操作步骤。
命令行提示与操作如下。

命令: -pan↙
指定基点或位移: 指定基点位置或输入位移值
指定第二点: 指定第二点确定位移和方向

执行上述命令后，当前图形按指定的位移和方向进行平移。另外，在"平移"子菜单中，还有"左"、"右"、"上"、"下"4 个平移命令，如图 4-25 所示，选择这些命令时，图形按指定的方向平移一定的距离。

图 4-25　"平移"子菜单

4.5　视口与空间

视口和空间是有关图形显示和控制的两个重要概念，下面进行简要介绍。

4.5.1　视口

绘图区可以被划分为多个相邻的非重叠视口。在每个视口中可以进行平移和缩放操作，也可以进行三维视图设置与三维动态观察，如图 4-26 所示。

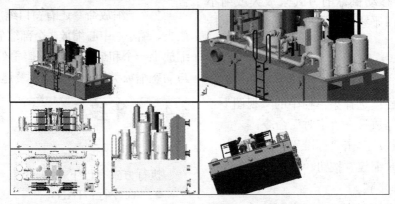

图 4-26　视口

1．新建视口

（1）执行方式。

- 命令行：VPORTS。
- 菜单栏：选择菜单栏中的"视图"→"视口"→"新建视口"命令。
- 工具栏：单击"视口"工具栏中的"显示'视口'对话框"按钮 🖼。

（2）操作步骤。

执行上述命令后，系统打开如图 4-27 所示的"视口"对话框的"新建视口"选项卡，该选项卡列出了一个标准视口配置列表，可用来创建层叠视口。如图 4-28 所示为按图 4-27 中设置创建的新图形视口，可以在多视口的单个视口中再创建多视口。

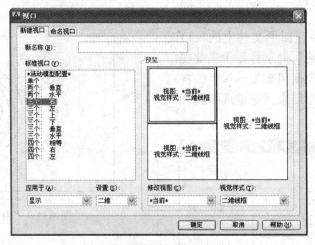

图 4-27　"新建视口"选项卡

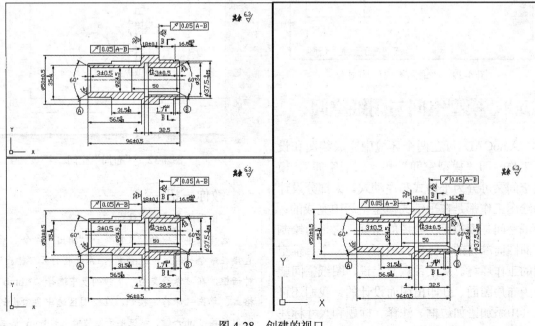

图 4-28　创建的视口

01 chapter
02 chapter
03 chapter
04 chapter
05 chapter
06 chapter
07 chapter
08 chapter
09 chapter
10 chapter
11 chapter
12 chapter
13 chapter

2．命名视口

（1）执行方式。

- 命令行：VPORTS。
- 菜单栏：选择菜单栏中的"视图"
  →"视口"→"命名视口"命令。
- 工具栏：单击"视口"工具栏中的
  "显示'视口'对话框"按钮。

（2）操作步骤。

执行上述命令后，系统打开如图 4-29 所示的"视口"对话框的"命名视口"选项卡，该选项卡用来显示保存在图形文件中的视口配置。其中，"当前名称"提示行显示当前视口名；"命名视口"列表框用来显示保存的视口配置；"预览"显示框用来预览被选择的视口配置。

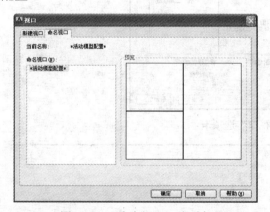

图 4-29 "命名视口"选项卡

4.5.2 模型空间与图纸空间

AutoCAD 可在两个环境中完成绘图和设计工作，即"模型空间"和"图纸空间"。模型空间又可分为平铺式和浮动式。大部分设计和绘图工作都是在平铺式模型空间中完成的；图纸空间是模拟手工绘图的空间，它是为绘制平面图而准备的一张虚拟图纸，是一个二维空间的工作环境。从某种意义上说，图纸空间就是为布局图面、打印出图而设计的，我们还可在其中添加诸如边框、注释、标题和尺寸标注等内容。

在模型空间和图纸空间中，我们都可以

进行输出设置。在绘图区底部有"模型"选项卡及一个或多个"布局"选项卡，如图 4-30 所示。

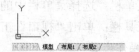

图 4-30 "模型"和"布局"选项卡

单击"模型"或"布局"选项卡，可以在它们之间进行空间的切换，如图 4-31 和图 4-32 所示。

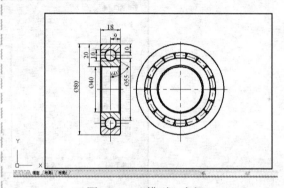

图 4-31 "模型"空间

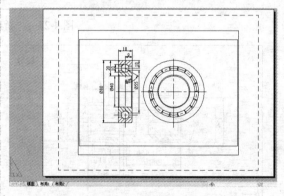

图 4-32 "布局"空间

教你一招

输出图像文件的方法如下。

选择菜单栏中的"文件"→"输出"命令，或直接在命令行输入"export"，系统将打开"输出"对话框，在"保存类型"下拉列表中选择"*.bmp"格式，单击"保存"按钮，在绘图区选中要输出的图形后按<Enter>键，被选图形便被输出为.bmp 格式的图形文件。

4.6 出图

4.6.1 打印设备的设置

最常见的打印设备有打印机和绘图仪。在输出图样时，首先要添加和配置要使用的打印设备。

1. 打开打印设备

（1）执行方式。

● 命令行：PLOTTERMANAGER。

● 菜单栏：选择菜单栏中的"文件"→"绘图仪管理器"命令。

（2）操作步骤。

1）选择菜单栏中的"工具"→"选项"命令，打开"选项"对话框。

2）单击"打印和发布"选项卡，单击"添加或配置绘图仪"按钮，如图 4-33 所示。

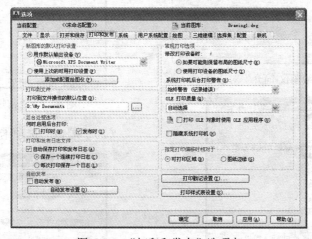

图 4-33 "打印和发布"选项卡

3）此时，系统打开"Plotters"对话框，如图 4-34 所示。

图 4-34 "Plotters"对话框

01 chapter
02 chapter
03 chapter
04 chapter
05 chapter
06 chapter
07 chapter
08 chapter
09 chapter
10 chapter
11 chapter
12 chapter
13 chapter

4）要添加新的绘图仪器或打印机，可双击"Plotters"对话框中的"添加绘图仪向导"图标，打开"添加绘图仪-简介"对话框，如图4-35所示，按向导逐步完成添加。

5）双击"Plotters"对话框中的绘图仪配置图标，如"DWF6 ePlot.pc3"，打开"绘图仪配置编辑器"对话框，如图4-36所示，对绘图仪进行相关设置。

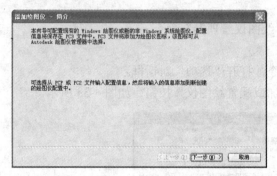

图4-35　"添加绘图仪-简介"对话框

图4-36　"绘图仪配置编辑器"对话框

2. 绘图仪配置编辑器

在"绘图仪配置编辑器"对话框中，有3个选项卡，我们可根据需要进行重新配置。

（1）"常规"选项卡，如图4-37所示。

1）绘图仪配置文件名：显示在"添加打印机"向导中指定的文件名。

2）驱动程序信息：显示绘图仪驱动程序类型（系统或非系统）、名称、型号和位置、HDI驱动程序文件版本号（AutoCAD专用驱动

程序文件）、网络服务器UNC名（如果绘图仪与网络服务器连接）、I/O端口（如果绘图仪连接在本地）、系统打印机名（如果配置的绘图仪是系统打印机）、PMP（绘图仪型号参数）文件名和位置（如果PMP文件附着在PC3文件中）。

图4-37　"常规"选项卡

（2）"端口"选项卡，如图4-38所示。

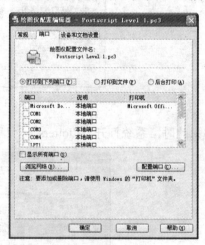

图4-38　"端口"选项卡

1）"打印到下列端口"单选钮：点选该单选钮，将图形通过选定端口发送到绘图仪。

2）"打印到文件"单选钮：点选该单选钮，将图形发送至在"打印"对话框中指定的文件。

3）"后台打印"单选钮：点选该单选钮，使用后台打印实用程序打印图形。

4）端口列表：显示可用端口（本地和网

络）的列表和说明。

5）"显示所有端口"复选框：勾选该复选框，显示计算机上的所有可用端口，不管绘图仪使用哪个端口。

6）"浏览网络"按钮：单击该按钮，显示网络选择，可以连接到另一台非系统绘图仪。

7）"配置端口"按钮：单击该按钮，打印样式显示"配置 LPT 端口"对话框或"COM端口设置"对话框。

（3）"设备和文档设置"选项卡，如图 4-36所示。

控制 PC3 文件中的许多设置。单击任意节点的图标以查看和修改指定设置。

4.6.2　创建布局

图纸空间是图纸布局环境，可以在这里指定图纸大小、添加标题栏、显示模型的多个视图及创建图形标注和注释。

1. 执行方式

● 命令行：LAYOUTWIZARD。
● 菜单栏：选择菜单栏中的"插入"→"布局"→"创建布局向导"命令。

2. 操作步骤

（1）选择菜单栏中的"插入"→"布局"→"创建布局向导"命令，打开"创建布局-开始"对话框。在"输入新布局的名称"文本

框中输入新布局名称，如图 4-39 所示。

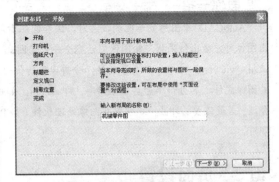

图 4-39　"创建布局-开始"对话框

（2）单击"下一步"按钮，打开如图 4-40所示的"创建布局-打印机"对话框。在该对话框中选择配置新布局"机械图"的绘图仪。

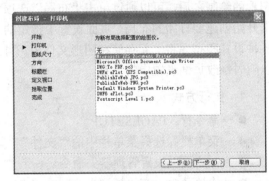

图 4-40　"创建布局-打印机"对话框

（3）逐步设置，最后单击"完成"按钮，完成新布局"机械零件图"的创建。系统自动返回到布局空间，显示新创建的布局"机械零件图"，如图 4-41 所示。

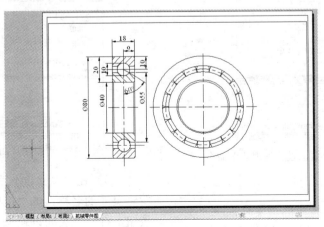

图 4-41　完成"机械零件图"布局的创建

01 chapter
02 chapter
03 chapter
04 chapter
05 chapter
06 chapter
07 chapter
08 chapter
09 chapter
10 chapter
11 chapter
12 chapter
13 chapter

75

教你一招

　　AutoCAD 中图形显示比例较大时，圆和圆弧看起来由若干直线段组成，这并不影响打印结果，但在输出图像时，输出结果将与绘图区显示完全一致，因此，若发现有圆或圆弧显示为折线段时，应在输出图像前使用"viewers"命令，对屏幕的显示分辨率进行优化，使圆和圆弧看起来尽量光滑逼真。AutoCAD 中输出的图像文件，其分辨率为屏幕分辨率，即 72dpi。如果该文件用于其他程序仅供屏幕显示，则此分辨率已经合适。若最终要打印出来，就要在图像处理软件（如 PhotoShop）中将图像的分辨率提高，一般设置为 300dpi 即可。

4.6.3 页面设置

　　页面设置可以对打印设备和其他影响最终输出的外观和格式进行设置，并将这些设置应用到其他布局中。在"模型"选项卡中完成图形的绘制之后，可以通过单击"布局"选项卡开始创建要打印的布局。页面设置中指定的各种设置和布局将一起存储在图形文件中，可以随时修改页面设置中的设置。

1. 执行方式

- 命令行：PAGESETUP。
- 菜单栏：选择菜单栏中的"文件"→"页面设置管理器"命令。
- 快捷菜单：在"模型"空间或"布局"空间中，右击"模型"或"布局"选项卡，在打开的快捷菜单中选择"页面设置管理器"命令，如图 4-42 所示。

图 4-42　选择"页面设置管理器"命令

2. 操作步骤

　　（1）选择菜单栏中的"文件"→"页面设置管理器"命令，打开"页面设置管理器"对话框，如图 4-43 所示。在该对话框中，可以完成新建布局、修改原有布局、输入存在的布局和将某一布局置为当前等操作。

图 4-43　"页面设置管理器"对话框

　　（2）在"页面设置管理器"对话框中，单击"新建"按钮，打开"新建页面设置"对话框，如图 4-44 所示。

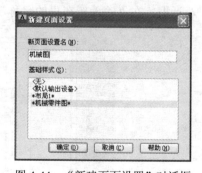

图 4-44　"新建页面设置"对话框

　　（3）在"新页面设置名"文本框中输入新建页面的名称，如"机械图"，单击"确定"按钮，打开"页面设置-机械零件图"对话框，如图 4-45 所示。

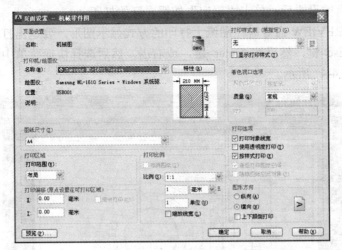

图 4-45　"页面设置-机械零件图"对话框

（4）在"页面设置-机械零件图"对话框中，可以设置布局和打印设备并预览布局的结果。对于一个布局，可利用"页面设置"对话框来完成其设置，虚线表示图纸中当前配置的图纸尺寸和绘图仪的可打印区域。设置完毕后，单击"确定"按钮。

4.6.4　从模型空间输出图形

从"模型"空间输出图形时，需要在打印时指定图纸尺寸，即在"打印"对话框中，选择要使用的图纸尺寸。在该对话框中列出的图纸尺寸取决于在"打印"或"页面设置"对话框中选定的打印机或绘图仪。

1．执行方式

- 命令行：PLOT。
- 菜单栏：选择菜单栏中的"文件"→"打印"命令。
- 工具栏：单击"标准"工具栏中的"打印"按钮。

2．操作步骤

（1）打开需要打印的图形文件，如"机械零件图"。

（2）选择菜单栏中的"文件"→"打印"命令，执行打印命令。

（3）打开"打印-机械零件图"对话框，如图 4-46 所示，在该对话框中设置相关选项。

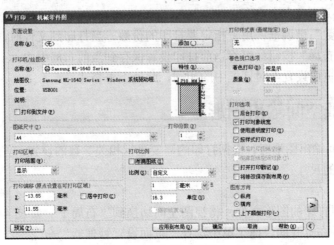

图 4-46　"打印-机械零件图"对话框

01 chapter
02 chapter
03 chapter
04 chapter
05 chapter
06 chapter
07 chapter
08 chapter
09 chapter
10 chapter
11 chapter
12 chapter
13 chapter

（4）完成所有的设置后，单击"确定"按钮，开始打印。

预览按执行 PREVIEW 命令时在图纸上打印的方式显示图形。要退出打印预览并返回"打印"对话框，按<Esc>键，然后按<Enter>键，或右击，然后选择快捷菜单中的"退出"命令。打印预览效果如图 4-47 所示。

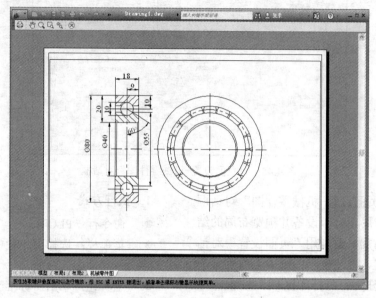

图 4-47 打印预览效果

3. 选项说明

"打印"对话框中的各项功能介绍如下。

（1）"页面设置"选项组：列出了图形中已命名或已保存的页面设置，可以将这些已保存的页面设置作为当前页面设置；也可以单击"添加"按钮，基于当前设置创建一个新的页面设置。

（2）"打印机/绘图仪"选项组：用于指定打印时使用已配置的打印设备。在"名称"下拉列表框中列出了可用的 PC3 文件或系统打印机，可以从中进行选择。设备名称前面的图标识别，其区分为 PC3 文件还是系统打印机。

（3）"打印份数"微调框：用于指定要打印的份数。当打印到文件时，此选项不可用。

（4）"应用到布局"按钮：可将当前打印设置保存到当前布局中去。

其他选项与"页面设置"对话框中的相同，此处不再赘述。

4.6.5 从图纸空间输出图形

从"图纸"空间输出图形时，根据打印的需要进行相关参数的设置，首先应在"页面设置"对话框中指定图纸的尺寸。

操作步骤如下。

（1）打开需要打印的图形文件，将视图空间切换到"布局 1"，如图 4-48 所示。在"布局 1"选项卡上右击，在打开的快捷菜单中选择"页面设置管理器"命令。

（2）打开"页面设置管理器"对话框，如图 4-49 所示。单击"新建"按钮，打开"新建

"页面设置"对话框。

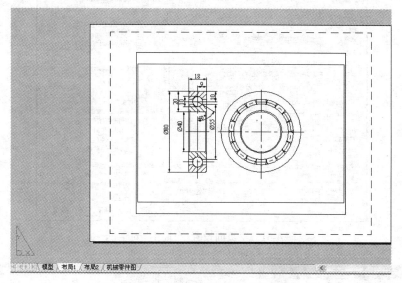

图 4-48　切换到"布局 1"选项

（3）在"新建页面设置"对话框的"新页面设置名"文本框中输入"零件图"，如图 4-50
所示。

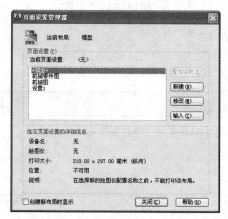

图 4-49　"页面设置管理器"对话框

图 4-50　创建"零件图"新页面

（4）单击"确定"按钮，打开"页面设置-布局 1"对话框，根据打印的需要进行相关参
数的设置，如图 4-51 所示。

（5）设置完成后，单击"确定"按钮，返回到"页面设置管理器"对话框；在"页面
设置"列表框中选择"零件图"选项，单击"置为当前"按钮，将其置为当前布局，如图
4-52 所示。

（6）单击"关闭"按钮，完成"零件图"布局的创建，如图 4-53 所示。

（7）单击"标准"工具栏中的"打印"按钮，打开"打印-模型"对话框，如图 4-54 所
示，不需要重新设置，单击左下方的"预览"按钮，打印预览效果如图 4-55 所示。

01 chapter
02 chapter
03 chapter
04 chapter
05 chapter
06 chapter
07 chapter
08 chapter
09 chapter
10 chapter
11 chapter
12 chapter
13 chapter

图 4-51 "页面设置-布局 1"对话框

图 4-52 将"零件图"布局置为当前

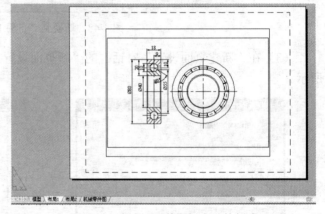

图 4-53 完成"零件图"布局的创建

图 4-54 "打印-模型"对话框

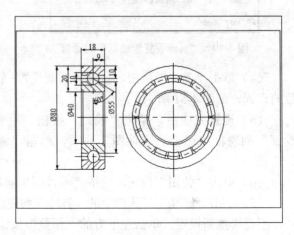

图 4-55 打印预览效果

（8）如果满意其效果，在预览窗口中右击，选择快捷菜单中的"打印"命令，完成一张零件图的打印。

在布局空间里，还可以先绘制完图样，然后将图框与标题栏都以"块"的形式插入到布局中，组成一份完整的技术图纸。

4.7 上机操作

【实例1】利用图层命令绘制如图4-56所示的螺母。

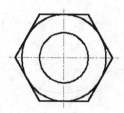

图 4-56 螺母

1．目的要求

本例要绘制的图形虽然简单，但与前面所学知识有一个明显的不同，就是图中不止一种图线。通过本例，要求读者掌握设置图层的方法与步骤。

2．操作提示

（1）设置两个新图层。
（2）绘制中心线。
（3）绘制螺母轮廓线。

【实例2】绘制如图4-57所示的五环旗。

图 4-57 五环旗

1．目的要求

本例要绘制的图形由一些基本图线组成，一个最大的特色就是不同的图线要求设置其颜色不同，为此，必须设置不同的图层。通过本例，要求读者掌握设置图层的方法与图层转换过程的操作。

2．操作提示

（1）利用图层命令 LAYER，创建 5 个图层。
（2）利用"直线"、"多段线"、"圆环"、"圆弧"等命令在不同图层绘制图线。
（3）每绘制一种颜色图线前，进行图层转换。

【实例3】用缩放工具查看如图4-58所示零件图的细节部分。

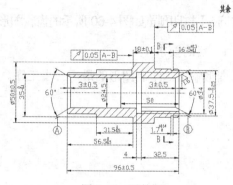

图 4-58 零件图

1．目的要求

本例给出的零件图比较复杂，为了绘制或查看零件图的局部或整体，需要用到图形显示工具。通过本例的练习，要求读者熟练掌握各种图形显示工具的使用方法与技巧。

2．操作提示

（1）利用平移工具移动图形到一个合适位置。
（2）利用"缩放"工具栏中的各种缩放工具对图形各个局部进行缩放。

【实例4】创建如图4-59所示的多窗口视口，并命名保存。

1．目的要求

本例创建一个多窗口视口，使读者了解视

口的设置方法。

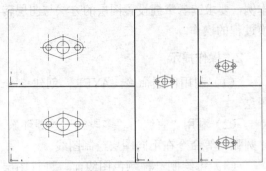

图 4-59 多窗口视口

2．操作提示

（1）新建视口。

（2）命名视口。

【实例 5】打印预览如图 4-60 所示的齿轮图形。

1．目的要求

图形输出是绘制图形的最后一步工序。正

确对图形打印进行设置，有利于顺利地输出图形图像。通过对本例图形打印的有关设置，可以使读者掌握打印设置的基本方法。

2．操作提示

（1）执行打印命令。

（2）进行打印设备参数设置。

（3）进行打印设置。

（4）输出预览。

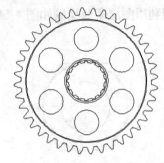

图 4-60 齿轮

第5章

精确绘图

为了快速准确地绘制图形，AutoCAD 提供了多种必要的和辅助的绘图工具，如工具条、对象选择工具、对象捕捉工具、栅格和正交工具等。利用这些工具，可以方便、准确地实现图形的绘制和编辑，不仅可以提高工作效率，而且能更好地保证图形的质量。本章将介绍捕捉、栅格、正交、对象捕捉和对象追踪等知识。

- ◆ 了解精确定位工具
- ◆ 熟练掌握对象捕捉和对象追踪
- ◆ 了解动态输入

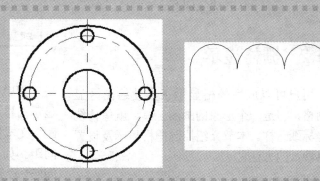

5.1 精确定位工具

精确定位工具是指能够快速准确地定位某些特殊点（如端点、中点、圆心等）和特殊位置（如水平位置、垂直位置）的工具，包括"推断约束"、"捕捉模式"、"栅格显示"、"正交模式"、"极轴追踪"、"对象捕捉"、"三维对象捕捉"、"对象捕捉追踪"、"允许/禁止动态 UCS"、"动态输入"、"显示/隐藏线宽"、"显示/隐藏透明度"、"快捷特征"、"选择循环"和"注释监视器"15 个功能开关按钮，如图 5-1 所示。

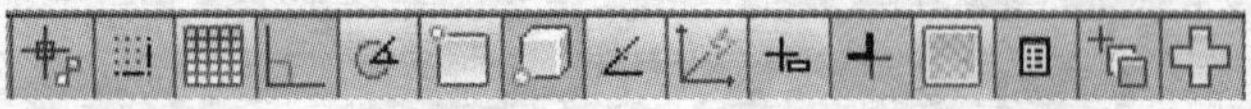

图 5-1　状态栏

5.1.1　正交模式

在 AutoCAD 绘图过程中，经常需要绘制水平直线和垂直直线，但是用光标控制选择线段的端点时很难保证两个点严格沿水平或垂直方向，为此，AutoCAD 提供了正交功能，当启用正交模式时，画线或移动对象时只能沿水平方向或垂直方向移动光标，也只能绘制平行于坐标轴的正交线段。

1. 执行方式

- 命令行：ORTHO。
- 状态栏：按下状态栏中的"正交模式"按钮□。
- 快捷键：按<F8>键。

2. 操作步骤

命令行提示与操作如下。

命令：ORTHO✓
输入模式 [开(ON)/关(OFF)] <开>：设置开或关。

5.1.2　栅格显示

用户可以应用栅格显示工具使绘图区显示网格，它是一个形象的画图工具，就像传统的坐标纸一样。本节介绍控制栅格显示及设置栅格参数的方法。

1. 执行方式

- 菜单栏：选择菜单栏中的"工具"

→"绘图设置"命令。

- 状态栏：按下状态栏中的"栅格显示"按钮▦（仅限于打开与关闭）。
- 快捷键：按<F7>键（仅限于打开与关闭）。

2. 操作步骤

选择菜单栏中的"工具"→"绘图设置"命令，系统打开"草图设置"对话框，单击"捕捉和栅格"选项卡，如图 5-2 所示。

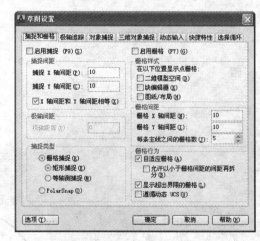

图 5-2　"捕捉和栅格"选项卡

其中，"启用栅格"复选框用于控制是否显示栅格；"栅格 X 轴间距"和"栅格 Y 轴间距"文本框用于设置栅格在水平与垂直方向的间距。如果"栅格 X 轴间距"和"栅格 Y 轴间距"设置为 0，则 AutoCAD 系统会自动将捕捉栅格间距应用于栅格，且其原点和角度总是与捕捉栅格的原点和角度相同。另外，还可以通过"Grid"命令在命令行设置栅格间距。

📱 教你一招

在"栅格 X 轴间距"和"栅格 Y 轴间距"文本框中输入数值时,若在"栅格 X 轴间距"文本框中输入一个数值后按<Enter>键,系统将自动传送这个值给"栅格 Y 轴间距",这样可减少工作量。

5.1.3 捕捉模式

为了准确地在绘图区捕捉点,AutoCAD 提供了捕捉工具,可以在绘图区生成一个隐含的栅格(捕捉栅格),这个栅格能够捕捉光标,约束它只能落在栅格的某一个节点上,使用户能够高精确度地捕捉和选择这个栅格上的点。本节主要介绍捕捉栅格的参数设置方法。

1. 执行方式

- 菜单栏:选择菜单栏中的"工具"→"绘图设置"命令。
- 状态栏:按下状态栏中的"捕捉模式"按钮▦(仅限于打开与关闭)。
- 快捷键:按<F9>键(仅限于打开与关闭)。

2. 操作步骤

选择菜单栏中的"工具"→"绘图设置"命令,打开"草图设置"对话框,单击"捕捉和栅格"选项卡,如图 5-2 所示。

3. 选项说明

各个选项含义如下。

(1)"启用捕捉"复选框:控制捕捉功能的开关,与按<F9>快捷键或按下状态栏上的"捕捉模式"按钮▦功能相同。

(2)"捕捉间距"选项组:设置捕捉参数,其中"捕捉 X 轴间距"与"捕捉 Y 轴间距"文本框用于确定捕捉栅格点在水平和垂直两个方向上的间距。

(3)"捕捉类型"选项组:确定捕捉类型和样式。AutoCAD 提供了两种捕捉栅格的方式:"栅格捕捉"和"polarsnap(极轴捕捉)"。"栅格捕捉"是指按正交位置捕捉位置点;"极轴捕捉"则可以根据设置的任意极轴角捕捉位置点。"栅格捕捉"又分为"矩形捕捉"和"等轴测捕捉"两种方式。在"矩形捕捉"方式下捕捉栅格是标准的矩形;在"等轴测捕捉"方式下捕捉栅格和光标十字线不再互相垂直,而是成绘制等轴测图时的特定角度,这种方式对于绘制等轴测图十分方便。

(4)"极轴间距"选项组:该选项组只有在选择"polarsnap"捕捉类型时才可用。可在"极轴距离"文本框中输入距离值,也可以在命令行输入"SNAP",设置捕捉的有关参数。

5.2 对象捕捉

在利用 AutoCAD 画图时经常要用到一些特殊点,例如圆心、切点、线段或圆弧的端点、中点等,如果只利用光标在图形上选择,要准确地找到这些点是十分困难的。因此,AutoCAD 提供了一些识别这些点的工具,通过这些工具即可容易地构造新几何体,精确地绘制图形,其结果比传统手工绘图更精确且更容易维护。在 AutoCAD 中,这种功能称之为对象捕捉功能。

5.2.1 特殊位置点捕捉

在绘制 AutoCAD 图形时,有时需要指定一些特殊位置的点,例如圆心、端点、中点、平行线上的点等,这些点如表 5-1 所示。可以通过对象捕捉功能来捕捉这些点。

01 chapter

02 chapter

03 chapter

04 chapter

05 chapter

06 chapter

07 chapter

08 chapter

09 chapter

10 chapter

11 chapter

12 chapter

13 chapter

表 5-1　特殊位置点捕捉

捕捉模式	快捷命令	功　能
临时追踪点	TT	建立临时追踪点
两点之间的中点	M2P	捕捉两个独立点之间的中点
捕捉自	FRO	与其他捕捉方式配合使用建立一个临时参考点，作为指出后继点的基点
端点	ENDP	用来捕捉对象（如线段或圆弧等）的端点
中点	MID	用来捕捉对象（如线段或圆弧等）的中点
圆心	CEN	用来捕捉圆或圆弧的圆心
节点	NOD	捕捉用 POINT 或 DIVIDE 等命令生成的点
象限点	QUA	用来捕捉距光标最近的圆或圆弧上可见部分的象限点，即圆周上 0°、90°、180°、270° 位置上的点
交点	INT	用来捕捉对象（如线、圆弧或圆等）的交点
延长线	EXT	用来捕捉对象延长路径上的点
插入点	INS	用来捕捉块、形、文字、属性或属性定义等对象的插入点
垂足	PER	在线段、圆、圆弧或它们的延长线上捕捉一个点，使之与最后生成的点的连线与该线段、圆或圆弧正交
切点	TAN	最后生成的一个点到选中的圆或圆弧上引切线的切点位置
最近点	NEA	用来捕捉离拾取点最近的线段、圆、圆弧等对象上的点
外观交点	APP	用来捕捉两个对象在视图平面上的交点。若两个对象没有直接相交，则系统自动计算其延长后的交点；若两对象在空间上为异面直线，则系统计算其投影方向上的交点
平行线	PAR	用来捕捉与指定对象平行方向的点
无	NON	关闭对象捕捉模式
对象捕捉设置	OSNAP	设置对象捕捉

AutoCAD 提供了命令行、工具栏和右键快捷菜单三种执行特殊点对象捕捉的方法。

在使用特殊位置点捕捉的快捷命令前，必须先选择绘制对象的命令或工具，再在命令行中输入其快捷命令。

5.2.2　实例——绘制电阻

本例首先利用矩形命令绘制矩形，然后捕捉矩形左边中心点并利用直线命令绘制左边导线，最后重复利用直线命令绘制右边导线。绘制流程如图 5-3 所示。

图 5-3　电阻的绘制流程图

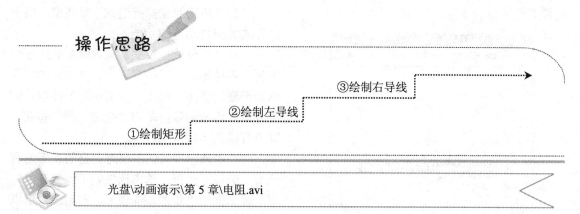

（1）单击"绘图"工具栏中的"矩形"按钮□，绘制一个矩形，如图 5-4 所示。

图 5-4　绘制矩形

（2）单击"绘图"工具栏中的"直线"按钮╱，绘制导线，命令行提示与操作如图 5-5 所示；重复"直线"命令，绘制右边导线。

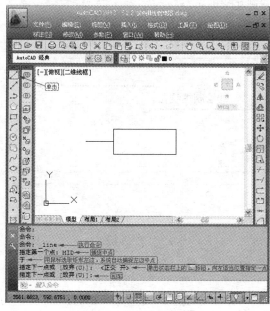

图 5-5　绘制左边导线

5.2.3　对象捕捉设置

在 AutoCAD 中绘图之前，可以根据需要事先设置开启一些对象捕捉模式，绘图时系统就能自动捕捉这些特殊点，从而加快绘图速度，提高绘图质量。

1.执行方式

- 命令行：DDOSNAP。
- 菜单栏：选择菜单栏中的"工具"→"绘图设置"命令。
- 工具栏：单击"对象捕捉"工具栏中的"对象捕捉设置"按钮⚏。
- 状态栏：按下状态栏中的"对象捕捉"按钮□（仅限于打开与关闭）。
- 快捷键：按<F3>键（仅限于打开与关闭）。
- 快捷菜单：选择快捷菜单中的"捕捉替代"→"对象捕捉设置"命令。

执行上述命令后，系统打开"草图设置"对话框，单击"对象捕捉"选项卡，如图 5-6 所示，利用此选项卡可对对象捕捉方式进行设置。

2.选项说明

各个选项含义如下。

（1）"启用对象捕捉"复选框：勾选该复选框，在"对象捕捉模式"选项组中勾选的捕捉模式处于激活状态。

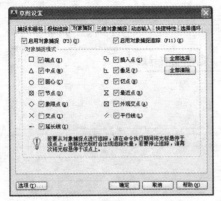

图 5-6   "对象捕捉"选项卡

（2）"启用对象捕捉追踪"复选框：用于打开或关闭自动追踪功能。

（3）"对象捕捉模式"选项组：此选项组中列出各种捕捉模式的复选框，被勾选的复选框处于激活状态。单击"全部清除"按钮，则所有模式均被清除；单击"全部选择"按钮，则所有模式均被选中。

（4）"选项"按钮：在对话框的左下角有一个"选项"按钮，单击该按钮可以打开"选项"对话框的"草图"选项卡，利用该对话框可决定捕捉模式的各项设置。

5.2.4   实例——盘盖

本例打开对象捕捉功能后，首先利用直线和圆命令绘制中心线和中心圆，然后绘制同心圆，最后绘制螺纹孔。绘制流程如图 5-7 所示。

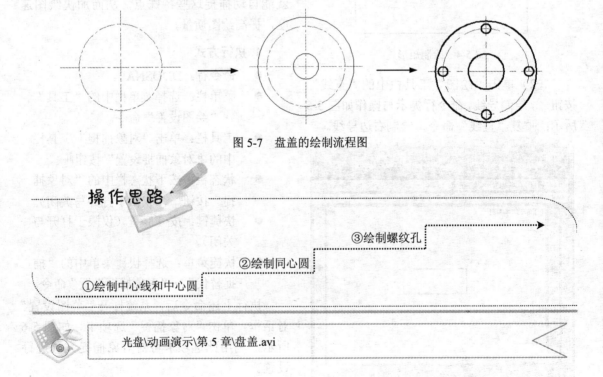

图 5-7   盘盖的绘制流程图

操作思路

③绘制螺纹孔

②绘制同心圆

①绘制中心线和中心圆

光盘\动画演示\第 5 章\盘盖.avi

操作步骤

（1）单击"图层"工具栏中的"图层特性管理器"按钮，设置如下图层。

1）中心线层：线型为 CENTER，颜色为红色，其余属性默认。

2）粗实线层：线宽为 0.30mm，其余属性默认。

（2）选择菜单栏中的"工具"→"绘图设置"命令，打开"草图设置"对话框中的"对象捕捉"选项卡，单击"全部选择"按钮，选择所有的捕捉模式，并勾选"启用对象捕捉"复选框，如图 5-6 所示，单击"确定"按钮退出该对话框。

（3）将"中心线层"设置为当前层，单击"绘图"工具栏中的"直线"按钮，绘制垂直中心线。

（4）单击"绘图"工具栏中的"圆"按钮，绘制圆形中心线，在指定圆心时，捕捉如图 5-8（a）所示的垂直中心线的交点，结果如图 5-8（b）所示。

（5）转换到粗实线层，单击"绘图"工具栏中的"圆"按钮，绘制盘盖外圆和内孔，在指定圆心时，捕捉垂直中心线的交点，如图 5-9（a）所示，结果如图 5-9（b）所示。

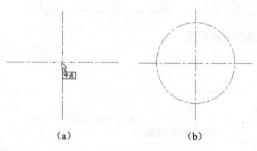

（a）　　　　　　（b）

图 5-8　绘制圆形中心线

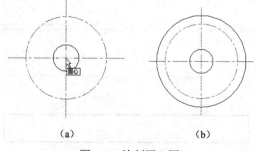

（a）　　　　　　（b）

图 5-9　绘制同心圆

（6）单击"绘图"工具栏中的"圆"按钮，绘制螺孔，在指定圆心时，捕捉圆形中心线与水平中心线或垂直中心线的交点，如图 5-10（a）所示，结果如图 5-10（b）所示。

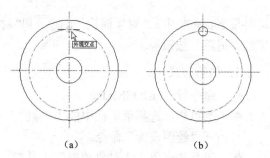

（a）　　　　　　（b）

图 5-10　绘制单个均布圆

（7）采用同样的方法绘制其他 3 个螺孔，结果如图 5-11 所示。

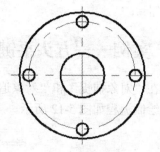

图 5-11　结果图

5.3　对象追踪

对象追踪是指按指定角度或与其他对象建立指定关系绘制对象。可以结合对象捕捉功能进行自动追踪，也可以指定临时点进行临时追踪。

5.3.1　自动追踪

利用自动追踪功能，可以对齐路径，有助于以精确的位置和角度创建对象。自动追踪包括"极轴追踪"和"对象捕捉追踪"两种追踪选项。"极轴追踪"是指按指定的极轴角或极轴角的倍数对齐要指定点的路径；"对象捕捉追踪"是指以捕捉到的特殊位置点为基点，按指定的极轴角或极轴角的倍数对齐要指定点的路径。

"极轴追踪"必须配合"对象捕捉"功能一起使用，即同时按下状态栏中的"极轴追踪"按钮和"对象捕捉"按钮；"对象捕捉追踪"必须配合"对象捕捉"功能一起使用，即

01 chapter
02 chapter
03 chapter
04 chapter
05 chapter
06 chapter
07 chapter
08 chapter
09 chapter
10 chapter
11 chapter
12 chapter
13 chapter

同时按下状态栏中的"对象捕捉"按钮□和"对象捕捉追踪"按钮∠。

1. 执行方式

- 命令行：DDOSNAP。
- 菜单栏：选择菜单栏中的"工具"→"绘图设置"命令。
- 工具栏：单击"对象捕捉"工具栏中的"对象捕捉设置"按钮⋔。
- 状态栏：按下状态栏中的"对象捕捉"按钮□和"对象捕捉追踪"按钮∠。

- 快捷键：按<F11>键。
- 快捷菜单：选择快捷菜单中的"捕捉替代"→"对象捕捉设置"命令。

2. 操作步骤

执行上述命令后，或在"对象捕捉"按钮□与"对象捕捉追踪"按钮∠上右击，选择快捷菜单中的"设置"命令，系统打开"草图设置"对话框的"对象捕捉"选项卡，勾选"启用对象捕捉追踪"复选框，即可完成对象捕捉追踪的设置。

5.3.2 实例——方头平键的绘制

本例在"对象捕捉"和"对象追踪"功能下首先绘制主视图，然后绘制俯视图，最后绘制左视图。绘制流程如图 5-12 所示。

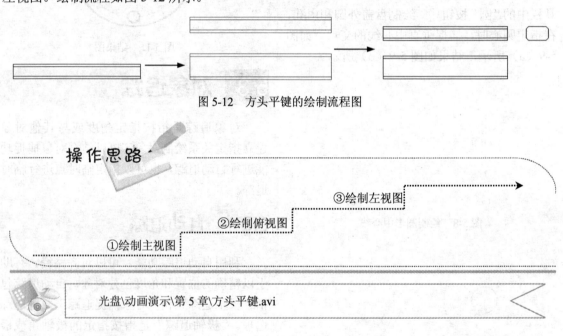

图 5-12　方头平键的绘制流程图

操作思路

③绘制左视图

②绘制俯视图

①绘制主视图

光盘\动画演示\第 5 章\方头平键.avi

操作步骤

（1）单击"绘图"工具栏中的"矩形"按钮▭，在屏幕适当位置指定第一角点，另一角点坐标为(@100, 11)，绘制主视图外形，结果如图 5-13 所示。

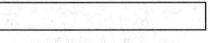

图 5-13　绘制主视图外形

（2）同时按下状态栏中的"对象捕捉"按钮□和"对象捕捉追踪"按钮∠，启动"对象捕捉追踪"功能；单击"绘图"工具栏中的

"直线"按钮/，绘制主视图上边棱线。命令行提示与操作如图 5-14、图 5-15 和图 5-16 所示。采用相同的方法，以矩形左下角点为基点，向上偏移两个单位，利用基点捕捉绘制下边的另一条棱线，结果如图 5-17 所示。

图 5-14　捕捉基点

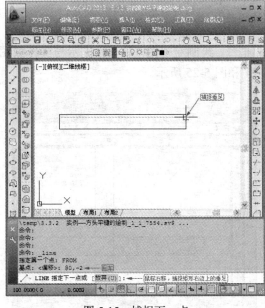

图 5-15　捕捉下一点

（3）打开"草图设置"对话框中的"极轴追踪"选项卡，将"增量角"设置为 90，将"对象捕捉追踪"设置为"仅正交追踪"。

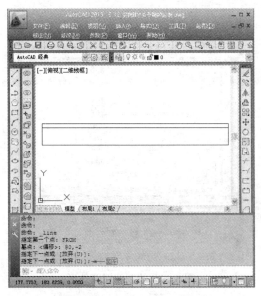

图 5-16　绘制主视图上边棱线

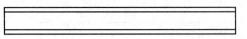

图 5-17　绘制主视图棱线

（4）单击"绘图"工具栏中的"矩形"按钮□，绘制俯视图外形。命令行提示与操作如图 5-18 和图 5-19 所示。

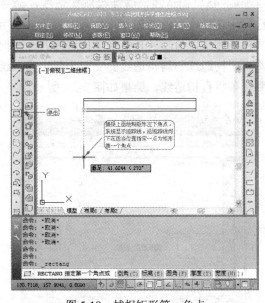

图 5-18　捕捉矩形第一角点

（5）单击"绘图"工具栏中的"直线"按钮/，结合基点捕捉功能绘制俯视图棱线，偏移距离为 2，结果如图 5-20 所示。

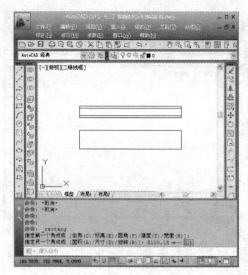

图 5-19　绘制俯视图外形

图 5-20　绘制俯视图棱线

（6）单击"绘图"工具栏中的"构造线"按钮 ✎，绘制左视图构造线。首先指定适当一点绘制-45°构造线，继续绘制构造线，命令行提示与操作如图 5-21 和图 5-22 所示。采用同样的方法，绘制另一条水平构造线。再捕捉两水平构造线与斜构造线的交点为指定点，绘制两条竖直构造线，结果如图 5-23 所示。

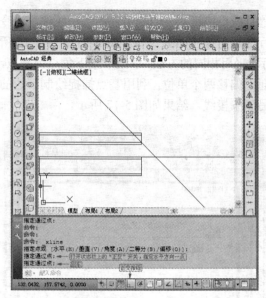

图 5-22　绘制一条水平构造线

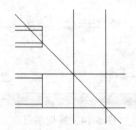

图 5-23　绘制完成的左视图构造线

（7）单击"绘图"工具栏中的"矩形"按钮 □，绘制左视图，命令行提示与操作如图 5-24 和图 5-25 所示。

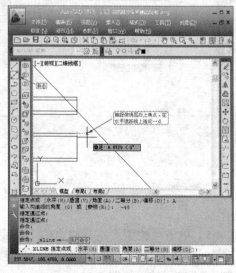

图 5-21　捕捉构造线第一点

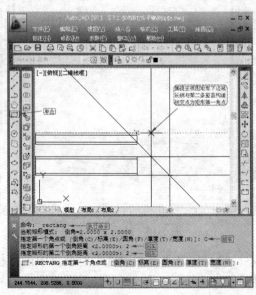

图 5-24　捕捉矩形第一角点

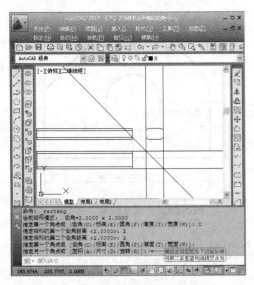

图 5-25 绘制左视图

（8）单击"修改"工具栏中的"删除"按钮 ，删除构造线，最终结果如图 5-26 所示。

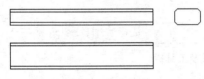

图 5-26 方头平键

5.3.3 极轴追踪设置

1．执行方式

● 命令行：DDOSNAP。
● 菜单栏：选择菜单栏中的"工具"→"绘图设置"命令。
● 工具栏：单击"对象捕捉"工具栏中的"对象捕捉设置"按钮 。
● 状态栏：按下状态栏中的"对象捕捉"按钮 和"极轴追踪"按钮 。
● 快捷键：按<F10>键。
● 快捷菜单：选择快捷菜单中的"捕捉替代"→"对象捕捉设置"命令。

执行上述命令或在"极轴追踪"按钮 上右击，选择快捷菜单中的"设置"命令，系统打开如图 5-27 所示"草图设置"对话框的"极轴追踪"选项卡。

图 5-27 "极轴追踪"选项卡

2．选项说明

"极轴追踪"选项卡中各选项功能如下。

（1）"启用极轴追踪"复选框：勾选该复选框，即启用极轴追踪功能。

（2）"极轴角设置"选项组：设置极轴角的值，可以在"增量角"下拉列表框中选择一种角度值，也可勾选"附加角"复选框。单击"新建"按钮设置任意附加角，系统在进行极轴追踪时，同时追踪增量角和附加角，可以设置多个附加角。

（3）"对象捕捉追踪设置"和"极轴角测量"选项组：按界面提示设置相应单选选项。利用自动追踪可以完成三视图绘制。

5.4 对象约束

约束能够精确地控制草图中的对象。草图约束有两种类型：几何约束和尺寸约束。

几何约束建立草图对象的几何特性（如要求某一直线具有固定长度），或是两个或更多草图对象的关系类型（如要求两条直线垂直或平行，或是几个圆弧具有相同的半径）。在绘图区用户可以使用"参数化"选项卡中的"全部显示"、"全部隐藏"或"显示"来显示有关信息，并显示代表这些约束的直观标记，如图 5-28 所示的水平标记 和共线标记 。

尺寸约束建立草图对象的大小（如直线的

长度、圆弧的半径等），或是两个对象之间的
关系（如两点之间的距离）。如图 5-29 所示为
带有尺寸约束的图形示例。

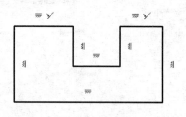

图 5-28　"几何约束"示意图

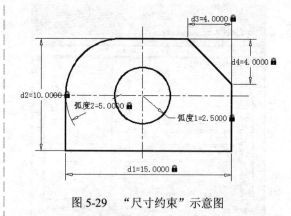

图 5-29　"尺寸约束"示意图

5.4.1　建立几何约束

利用几何约束工具，可以指定草图对象必须遵守的条件，或是草图对象之间必须维持的关系。"几何约束"面板及工具栏（其面板在"二维草图与注释"工作空间"参数化"选项卡的"几何"面板中）如图 5-30 所示，其主要几何约束选项功能如表 5-2 所示。

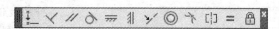

图 5-30　"几何约束"面板及工具栏

表 5-2　几何约束选项功能

约束模式	功　　能
重合	约束两个点使其重合，或约束一个点使其位于曲线（或曲线的延长线）上。可以使对象上的约束点与某个对象重合，也可以使其与另一对象上的约束点重合
共线	使两条或多条直线段沿同一直线方向，使它们共线
同心	将两个圆弧、圆或椭圆约束到同一个中心点，结果与将重合约束应用于曲线的中心点所产生的效果相同
固定	将几何约束应用于一对对象时，选择对象的顺序以及选择每个对象的点可能会影响对象彼此间的放置方式
平行	使选定的直线位于彼此平行的位置，平行约束在两个对象之间应用
垂直	使选定的直线位于彼此垂直的位置，垂直约束在两个对象之间应用
水平	使直线或点位于与当前坐标系 X 轴平行的位置，默认选择类型为对象
竖直	使直线或点位于与当前坐标系 Y 轴平行的位置
相切	将两条曲线约束为保持彼此相切或其延长线保持彼此相切，相切约束在两个对象之间应用
平滑	将样条曲线约束为连续，并与其他样条曲线、直线、圆弧或多段线保持连续性
对称	使选定对象受对称约束，相对于选定直线对称
相等	将选定圆弧和圆的尺寸重新调整为半径相同，或将选定直线的尺寸重新调整为长度相同

在绘图过程中可指定二维对象或对象上点之间的几何约束。在编辑受约束的几何图形时，将保留约束，因此，通过使用几何约束，可以在图形中包括设计要求。

5.4.2　设置几何约束

在用 AutoCAD 绘图时，可以控制约束栏的显示，利用"约束设置"对话框可控制约束栏上显示或隐藏的几何约束类型。单独或全局显示或隐藏几何约束和约束栏，可执行以下操作。

- 显示（或隐藏）所有的几何约束。
- 显示（或隐藏）指定类型的几何约束。
- 显示（或隐藏）所有与选定对象相关的几何约束。

1. 执行方式

- 命令行：CONSTRAINTSETTINGS（CSETTINGS）。
- 菜单栏：选择菜单栏中的"参数"→"约束设置"命令。
- 功能区：单击"参数化"选项卡中的"约束设置，几何"命令 ■。
- 工具栏：单击"参数化"工具栏中的"约束设置"按钮 ■。

执行上述命令后，系统打开"约束设置"对话框，单击"几何"选项卡，如图 5-31 所示，利用此对话框可以控制约束栏上约束类型的显示。

图 5-31　"约束设置"对话框的"几何"选项卡

2. 选项说明

"几何"选项卡中各个选项含义如下。

（1）"约束栏显示设置"选项组：此选项组控制图形编辑器中是否为对象显示约束栏或约束点标记。例如，可以为水平约束和竖直约束隐藏约束栏的显示。

（2）"全部选择"按钮：选择全部几何约束类型。

（3）"全部清除"按钮：清除所有选定的几何约束类型。

（4）"仅为处于当前平面中的对象显示约束栏"复选框：勾选该复选框，仅为当前平面上受几何约束的对象显示约束栏。

（5）"约束栏透明度"选项组：设置图形中约束栏的透明度。

（6）"将约束应用于选定对象后显示约束栏"复选框：勾选该复选框，手动应用约束或使用"AUTOCONSTRAIN"命令时，显示相关约束栏。

5.4.3　实例——绘制电感符号

本例首先利用圆弧命令绘制四段圆弧，然后利用直线命令绘制直线，最后建立相切约束。绘制流程如图 5-32 所示。

图 5-32　电感符号的绘制流程图

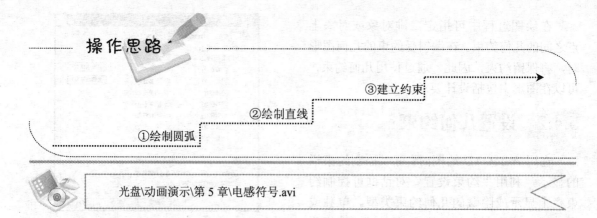

操作思路

③建立约束

②绘制直线

①绘制圆弧

光盘\动画演示\第 5 章\电感符号.avi

操作步骤

（1）绘制绕线组。单击"绘图"工具栏中的"圆弧"按钮，绘制半径为 10mm 的半圆弧，命令行提示与操作如图 5-33 所示；采用相同的方法，绘制另外三段相同的圆弧，每段圆弧的起点为上一段圆弧的终点，或者利用"复制"按钮进行复制。

图 5-34　绘制引线

（3）相切对象。单击"几何约束"工具栏中的"相切"按钮，选择需要约束的对象，使直线与圆弧相切，命令行提示与操作如图 5-35 所示；采用同样的方式，建立右侧直线和圆弧的相切关系，结果如图 5-36 所示。

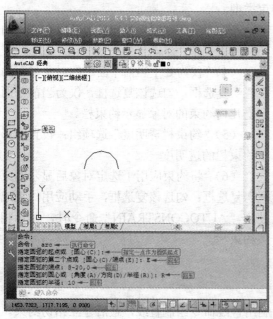

图 5-33　绘制圆弧

（2）绘制引线。单击状态栏中的"正交模式"按钮，然后单击"绘图"工具栏中的"直线"按钮，绘制竖直向下的电感两端引线，如图 5-34 所示。

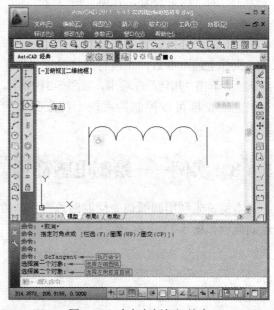

图 5-35　建立左侧相切约束

图 5-36　建立右侧相切约束

5.4.4　建立尺寸约束

建立尺寸约束可以限制图形几何对象的大小，也就是与在草图上标注尺寸相似，同样设置尺寸标注线，与此同时也会建立相应的表达式，不同的是可以在后续的编辑工作中实现尺寸的参数化驱动。"标注约束"面板及工具栏（其面板在"二维草图与注释"工作空间"参数化"选项卡的"标注"面板中）如图 5-37 所示。

图 5-37　"标注约束"面板及工具栏

在生成尺寸约束时，用户可以选择草图曲线、边、基准平面或基准轴上的点，以生成水平、竖直、平行、垂直和角度尺寸。

生成尺寸约束时，系统会生成一个表达式，其名称和值显示在一个文本框中，如图 5-38 所示，用户可以在其中编辑该表达式的名和值。

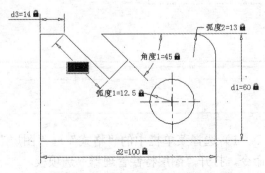

图 5-38　编辑尺寸约束示意图

生成尺寸约束时，只要选中了几何体，其尺寸及其延伸线和箭头就会全部显示出来。将

尺寸拖动到位，然后单击，就完成了尺寸约束的添加。完成尺寸约束后，用户还可以随时更改尺寸约束，只需在绘图区选中该值双击，就可以使用生成过程中所采用的方式，编辑其名称、值或位置。

5.4.5　设置尺寸约束

在用 AutoCAD 绘图时，使用"约束设置"对话框中的"标注"选项卡，如图 5-39 所示，可控制显示标注约束时的系统配置，标注约束控制设计的大小和比例。尺寸约束的具体内容如下。

● 对象之间或对象上点之间的距离。
● 对象之间或对象上点之间的角度。

1. 执行方式

● 命令行：CONSTRAINTSETTINGS（CSETTINGS）。
● 菜单栏：选择菜单栏中的"参数"→"约束设置"命令。
● 功能区：单击"参数化"选项卡的"标注"面板中的"约束设置，标注"按钮。
● 工具栏：单击"参数化"工具栏中的"约束设置"按钮。

执行上述命令后，系统打开"约束设置"对话框，单击"标注"选项卡，如图 5-39 所示，利用此对话框可以控制约束栏上约束类型的显示。

图 5-39　"标注"选项卡

2. 选项说明

"标注"选项卡中各个选项含义如下。

（1）"标注约束格式"选项组：可以在其中设置标注名称格式和锁定图标的显示。

（2）"标注名称格式"下拉列表框：为应用标注约束时显示的文字指定格式。将名称格式设置为显示名称、值或名称和表达式。例如：

宽度=长度/2。

（3）"为注释性约束显示锁定图标"复选框：针对已应用注释性约束的对象显示锁定图标。

（4）"为选定对象显示隐藏的动态约束"复选框：显示选定时已设置为隐藏的动态约束。

5.4.6 实例——泵轴的绘制

本例首先利用直线命令绘制泵轴的外轮廓线，然后添加约束，最后利用多段线和圆命令绘制泵轴的键槽和圆。绘制流程如图 5-40 所示。

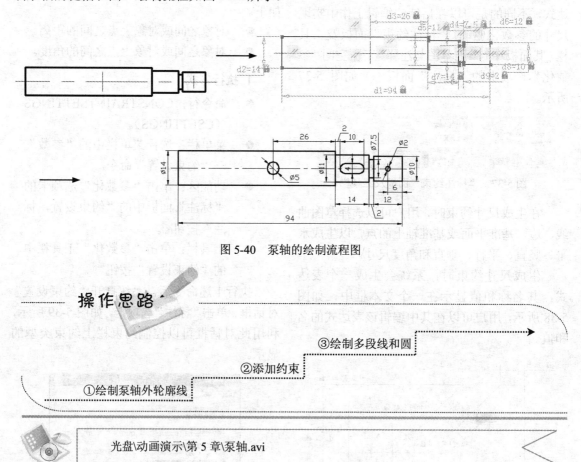

图 5-40　泵轴的绘制流程图

操作思路

③绘制多段线和圆

②添加约束

①绘制泵轴外轮廓线

光盘\动画演示\第 5 章\泵轴.avi

操作步骤

（1）在命令行中输入"LIMITS"命令，设置图幅为 297×210。

（2）图层设置。

1）选择菜单栏中的"格式"→"图层"命令，打开"图层特性管理器"选项板。

2）单击"新建图层"按钮，创建一个新图层，把该图层命名为"中心线"。

3）单击"中心线"图层对应的"颜色"

列，打开"选择颜色"对话框，如图 5-41 所示。
选择红色为该图层颜色，单击"确定"按钮，
返回"图层特性管理器"选项板。

图 5-41　"选择颜色"对话框

4）单击"中心线"图层对应的"线型"
列，打开"选择线型"对话框，如图 5-42 所示。

图 5-42　"选择线型"对话框

5）在"选择线型"对话框中，单击"加
载"按钮，系统打开"加载或重载线型"对话
框，选择"CENTER"线型，如图 5-43 所示，
单击"确定"按钮退出该对话框。在"选择线
型"对话框中选择"CENTER"（点划线）为该
图层线型，单击"确定"按钮，返回"图层特
性管理器"选项板。

图 5-43　"加载或重载线型"对话框

6）单击"中心线"图层对应的"线宽"
列，打开"线宽"对话框，如图 5-44 所示。选
择"0.09mm"线宽，单击"确定"按钮。

图 5-44　"线宽"对话框

7）采用相同的方法再创建两个新图层，
分别命名为"轮廓线"和"尺寸线"。"轮廓线"
图层的颜色设置为白色，线型为 Continuous（实
线），线宽为 0.30mm。"尺寸线"图层的颜色
设置为蓝色，线型为 Continuous，线宽为
0.09mm。设置完成后，使三个图层均处于打开、
解冻和解锁状态，各项设置如图 5-45 所示。

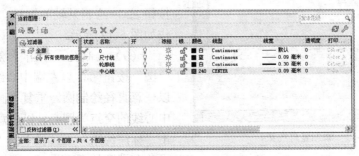

图 5-45　新建图层的各项设置

（3）将"中心线"图层设置为当前图层，单击"绘图"工具栏中的"直线"按钮，以

01 chapter
02 chapter
03 chapter
04 chapter
05 chapter
06 chapter
07 chapter
08 chapter
09 chapter
10 chapter
11 chapter
12 chapter
13 chapter

(65, 130)、(170, 130) 为坐标点绘制泵轴的中心线。重复 "直线" 命令，绘制 φ5 圆与 φ2 圆的竖直中心线，端点坐标分别为 {(110, 135)，(110, 125)} 和 {(158, 133)，(158, 127)}。

（4）绘制泵轴的外轮廓线。将 "轮廓线" 图层设置为当前图层。单击 "绘图" 工具栏中的 "直线" 按钮 ，如图 5-46 所示绘制外轮廓线直线，尺寸不需精确。

（5）单击 "几何约束" 工具栏中的 "平行" 按钮 ，使各水平方向上的直线建立水平的几何约束。如图 5-46 所示，采用相同的方法创建其他的几何约束。

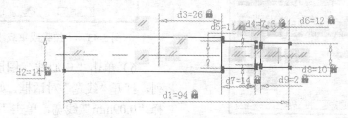

图 5-46　绘制泵轴的外轮廓线

（6）单击 "标注约束" 工具栏中的 "竖直" 按钮 ，按照图 5-40 所示的最后一个图的尺寸对泵轴外轮廓尺寸进行约束设置，命令行提示与操作如图 5-47 所示。

（7）单击 "标注约束" 工具栏中的 "水平" 按钮 ，按照图 5-40 所示的最后一个图的尺寸对泵轴外轮廓尺寸进行约束设置，命令行提示与操作如图 5-48 所示。

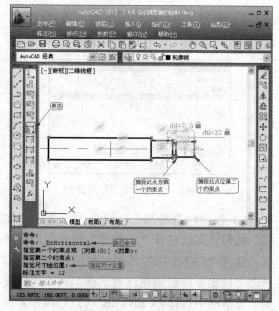

图 5-48　添加水平约束

（8）单击 "绘图" 工具栏中的 "多段线" 按钮 ，绘制泵轴的键槽，命令行提示与操作如图 5-49 所示。

（9）绘制孔。单击 "绘图" 工具栏中的 "圆" 按钮 ，以左端中心线的交点为圆心，以任意直径绘制圆。重复 "圆" 命令，以右端中心线的交点为圆心，以任意直径绘制圆；单击 "标注约束" 工具栏中的 "直径" 按钮 ，更改左端圆的直径为 5，右端圆的直径为 2。最终绘制完成的结果如图 5-50 所示。

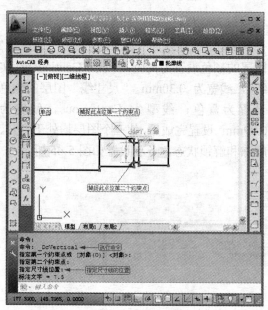

图 5-47　添加竖直约束

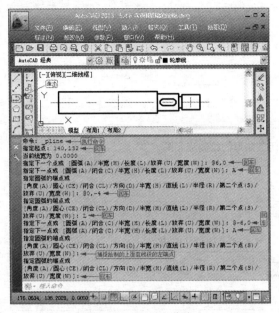

图 5-49　绘制多段线

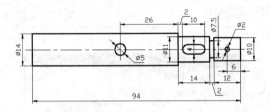

图 5-50　结果图

5.4.7　自动约束

在用 AutoCAD 绘图时，利用"约束设置"对话框中的"自动约束"选项卡，如图 5-51 所示，可将设定公差范围内的对象自动设置为相关约束。

图 5-51　"自动约束"选项卡

1．执行方式

● 命令行：CONSTRAINTSETTINGS（CSETTINGS）。

● 菜单栏：选择菜单栏中的"参数"→"约束设置"命令。

● 功能区：选择"参数化"选项卡的"几何"面板中的"约束设置，几何"按钮 。

● 工具栏：单击"参数化"工具栏中的"约束设置"按钮 。

执行上述命令后，系统打开"约束设置"对话框，单击"自动约束"选项卡，如图 5-51 所示，利用此对话框可以控制自动约束的相关参数。

2．选项说明

"自动约束"选项卡中各个选项含义如下。

（1）"约束类型"列表框：显示自动约束的类型以及优先级。可以通过单击"上移"和"下移"按钮调整优先级的先后顺序。单击 图标符号选择或去掉某约束类型作为自动约束类型。

（2）"相切对象必须共用同一交点"复选框：指定两条曲线必须共用一个点（在距离公差内指定）应用相切约束。

（3）"垂直对象必须共用同一交点"复选框：指定直线必须相交或一条直线的端点必须与另一条直线或直线的端点重合（在距离公差内指定）。

（4）"公差"选项组：设置可接受的"距离"和"角度"公差值，以确定是否可以应用约束。

5.4.8　实例——约束控制未封闭三角形

本例首先设置约束与自动约束，然后添加固定约束，最后添加自动约束。绘制流程如图 5-52 所示。

01 chapter
02 chapter
03 chapter
04 chapter
05 chapter
06 chapter
07 chapter
08 chapter
09 chapter
10 chapter
11 chapter
12 chapter
13 chapter

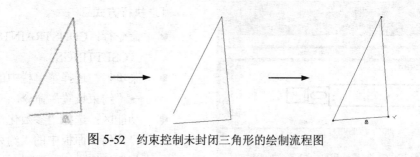

图 5-52　约束控制未封闭三角形的绘制流程图

操作思路

③添加自动约束

②添加固定约束

①设置约束和自动约束

光盘\动画演示\第 5 章\约束控制未封闭三角形.avi

操作步骤

（1）设置约束与自动约束。选择菜单栏中的"参数"→"约束设置"命令，打开"约束设置"对话框；单击"几何"选项卡，单击"全部选择"按钮，选择全部约束方式，如图 5-53 所示；再单击"自动约束"选项卡，将"距离"和"角度"公差值设置为 1，取消对"相切对象必须共用同一交点"复选框和"垂直对象必须共用同一交点"复选框的勾选，约束优先顺序按图 5-54 所示设置。

图 5-54　"自动约束"选项卡设置

（2）在界面上方的工具栏区右击，选择快捷菜单中的"AutoCAD"→"参数化"命令，打开"参数化"工具栏，如图 5-55 所示。

图 5-55　"参数化"工具栏

（3）单击"参数化"工具栏中的"固定"按钮，命令行提示与操作如图 5-56 所示，这时底边被固定，并显示固定标记。

图 5-53　"几何"选项卡设置

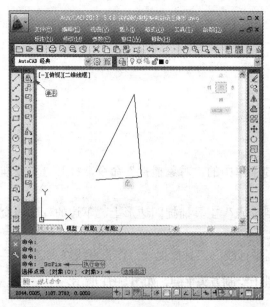

图 5-56 添加固定约束

（4）单击"参数化"工具栏中的"自动约束"按钮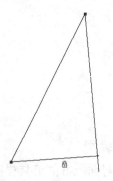，命令行提示与操作如图 5-57 所示。这时，左边下移，使底边和左边的两个端点重合，并显示固定标记，而原来重合的上顶点现在分离。

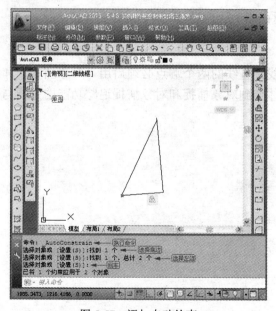

图 5-57 添加自动约束

（5）采用同样的方法，使上边两个端点进行自动约束，两者重合，并显示重合标记，如图 5-58 所示。

图 5-58 自动重合约束

（6）单击"参数化"工具栏中的"自动约束"按钮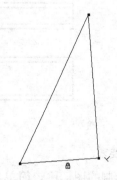，选择三角形底边和右边为自动约束对象（这里已知底边与右边的原始夹角为 89°），可以发现，底边与右边自动保持重合与垂直的关系，如图 5-59 所示（注意：三角形的右边必然要缩短）。

图 5-59 自动重合与自动垂直约束

🔔 提示

第（4）步中提示这里已知左边两个端点的距离为 0.7，在自动约束公差范围内。

5.5 上机操作

【实例1】如图 5-60 所示，过四边形上、下边延长线交点作四边形右边的平行线。

1. 目的要求

本例要绘制的图形比较简单，但是要准确找到四边形上、下边延长线必须启用"对象捕捉"功能，捕捉延长线交点。通过本例，读者可以体会到对象捕捉功能的方便与快捷作用。

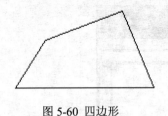

图 5-60 四边形

2. 操作提示

（1）在界面上方的工具栏区右击，选择快捷菜单中的"对象捕捉"命令，打开"对象捕捉"工具栏。

（2）利用"对象捕捉"工具栏中的"捕捉到交点"工具捕捉四边形上、下边的延长线交点作为直线起点。

（3）利用"对象捕捉"工具栏中的"捕捉到平行线"工具捕捉一点作为直线终点。

【实例2】利用尺寸约束功能，在5.3.2小节的基础上绘制方头平键，如图5-61所示。

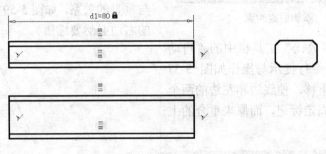

图 5-61　键 B18×80

1. 目的要求

本例要绘制的图形比较简单，但是要准确找到直线的两个端点必须启用"对象捕捉"和"对象捕捉追踪"工具。通过本例，读者可以体会到对象捕捉和对象捕捉追踪功能的方便与快捷作用。

2. 操作提示

（1）打开 5.3.2 小节绘制的方头平键。

（2）设置尺寸约束。

（3）修改尺寸。

第6章

编辑命令

二维图形编辑操作配合绘图命令的使用可以进一步完成复杂图形的绘制工作,并可使用户合理安排和组织图形,保证作图准确,减少重复,对编辑命令的熟练掌握和使用有助于提高设计和绘图的效率。本章主要介绍复制类命令、改变位置类命令、删除及恢复类命令、改变几何特性类命令和对象编辑命令。

◆ 学习绘图的编辑命令
◆ 掌握编辑命令的操作
◆ 了解对象编辑

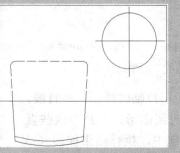

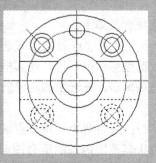
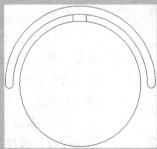

6.1 选择对象

AutoCAD 2013 提供以下几种方法选择对象。

（1）先选择一个编辑命令，然后选择对象，按<Enter>键结束操作。

（2）使用 SELECT 命令。在命令行输入"SELECT"，按<Enter>键，按提示选择对象，按<Enter>键结束。

（3）利用定点设备选择对象，然后调用编辑命令。

（4）定义对象组。

无论使用哪种方法，AutoCAD 2013 都将提示用户选择对象，并且光标的形状由十字光标变为拾取框。下面结合 SELECT 命令说明选择对象的方法。

SELECT 命令可以单独使用，也可以在执行其他编辑命令时被自动调用。在命令行输入"SELECT"，按<Enter>键，命令行提示如下。

选择对象：

等待用户以某种方式选择对象作为回答。AutoCAD 2013 提供多种选择方式，可以输入"?"，查看这些选择方式。选择选项后，出现如下提示。

需要点或窗口(W)/上一个(L)/窗交(C)/框(BOX)/全部(ALL)/栏选(F)/圈围(WP)/圈交(CP)/编组(G)/添加(A)/删除(R)/多个(M)/上一个(P)/放弃(U)/自动(AU)/单个(SI)/子对象（SU）/对象（O）
选择对象：

其中，部分选项含义如下。

（1）点：表示直接通过点取的方式选择对象。利用鼠标或键盘移动拾取框，使其框住要选择的对象，然后单击，被选中的对象就会高亮显示。

（2）窗口（W）：用由两个对角顶点确定的矩形窗口选择位于其范围内部的所有图形，与边界相交的对象不会被选中。指定对角顶点

时应该按照从左向右的顺序，执行结果如图6-1 所示。

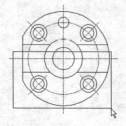 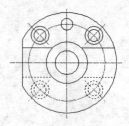

（a）图中箭头所指为选择框　　　（b）选择后的图形

图 6-1 "窗口"对象选择方式

（3）上一个（L）：在"选择对象"提示下输入"L"，按<Enter>键，系统自动选择最后绘出的一个对象。

（4）窗交（C）：该方式与"窗口"方式类似，其区别在于它不但选中矩形窗口内部的对象，也选中与矩形窗口边界相交的对象，执行结果如图 6-2 所示。

（5）框（BOX）：使用框时，系统根据用户在绘图区指定的两个对角点的位置而自动引用"窗口"或"窗交"选择方式。若从左向右指定对角点，为"窗口"方式；反之，为"窗交"方式。

（6）全部（ALL）：选择绘图区中的所有对象。

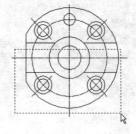 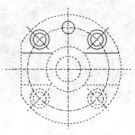

（a）图中箭头所指为选择框　　　（b）选择后的图形

图 6-2 "窗交"对象选择方式

（7）栏选（F）：用户临时绘制一些直线，这些直线不必构成封闭图形，凡是与这些直线相交的对象均被选中，执行结果如图 6-3 所示。

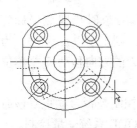 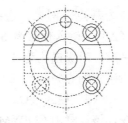

（a）图中虚线为选择栏　　　（b）选择后的图形

图 6-3　"栏选"对象选择方式

（8）圈围（WP）：使用一个不规则的多边形来选择对象。根据提示，用户依次输入构成多边形所有顶点的坐标，直到最后按<Enter>键结束操作，系统将自动连接第一个顶点与最后一个顶点，形成封闭的多边形。凡是被多边形围住的对象均被选中（不包括边界），执行结果如图 6-4 所示。

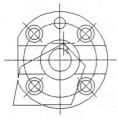 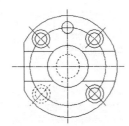

（a）箭头所指十字线拉出的多　　（b）选择后的图形
　　边形为选择框

图 6-4　"圈围"对象选择方式

（9）圈交（CP）：类似于"圈围"方式，在提示后输入"CP"，按<Enter>键，后续操作与圈围方式相同。区别在于，执行此命令后与多边形边界相交的对象也被选中。

其他几个选项的含义与上面选项含义类似，这里不再赘述。

教你一招

> 若矩形框从左向右定义，即第一个选择的对角点为左侧的对角点，矩形框内部的对象被选中，框外部及与矩形框边界相交的对象不会被选中；若矩形框从右向左定义，矩形框内部及与矩形框边界相交的对象都会被选中。

6.2　复制类命令

本节详细介绍 AutoCAD 2013 的复制类命令，利用这些编辑功能，可以方便地编辑绘制的图形。

6.2.1　复制命令

1．执行方式

- 命令行：COPY（快捷命令：CO）。
- 菜单栏：选择菜单栏中的"修改"→"复制"命令。
- 工具栏：单击"修改"工具栏中的"复制"按钮 。
- 快捷菜单：选中要复制的对象右击，选择快捷菜单中的"复制选择"命令。

2．操作步骤

命令行提示与操作如下。

命令：COPY↙
选择对象：选择要复制的对象

用前面介绍的对象选择方法选择一个或多个对象，按<Enter>键结束选择，命令行提示如下。

当前设置：复制模式 = 多个
指定基点或 [位移(D)/模式(O)] <位移>：指定基点或位移

3．选项说明

（1）指定基点：指定一个坐标点后，AutoCAD 系统把该点作为复制对象的基点，命令行提示"指定第二个点或[阵列(A)]<使用第一个点作为位移>:"。在指定第二个点后，系统将根据这两点确定的位移矢量把选择的对象复制到第二点处。如果此时直接按<Enter>键，即选择默认的"使用第一个点作为位移"，则第一个点被当做相对于 X、Y、Z 的位移。例如，如果指定基点为（2,3），并在下一个提示下按<Enter>键，则该对象从它当前的位置开始在 X 方向上移动 2 个单位，在 Y 方向上移动 3 个单

01 chapter
02 chapter
03 chapter
04 chapter
05 chapter
06 chapter
07 chapter
08 chapter
09 chapter
10 chapter
11 chapter
12 chapter
13 chapter

位。复制完成后，命令行提示"指定第二个点或 [阵列(A)/退出(E)/放弃(U)] <退出>:"。这时，可以不断指定新的第二点，从而实现多重复制。

（2）位移（D）：直接输入位移值，表示以选择对象时的拾取点为基准，以拾取点坐标为移动方向，按纵横比移动指定位移后确定的

点为基点。例如，选择对象时拾取点坐标为（2,3），输入位移为 5，则表示以点（2,3）为基准，沿纵横比为 3：2 的方向移动 5 个单位所确定的点为基点。

（3）模式（O）：控制是否自动重复该命令，该设置由 COPYMODE 系统变量控制。

6.2.2　实例——办公桌的绘制

本例首先利用矩形命令绘制左边一系列矩形和上边矩形，再利用复制命令将左侧一系列矩形复制到右侧。绘制流程如图 6-5 所示。

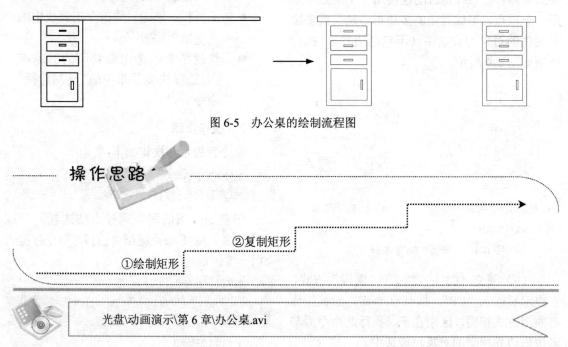

图 6-5　办公桌的绘制流程图

操作思路

②复制矩形

①绘制矩形

光盘\动画演示\第 6 章\办公桌.avi

操作步骤

（1）单击"绘图"工具栏中的"矩形"按钮口，绘制矩形，如图 6-6 所示。

（2）单击"绘图"工具栏中的"矩形"按钮口，在合适的位置绘制一系列的矩形，绘制结果如图 6-7 所示。

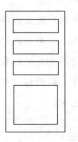

图 6-6　绘制矩形 1

图 6-7　绘制矩形 2

（3）单击"绘图"工具栏中的"矩形"按钮▭，在合适的位置绘制一系列的矩形，绘制结果如图 6-8 所示。

图 6-8　绘制矩形 3

（4）单击"绘图"工具栏中的"矩形"按钮▭，在合适的位置绘制一矩形，绘制结果如图 6-9 所示。

图 6-9　绘制矩形 4

（5）单击"修改"工具栏中的"复制"按钮❀，将办公桌左边的一系列矩形复制到右边，完成办公桌的绘制，命令行提示与操作如图 6-10 和图 6-11 所示。

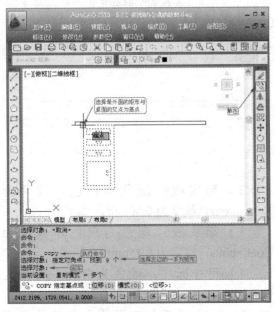

图 6-10　捕捉基点

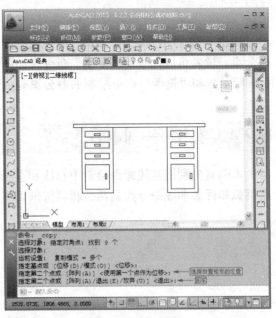

图 6-11　复制图形

6.2.3　镜像命令

镜像命令是指把选择的对象以一条镜像线为轴作对称复制。镜像操作完成后，可以保留原对象，也可以将其删除。

1．执行方式

● 命令行：MIRROR（快捷命令：MI）。
● 菜单栏：选择菜单栏中的"修改"→"镜像"命令。
● 工具栏：单击"修改"工具栏中的"镜像"按钮⚐。

2．操作步骤

命令行提示与操作如下。

> 命令：MIRROR✓
> 选择对象:选择要镜像的对象
> 指定镜像线的第一点：指定镜像线的第一个点
> 指定镜像线的第二点：指定镜像线的第二个点
> 要删除源对象吗？[是(Y)/否(N)] <N>：确定是否删除源对象

选择的两点确定一条镜像线，被选择的对象以该直线为对称轴进行镜像。包含该线的镜像平面与用户坐标系统的 XY 平面垂直，即镜像操作在与用户坐标系统的 XY 平面平行的平面上。

如图 6-12 所示为利用"镜像"命令绘制的办公桌。读者可以比较用"复制"命令（如图 6-5 所示）和"镜像"命令绘制的办公桌有何异同。

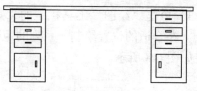

图 6-12 绘制的办公桌

6.2.4 实例——阀杆

本例首先利用直线命令绘制中心线和直线，接着利用镜像命令将绘制的图形镜像，然后使用圆弧和样条曲线命令绘制圆弧和局部剖切线，最后填充剖面线。绘制流程如图 6-13 所示。

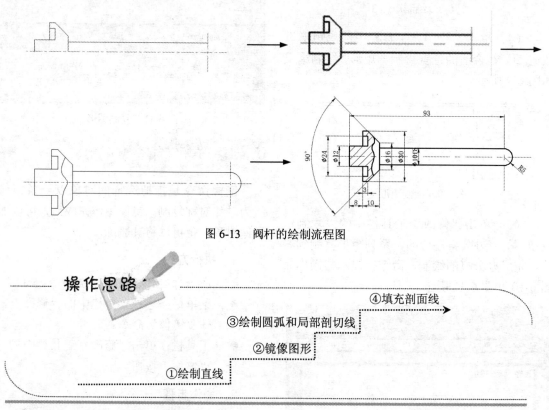

图 6-13 阀杆的绘制流程图

操作思路

①绘制直线
②镜像图形
③绘制圆弧和局部剖切线
④填充剖面线

光盘\动画演示\第 6 章\阀杆.avi

操作步骤

（1）创建图层。单击"图层"工具栏中的"图层特性管理器"按钮，打开"图层特性管理器"选项板，设置如下图层。

1）中心线：颜色为红色，线型为 CENTER，线宽为 0.15mm。

2）粗实线：颜色为白色，线型为 Continuous，线宽为 0.30mm。

3）细实线：颜色为白色，线型为 Continuous，线宽为 0.15mm。

4）尺寸标注：颜色为白色，线型为 Continuous，线宽为默认。

5）文字说明：颜色为白色，线型为

Continuous，线宽为默认。

（2）绘制中心线。将"中心线"图层设置为当前图层。单击"绘图"工具栏中的"直线"按钮，以坐标点{（125,150），（233,150）}，{（223,160），（223,140）}绘制中心线，结果如图 6-14 所示。

图 6-14　绘制中心线

（3）绘制直线。将"粗实线"图层设置为当前图层。单击"绘图"工具栏中的"直线"按钮，以坐标点{（130,150），（130,156）、（138,156），（138,165），（141,165），（148,158），（148,150）}，{（148,155），（223,155）}，{（138,156），（141,156），（141,162），（138,162）}依次绘制线段，结果如图 6-15 所示。

图 6-15　绘制直线

（4）镜像处理。单击"修改"工具栏中的"镜像"按钮，以水平中心线为轴进行镜像操作，命令行提示与操作如图 6-16 和图 6-17 所示。

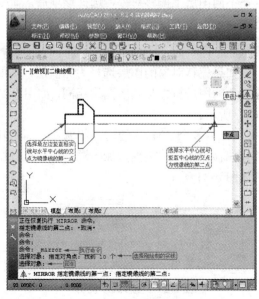

图 6-16　捕捉镜像点

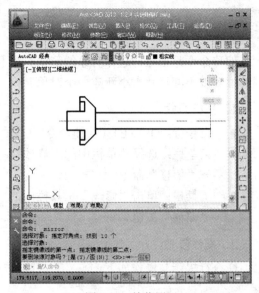

图 6-17　镜像图形

（5）绘制圆弧。单击"绘图"工具栏中的"圆弧"按钮，以中心线交点为圆心，以上下水平实线最右端两个端点为圆弧的两个端点，绘制圆弧。结果如图 6-18 所示。

（6）绘制局部剖切线。单击"绘图"工具栏中的"样条曲线"按钮，绘制局部剖切线，结果如图 6-19 所示。

图 6-18　绘制圆弧

图 6-19　绘制局部剖切线

（7）绘制剖面线。将"细实线"图层设置为当前图层。单击"绘图"工具栏中的"图案填充"按钮，设置填充图案为"ANST31"，角度为 0，比例为 1，打开状态栏上的"线宽"按钮，结果如图 6-20 所示。

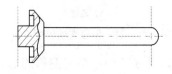

图 6-20　填充阀杆图案

6.2.5　偏移命令

偏移命令是指保持选择对象的形状、在不同的位置以不同尺寸大小新建一个对象。

1. 执行方式

- 命令行：OFFSET（快捷命令：O）。
- 菜单栏：选择菜单栏中的"修改" → "偏移"命令。
- 工具栏：单击"修改"工具栏中的"偏移"按钮 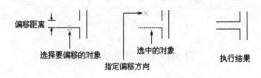。

2. 操作步骤

命令行提示与操作如下。

命令：OFFSET✓
当前设置：删除源=否　图层=源
OFFSETGAPTYPE=0
　指定偏移距离或 [通过(T)/删除(E)/图层(L)] <通过>：指定偏移距离值
　选择要偏移的对象，或 [退出(E)/放弃(U)] <退出>：选择要偏移的对象，按<Enter>键结束操作
　指定要偏移的那一侧上的点，或 [退出(E)/多个(M)/放弃(U)] <退出>：指定偏移方向
　选择要偏移的对象，或 [退出(E)/放弃(U)] <退出>：

3. 选项说明

（1）指定偏移距离：输入一个距离值，或按<Enter>键使用当前的距离值，系统把该距离值作为偏移的距离，如图 6-21（a）所示。

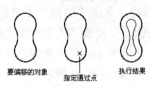

（a）指定偏移距离

（b）通过点

图 6-21　偏移选项说明 1

（2）通过（T）：指定偏移的通过点，选择该选项后，命令行提示如下。

选择要偏移的对象或 <退出>：选择要偏移的对象，按<Enter>键结束操作
指定通过点：指定偏移对象的一个通过点

执行上述命令后，系统会根据指定的通过点绘制出偏移对象，如图 6-21（b）所示。

（3）删除（E）：偏移源对象后将其删除，如图 6-22（a）所示，选择该项后命令行提示如下。

要在偏移后删除源对象吗？ [是(Y)/否(N)] <当前>：

（a）删除源对象

（b）偏移对象的图层为当前层

图 6-22　偏移选项说明 2

（4）图层（L）：确定将偏移对象创建在当前图层上还是原对象所在的图层上，这样就可以在不同图层上偏移对象，选择该项后，命令行提示如下。

输入偏移对象的图层选项 [当前(C)/源(S)] <当前>：

如果偏移对象的图层选择为当前层，则偏移对象的图层特性与当前图层相同，如图 6-22（b）所示。

（5）多个（M）：使用当前偏移距离重复进行偏移操作，并接受附加的通过点，执行结果如图 6-23 所示。

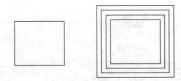

图 6-23　偏移选项说明 3

教你一招

在 AutoCAD 2013 中，可以使用"偏移"命令，对指定的直线、圆弧、圆等对象作定距离偏移复制操作。在实际应用中，常利用"偏移"命令的特性创建平行线或等距离分布图形，效果与"阵列"相同。默认情况下，需要先指定偏移距离，再选择要偏移复制的对象，然后指定偏移方向，以复制出需要的对象。

6.2.6　实例——挡圈的绘制

本例首先利用圆命令绘制内孔，接着利用偏移命令偏移内孔和生成轮廓线，最后利用圆命令绘制小孔。绘制流程如图 6-24 所示。

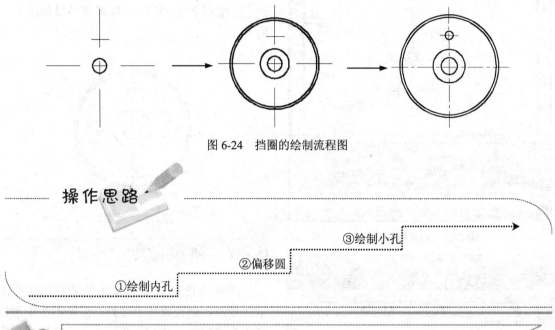

图 6-24　挡圈的绘制流程图

操作思路

①绘制内孔　②偏移圆　③绘制小孔

光盘\动画演示\第 6 章\挡圈.avi

操作步骤

（1）单击"图层"工具栏中的"图层特性管理器"按钮，打开"图层特性管理器"选项板，单击其中的"新建图层"按钮，新建两个图层。

1）粗实线图层：线宽为 0.3mm，其余属性默认。

2）中心线图层：线型为 CENTER，其余属性默认。

（2）将"中心线"图层设置为当前图层，单击"绘图"工具栏中的"直线"按钮，绘制中心线。

（3）将"粗实线"图层设置为当前图层，单击"绘图"工具栏中的"圆"按钮，绘制挡圈内孔，半径为 8，如图 6-25 所示。

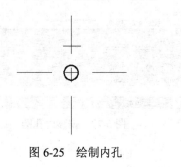

图 6-25　绘制内孔

01 chapter
02 chapter
03 chapter
04 chapter
05 chapter
06 chapter
07 chapter
08 chapter
09 chapter
10 chapter
11 chapter
12 chapter
13 chapter

（4）单击"修改"工具栏中的"偏移"按钮 ，偏移绘制的内孔圆，命令行提示与操作如图 6-26 和图 6-27 所示。采用相同的方法分别指定偏移距离为 38 和 40，以初始绘制的内孔圆为对象，向外偏移复制该圆，绘制结果如图 6-28 所示。

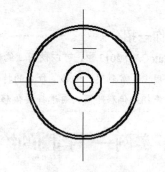

图 6-28　绘制轮廓线

（5）单击"绘图"工具栏中的"圆"按钮 ，绘制小孔，半径为 4，最终结果如图 6-29 所示。

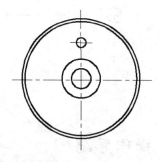

图 6-29　结果图

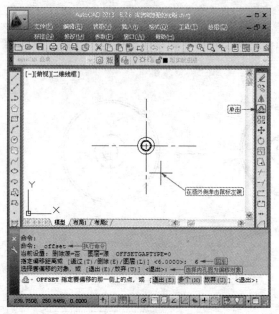

图 6-26　指定偏移方向

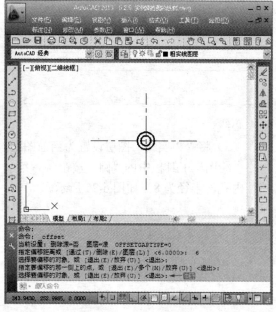

图 6-27　偏移内孔圆

6.2.7　阵列命令

阵列是指多重复制选择对象并把这些副本按矩形、路径或环形排列。把副本按矩形排列称为建立矩形阵列，把副本按路径排列称为建立路径阵列，把副本按环形排列称为建立极阵列。

AutoCAD 2013 提供"ARRAY"命令创建阵列，用该命令可以创建矩形阵列、环形阵列和旋转的矩形阵列。

1. 执行方式

● 命令行：ARRAY（快捷命令：AR）。
● 菜单栏：选择菜单栏中的"修改" →"阵列"命令。
● 工具栏：单击"修改"工具栏中的"矩形阵列"按钮 、"路径阵列"按钮 和"环形阵列"按钮 。

2．操作步骤

命令: ARRAY✓

选择对象:使用对象选择方法选择对象

输入阵列类型[矩形（R）/路径（PA）/极轴（PO）]<矩形>:

3．选项说明

（1）矩形（R）：将选定对象的副本分布到行数、列数和层数的任意组合。选择该选项后出现如下提示。

选择夹点以编辑阵列或 [关联(AS)/基点(B)/计数(COU)/间距(S)/列数(COL)/行数(R)/层数(L)/退出(X)] <退出>:通过夹点,调整阵列间距、列数、行数和层数；也可以分别选择各选项输入数值

（2）路径（PA）：沿路径或部分路径均匀分布选定对象的副本。选择该选项后出现如下提示。

选择路径曲线:选择一条曲线作为阵列路径

选择夹点以编辑阵列或 [关联(AS)/方法(M)/基点(B)/切向(T)/项目(I)/行(R)/层(L)/对齐项目(A)/Z 方向(Z)/退出(X)] <退出>:通过夹点,调整阵列行数和层数；也可以分别选择各选项输入数值

（3）极轴（PO）：在绕中心点或旋转轴的环形阵列中均匀分布对象副本。选择该选项后出现如下提示。

指定阵列的中心点或 [基点(B)/旋转轴(A)]:选择中心点、基点或旋转轴

选择夹点以编辑阵列或 [关联(AS)/基点(B)/项目(I)/项目间角度(A)/填充角度(F)/行(ROW)/层(L)/旋转项(ROT)/退出(X)] <退出>:通过夹点,调整角度,填充角度；也可以分别选择各选项输入数值

教你一招

阵列在平面作图时有三种方式,可以在矩形、路径或环形（圆形）阵列中创建对象的副本。对于矩形阵列,可以控制行和列的数目以及它们之间的距离；对于路径阵列,可以沿整个路径或部分路径平均分布对象副本；对于环形阵列,可以控制对象副本的数目并决定是否旋转副本。

6.2.8 实例——行李架

本例利用矩形命令绘制行李架主体,再利用阵列命令完成绘制。绘制流程如图 6-30 所示。

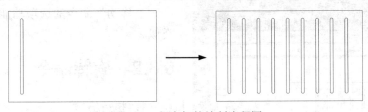

图 6-30　行李架的绘制流程图

操作思路

②阵列矩形

①绘制矩形

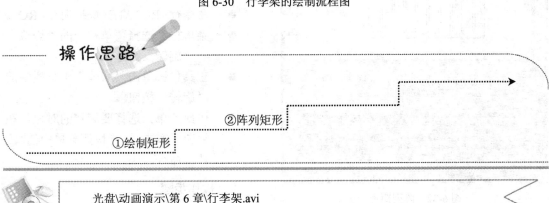

光盘\动画演示\第 6 章\行李架.avi

操作步骤

（1）单击"绘图"工具栏中的"矩形"按钮□，命令行提示与操作如图 6-31 所示。

（2）单击"修改"工具栏中的"矩形阵列"按钮▦，命令行提示与操作如图 6-32 所示。

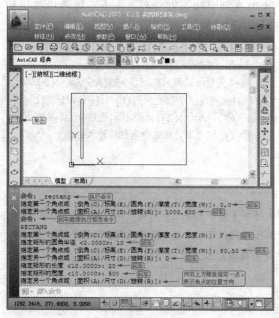

图 6-31　绘制矩形

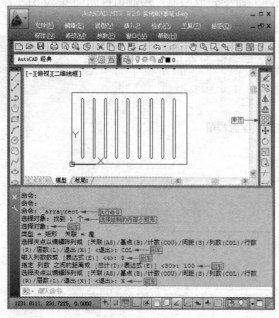

图 6-32　阵列矩形

6.3　改变位置类命令

改变位置类编辑命令是指按照指定要求改变当前图形或图形中某部分的位置，主要包括移动、旋转和缩放命令。

6.3.1　移动命令

1．执行方式

- 命令行：MOVE（快捷命令：M）。
- 菜单栏：选择菜单栏中的"修改"→"移动"命令。
- 工具栏：单击"修改"工具栏中的"移动"按钮✛。
- 快捷菜单：选择要复制的对象，在绘图区右击，选择快捷菜单中的"移动"命令。

2．操作步骤

命令行提示与操作如下。

命令：MOVE✓
选择对象：用前面介绍的对象选择方法选择要移动的对象，按<Enter>键结束选择
指定基点或 [位移(D)] <位移>：指定基点或位移
指定第二个点或 <使用第一个点作为位移>：

"移动"命令的选项功能与"复制"命令类似。

6.3.2　旋转命令

1．执行方式

- 命令行：ROTATE（快捷命令：RO）。
- 菜单栏：选择菜单栏中的"修改"→"旋转"命令。
- 工具栏：单击"修改"工具栏中的"旋转"按钮○。
- 快捷菜单：选择要旋转的对象，在绘图区右击，选择快捷菜单中的"旋转"命令。

2．操作步骤

命令行提示与操作如下。

命令: ROTATE↙

UCS 当前的正角方向: ANGDIR=逆时针 ANGBASE=0

选择对象:选择要旋转的对象

指定基点:指定旋转基点，在对象内部指定一个坐标点

指定旋转角度，或 [复制(C)/参照(R)] <0>: 指定旋转角度或其他选项

3. 选项说明

（1）复制（C）：此选项是 AutoCAD 2013 的新增功能，选择该选项，则在旋转对象的同时，保留原对象，如图 6-33 所示。

旋转前　　　　　　　旋转后

图 6-33　复制旋转

（2）参照（R）：采用参照方式旋转对象时，命令行提示与操作如下。

指定参照角 <0>: 指定要参照的角度，默认值为 0

指定新角度：输入旋转后的角度值

操作完毕后，对象被旋转至指定的角度位置。

教你一招

可以用拖动鼠标的方法旋转对象。选择对象并指定基点后，从基点到当前光标位置会出现一条连线，拖动鼠标，选择的对象会动态地随着该连线与水平方向夹角的变化而旋转，按<Enter>键确认旋转操作，如图 6-34 所示。

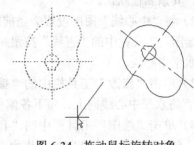

图 6-34　拖动鼠标旋转对象

6.3.3　实例——弹簧的绘制

本例首先利用直线、圆和矩形阵列命令等绘制弹簧左部分，再利用旋转命令旋转图形，最后利用图案填充命令填充图案。绘制流程如图 6-35 所示。

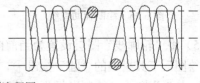

图 6-35　弹簧的绘制流程图

操作思路

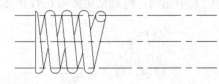

③填充图案

②旋转图形

①绘制弹簧左

　光盘\动画演示\第 6 章\弹簧.avi

01 chapter

02 chapter

03 chapter

04 chapter

05 chapter

06 chapter

07 chapter

08 chapter

09 chapter

10 chapter

11 chapter

12 chapter

13 chapter

操作步骤

（1）单击"图层"工具栏中的"图层特性管理器"按钮，打开"图层特性管理器"选项板，单击其中的"新建图层"按钮，新建 3 个图层。

1）第一图层命名为"轮廓线"，线宽属性为 0.3mm，其余属性默认。

2）第二图层命名为"中心线"，颜色设置为红色，线型为 CENTER，其余属性默认。

3）第三图层命名为"细实线"，颜色设置为蓝色，其余属性默认。

（2）将"中心线"图层设置为当前图层，单击"绘图"工具栏中的"直线"按钮，绘制一条水平中心线。

（3）单击"修改"工具栏中的"偏移"按钮，将水平中心线向上、向下各偏移 15。

（4）单击"绘图"工具栏中的"直线"按钮，在水平直线下方任取一点作为直线的第一点，第二点坐标为（@45<96），绘制辅助直线，结果如图 6-36 所示。

图 6-36 绘制辅助直线

（5）将"轮廓线"图层设置为当前图层，单击"绘图"工具栏中的"圆"按钮，分别以点 1、点 2 为圆心，绘制半径为 3 的圆，结果如图 6-37 所示。

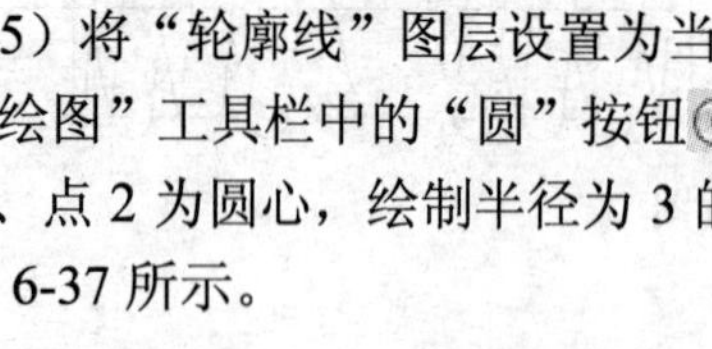

图 6-37 绘制圆

（6）单击"绘图"工具栏中的"直线"按钮，绘制两条与两个圆相切的直线，结果如图 6-38 所示。

图 6-38 绘制直线

（7）单击"修改"工具栏中的"矩形阵列"按钮，设置阵列行数为 1、列数为 4、行偏移量为 1、列偏移量为 10、阵列角度为 0°，阵列结果如图 6-39 所示。

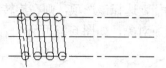

图 6-39 矩形阵列结果

（8）单击"绘图"工具栏中的"直线"按钮，绘制与圆相切的线段 3、4。绘制结果如图 6-40 所示。

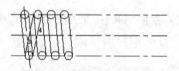

图 6-40 绘制直线 3、4

（9）单击"修改"工具栏中的"矩形阵列"按钮，选择对象为线段 3 和 4，阵列设置与步骤（7）中相同，阵列结果如图 6-41 所示。

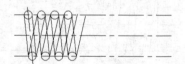

图 6-41 矩形阵列直线 3 和 4

（10）单击"修改"工具栏中的"分解"按钮和"复制"按钮，将阵列的图形分解，然后以图形上侧最右边圆的圆心为基点，向右偏移 10，结果如图 6-42 所示。

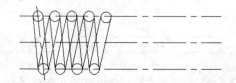

图 6-42 复制偏移圆

（11）单击"绘图"工具栏中的"直线"按钮 ，绘制辅助直线 5，结果如图 6-43 所示。

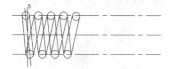

图 6-43 绘制辅助直线 5

（12）单击"修改"工具栏中的"剪切"按钮 ，以直线 5 为剪切边，剪去多余的线段，结果如图 6-44 所示。

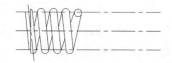

图 6-44 修剪图形

（13）单击"修改"工具栏中的"删除"按钮 ，删除多余直线，结果如图 6-45 所示。

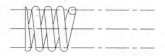

图 6-45 删除多余直线

（14）单击"修改"工具栏中的"旋转"按钮 ，将图 6-45 所示的弹簧复制旋转，命令行提示与操作如图 6-46 和图 6-47 所示。

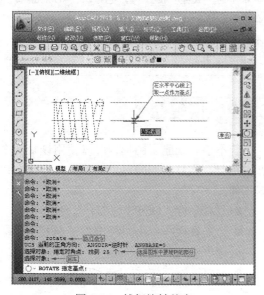

图 6-46 捕捉旋转基点

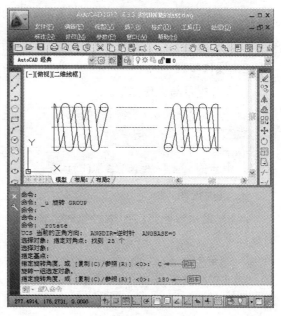

图 6-47 旋转图形

（15）将"细实线"图层设置为当前图层，单击"绘图"工具栏中的"图案填充和渐变色"按钮 ，系统打开"图案填充和渐变色"对话框，选择"类型"为"预定义"，"图案"为"ANSI31"，选择"角度"为 0°、"比例"为 10，单击"添加：拾取点"按钮 ，选择相应的填充区域，按<Enter>键返回对话框，单击"确定"按钮进行填充，最终结果如图 6-48 所示。

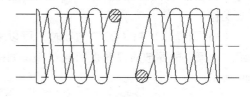

图 6-48 结果图

6.3.4 缩放命令

1. 执行方式

● 命令行：SCALE（快捷命令：SC）。
● 菜单栏：选择菜单栏中的"修改"→"缩放"命令。
● 工具栏：单击"修改"工具栏中的"缩放"按钮 。
● 快捷菜单：选择要缩放的对象，在

01 chapter
02 chapter
03 chapter
04 chapter
05 chapter
06 chapter
07 chapter
08 chapter
09 chapter
10 chapter
11 chapter
12 chapter
13 chapter

119

绘图区右击,选择快捷菜单中的"缩放"命令。

2. 操作步骤

命令行提示与操作如下。

命令:SCALE↙
选择对象:选择要缩放的对象
指定基点: 指定缩放基点
指定比例因子或 [复制(C)/参照(R)]:

3. 选项说明

(1)采用参照方向缩放对象时,命令行提示如下。

指定参照长度 <1>: 指定参照长度值
指定新的长度或 [点(P)] <1.0000>: 指定新长度值

若新长度值大于参照长度值,则放大对象;否则,缩小对象。操作完毕后,系统以指定的基点按指定的比例因子缩放对象。如果选择"点(P)"选项,则选择两点来定义新的长度。

(2)可以用拖动鼠标的方法缩放对象。选择对象并指定基点后,从基点到当前光标位置会出现一条连线,线段的长度即为比例大小。拖动鼠标,选择的对象会动态地随着该连线长度的变化而缩放,按<Enter>键确认缩放操作。

(3)选择"复制(C)"选项时,可以复制缩放对象,即缩放对象时保留原对象,如图6-49所示。

缩放前　　　　　　缩放后

图6-49　复制缩放

6.4　删除及恢复类命令

删除及恢复类命令主要用于删除图形某部分或对已被删除的部分进行恢复,包括删除、恢复、重做、清除等命令。

6.4.1　删除命令

如果所绘制的图形不符合要求或不小心错绘了图形,可以使用删除命令"ERASE"把其删除。其执行方式有以下几种。

- 命令行:ERASE(快捷命令:E)。
- 菜单栏:选择菜单栏中的"修改"→"删除"命令。
- 工具栏:单击"修改"工具栏中的"删除"按钮🖉。
- 快捷菜单:选择要删除的对象,在绘图区右击,选择快捷菜单中的"删除"命令。

可以先选择对象后再调用删除命令,也可以先调用删除命令后再选择对象。选择对象时可以使用前面介绍的对象选择的各种方法。

当选择多个对象时,多个对象都被删除;若选择的对象属于某个对象组,则该对象组中的所有对象都被删除。

> **教你一招**
>
> 在绘图过程中,如果出现了绘制错误或绘制了不满意的图形,需要删除时,可以单击"标准"工具栏中的"放弃"按钮↰,也可以按<Delete>键,命令行提示"_erase"。删除命令可以一次删除一个或多个图形,如果删除错误,可以利用"放弃"按钮↰来补救。

6.4.2　恢复命令

若不小心误删了图形,可以使用恢复命令"OOPS",恢复误删的对象。其执行方式有以下几种。

- 命令行:OOPS 或 U。
- 工具栏:单击"标准"工具栏中的"放弃"按钮↰。
- 快捷键:按<Ctrl>+<Z>键。

6.4.3 清除命令

此命令与删除命令功能完全相同。其执行方式如下。

- 快捷键：按<Delete>键。

执行上述命令后，命令行提示如下。

选择对象：选择要清除的对象，按<Enter>键执行清除命令。

6.5 改变几何特性类命令

改变几何特性类编辑命令在对指定对象进行编辑后，使编辑对象的几何特性发生改变，包括修剪、延伸、拉伸、拉长、圆角、倒角、打断等命令。

6.5.1 修剪命令

1. 执行方式

- 命令行：TRIM（快捷命令：TR）。
- 菜单栏：选择菜单栏中的"修改" → "修剪"命令。
- 工具栏：单击"修改"工具栏中的"修剪"按钮 ⊹ 。

2. 操作步骤

命令行提示与操作如下。

命令：TRIM✓
当前设置：投影=UCS，边=无
选择剪切边…
选择对象或 <全部选择>：选择用做修剪边界的对象，按<Enter>键结束对象选择
选择要修剪的对象，或按住 Shift 键选择要延伸的对象，或[栏选(F)/窗交(C)/投影(P)/边(E)/删除(R)/放弃(U)]：

3. 选项说明

（1）延伸：在选择对象时，如果按住<Shift>键，系统就会自动将修剪命令转换成延伸命令，延伸命令将在下节介绍。

（2）栏选（F）：选择"栏选（F）"选项时，系统以栏选的方式选择被修剪的对象，如图6-50所示。

选定剪切边　　　使用栏选选定的修剪对象　　　结果

图6-50　"栏选"修剪对象

（3）窗交（C）：选择"窗交（C）"选项时，系统以窗交的方式选择被修剪的对象如图6-51所示。

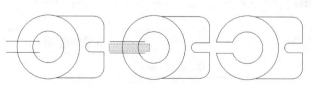

使用窗交选定剪切边　　　选定要修剪的对象　　　结果

图6-51　"窗交"修剪对象

（4）边（E）：选择"边（E）"选项时，可以选择对象的修剪方式。

1）延伸（E）：延伸边界进行修剪。在此方式下，如果剪切边没有与要修剪的对象相交，系统会延伸剪切边直至与对象相交，然后再修剪，如图 6-52 所示。

选择剪切边　　　　选择要修剪的对象　　　　修剪后的结果

图 6-52　"延伸"修剪对象

2）不延伸（N）：不延伸边界修剪对象，只修剪与剪切边相交的对象。

（5）边界和被修剪对象：被选择的对象可以互为边界和被修剪对象，此时系统会在选择的对象中自动判断边界。

教你一招

在使用修剪命令选择修剪对象时，我们通常是逐个点击选择的，有时显得效率低，要比较快地实现修剪过程，可以先输入修剪命令"TR"或"TRIM"，然后按<Space>或<Enter>键，命令行中就会提示选择修剪的对象，这时可以不选择对象，继续按<Space>或<Enter>键，系统默认选择全部，这样做就可以很快地完成修剪过程。

6.5.2　实例——胶木球

本例首先设置图层，再利用直线命令绘制中心线，接着利用圆命令绘制圆，然后利用偏移命令偏移中心线，再利用修剪命令修剪图形，接着绘制锥角，最后绘制剖面线。绘制流程如图6-53 所示。

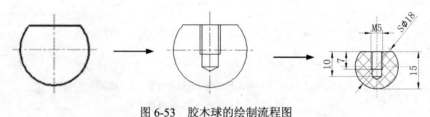

图 6-53　胶木球的绘制流程图

操作思路

③绘制剖面线

②绘制锥角

①绘制外轮廓

光盘\动画演示\第 6 章\胶木球.avi

操作步骤

（1）创建图层。单击"图层"工具栏中的"图层特性管理器"按钮，打开"图层特性管理器"选项板，设置如下图层。

1）中心线：颜色为红色，线型为 CENTER，线宽为 0.15mm。

2）粗实线：颜色为白色，线型为 Continuous，线宽为 0.30mm。

3）细实线：颜色为白色，线型为 Continuous，线宽为 0.15mm。

4）尺寸标注：颜色为白色，线型为 Continuous，线宽为默认。

5）文字说明：颜色为白色，线型为 Continuous，线宽为默认。

（2）绘制中心线。将"中心线"图层设置为当前图层。单击"绘图"工具栏中的"直线"按钮，以坐标点{（154,150），（176,150）}和{（165,159），（165,139）}绘制中心线，修改线型比例为 0.1，结果如图 6-54 所示。

（3）绘制圆。将"粗实线"图层设置为当前图层。单击"绘图"工具栏中的"圆"按钮，以坐标点（165,150）为圆心，半径为 9 绘制圆，结果如图 6-55 所示。

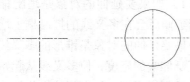

图 6-54　绘制中心线　　图 6-55　绘制圆

（4）偏移水平中心线。单击"修改"工具栏中的"偏移"按钮，将水平中心线向上偏移，偏移距离为 6，并将偏移后的直线设置为"粗实线"层，结果如图 6-56 所示。

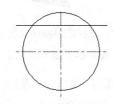

图 6-56　偏移水平中心线

（5）修剪图形。单击"修改"工具栏中的"修剪"按钮，将多余的直线进行修剪，命令行提示与操作如图 6-57 所示。

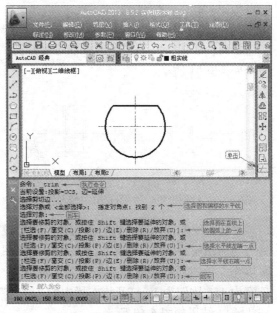

图 6-57　修剪图形 1

（6）偏移图形。单击"修改"工具栏中的"偏移"按钮，将剪切后的直线向下偏移，偏移距离为 7 和 10；再将竖直中心线向两侧偏移，偏移距离为 2.5 和 2，将偏移距离为 2.5 的直线设置为"细实线"层，将偏移距离为 2 的直线设置为"粗实线"层，结果如图 6-58 所示。

（7）修剪图形。单击"修改"工具栏中的"修剪"按钮，将多余的直线进行修剪，结果如图 6-59 所示。

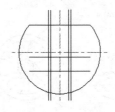 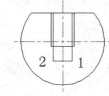

图 6-58　偏移图形　　图 6-59　修剪图形 2

（8）绘制锥角。将"粗实线"图层设置为当前图层。在状态栏中选取"极轴追踪"按钮后单击鼠标右键，系统弹出右键快捷菜单，选取角度为 30；单击"绘图"工具栏中的"直线"按钮 ✎ ，将"极轴追踪"打开，以如图 6-59 所示的点 1 和点 2 为起点绘制夹角为 30°的直线，绘制的直线与竖直中心线相交，结果如图 6-60 所示。

（9）修剪图形。单击"修改"工具栏中的"修剪"按钮 ⊹ ，将多余的直线进行修剪，结果如图 6-61 所示。

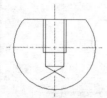 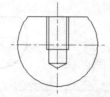

图 6-60　绘制锥角　　图 6-61　修剪图形 3

（10）绘制剖面线。将"细实线"图层设置为当前图层；单击"绘图"工具栏中的"图案填充"按钮 ▦ ，设置填充图案为"NET"，角度为 45，比例为 1，打开状态栏中的"线宽"按钮 ＋ ，结果如图 6-62 所示。

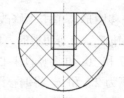

图 6-62　填充胶木球图案

6.5.3　延伸命令

延伸命令是指延伸对象直到另一个对象的边界线，如图 6-63 所示。

选择边界　　选择要延伸的对象　　执行结果

图 6-63　延伸对象 1

1．执行方式

● 命令行：EXTEND（快捷命令：EX）。
● 菜单栏：选择菜单栏中的"修改"

→"延伸"命令。
● 工具栏：单击"修改"工具栏中的"延伸"按钮 --/ 。

2．操作步骤

命令行提示与操作如下。

命令：EXTEND↙
当前设置：投影=UCS，边=无
选择边界的边…
选择对象或 <全部选择>：选择边界对象

此时可以选择对象来定义边界，若直接按 <Enter> 键，则选择所有对象作为可能的边界对象。

系统规定可以用做边界对象的对象有：直线段、射线、双向无限长线、圆弧、圆、椭圆、二维/三维多义线、样条曲线、文本、浮动的视口、区域。如果选择二维多义线作为边界对象，系统会忽略其宽度而把对象延伸至多义线的中心线。

选择边界对象后，命令行提示如下。

选择要延伸的对象，或按住 Shift 键选择要修剪的对象，或[栏选(F)/窗交(C)/投影(P)/边(E)/放弃(U)]：

3．选项说明

（1）如果要延伸的对象是适配样条多义线，则延伸后会在多义线的控制框上增加新节点；如果要延伸的对象是锥形的多义线，系统会修正延伸端的宽度，使多义线从起始端平滑地延伸至新终止端；如果延伸操作导致终止端宽度可能为负值，则取宽度值为 0，操作提示如图 6-64 所示。

选择边界对象　　选择要延伸的多义线　　延伸后的结果

图 6-64　延伸对象 2

（2）选择对象时，如果按住<Shift>键，系统就会自动将延伸命令转换成修剪命令。

6.5.4　实例——梳妆凳

本例利用圆弧与直线命令绘制梳妆凳的初步轮廓，再利用偏移命令绘制靠背，接着利用延伸命令完善靠背，最后利用圆角命令细化图形。绘制流程如图 6-65 所示。

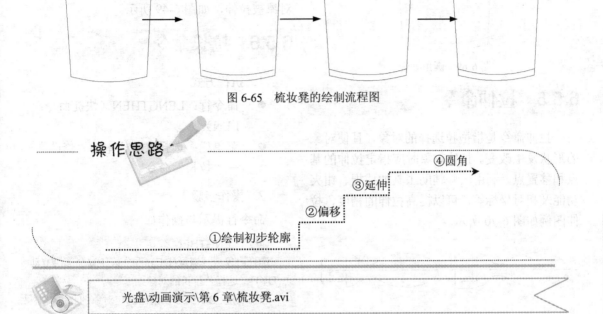

图 6-65　梳妆凳的绘制流程图

操作思路

④圆角
③延伸
②偏移
①绘制初步轮廓

01 chapter
02 chapter
03 chapter
04 chapter
05 chapter
06 chapter
07 chapter
08 chapter
09 chapter
10 chapter
11 chapter
12 chapter
13 chapter

光盘\动画演示\第 6 章\梳妆凳.avi

操作步骤

（1）单击"绘图"工具栏中的"圆弧"按钮与"直线"按钮，绘制梳妆凳的初步轮廓，如图 6-66 所示。

（2）单击"修改"工具栏中的"偏移"按钮，将绘制的圆弧向内偏移一定距离，如图 6-67 所示。

图 6-66　初步图形　　图 6-67　偏移图形

（3）单击"修改"工具栏中的"延伸"按钮，命令行提示与操作如图 6-68 所示。

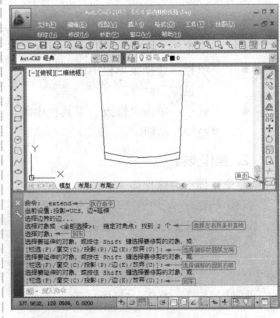

图 6-68　延伸圆弧

（4）单击"修改"工具栏中的"圆角"

按钮□，以适当的半径对上面两个角进行圆角处理，最终结果如图 6-69 所示。

图 6-69　圆角处理

6.5.5　拉伸命令

拉伸命令是指拖拉选择的对象，且使对象的形状发生改变。拉伸对象时应指定拉伸的基点和移置点。利用一些辅助工具如捕捉、钳夹功能及相对坐标等，可以提高拉伸的精度，拉伸图例如图 6-70 所示。

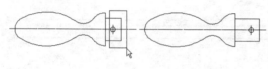

（a）选择对象　　　　　（b）拉伸后

图 6-70　拉伸

1. 执行方式

● 命令行：STRETCH（快捷命令：S）。
● 菜单栏：选择菜单栏中的"修改"→"拉伸"命令。
● 工具栏：单击"修改"工具栏中的"拉伸"按钮□。

2. 操作步骤

命令行提示与操作如下。

命令: STRETCH✓
以交叉窗口或交叉多边形选择要拉伸的对象…
选择对象: C✓
指定第一个角点: 指定对角点: 找到 2 个: 采用交叉窗口的方式选择要拉伸的对象
指定基点或 [位移(D)] <位移>: 指定拉伸的基点
指定第二个点或 <使用第一个点作为位移>: 指定拉伸的移至点

此时，若指定第二个点，系统将根据这两点决定矢量拉伸的对象；若直接按<Enter>键，系统会把第一个点作为 X 和 Y 轴的分量值。

拉伸命令将使完全包含在交叉窗口内的对象不被拉伸，部分包含在交叉选择窗口内的对象被拉伸，如图 6-49 所示。

6.5.6　拉长命令

1. 执行方式

● 命令行：LENGTHEN（快捷命令：LEN）。
● 菜单栏：选择菜单栏中的"修改"→"拉长"命令。

2. 操作步骤

命令行提示与操作如下。

命令: LENGTHEN✓
选择对象或 [增量(DE)/百分数(P)/全部(T)/动态(DY)]: 选择要拉长的对象
当前长度: 30.5001 给出选定对象的长度，如果选择圆弧，还将给出圆弧的包含角
选择对象或 [增量(DE)/百分数(P)/全部(T)/动态(DY)]: DE✓ 选择拉长或缩短的方式为增量方式
输入长度增量或 [角度(A)] <0.0000>: 10✓
在此输入长度增量数值。如果选择圆弧段，则可输入选项 "A"，给定角度增量
选择要修改的对象或 [放弃(U)]: 选定要修改的对象，进行拉长操作
选择要修改的对象或 [放弃(U)]: 继续选择，或按<Enter>键结束命令

3. 选项说明

（1）增量（DE）：用指定增加量的方法改变对象的长度或角度。

（2）百分数（P）：用指定占总长度百分比的方法改变圆弧或直线段的长度。

（3）全部（T）：用指定新总长度或总角度值的方法改变对象的长度或角度。

（4）动态（DY）：在此模式下，可以使用拖拉鼠标的方法来动态地改变对象的长度或角度。

6.5.7 圆角命令

圆角命令是指用一条指定半径的圆弧平滑连接两个对象。可以平滑连接一对直线段、非圆弧的多义线段、样条曲线、双向无限长线、射线、圆、圆弧和椭圆，并且可以在任何时候平滑连接多义线的每个节点。

1. 执行方式

- 命令行：FILLET（快捷命令：F）。
- 菜单栏：选择菜单栏中的"修改"→"圆角"命令。
- 工具栏：单击"修改"工具栏中的"圆角"按钮。

2. 操作步骤

命令行提示与操作如下。

```
命令: FILLET✓
当前设置: 模式 = 修剪，半径 = 0.0000
选择第一个对象或 [放弃(U)/多段线(P)/半径
(R)/修剪(T)/多个(M)]: 选择第一个对象或别的选项
```

选择第二个对象，或按住 Shift 键选择要应用角点的对象: 选择第二个对象

3. 选项说明

（1）多段线（P）：在一条二维多段线两段直线段的节点处插入圆弧。选择多段线后系统会根据指定的圆弧半径把多段线各顶点用圆弧平滑连接起来。

（2）修剪（T）：决定在平滑连接两条边时，是否修剪这两条边，如图 6-71 所示。

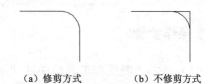

（a）修剪方式　　　（b）不修剪方式

图 6-71　圆角连接

（3）多个（M）：同时对多个对象进行圆角编辑，而不必重新起用命令。

（4）按住<Shift>键并选择两条直线：按住<Shift>键并选择两条直线，可以快速创建零距离倒角或零半径圆角。

6.5.8 实例——吊钩的绘制

本例首先利用直线和偏移命令绘制定位中心线，接着利用圆命令绘制圆，然后利用偏移命令偏移中心线，再利用圆角命令绘制圆角，接着利用圆命令绘制圆，最后修剪图形。绘制流程如图 6-72 所示。

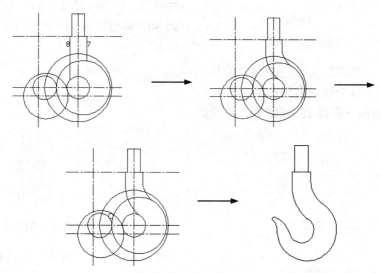

图 6-72　吊钩的绘制流程图

操作思路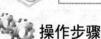

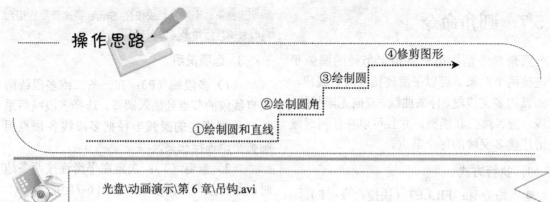

④修剪图形

③绘制圆

②绘制圆角

①绘制圆和直线

光盘\动画演示\第 6 章\吊钩.avi

操作步骤

（1）单击"图层"工具栏中的"图层特性管理器"按钮，打开"图层特性管理器"选项板，单击其中的"新建图层"按钮，新建两个图层："轮廓线"图层，线宽为 0.3mm，其余属性默认；"中心线"图层，颜色设为红色，线型加载为 CENTER，其余属性默认。

（2）将"中心线"图层设置为当前图层。单击"绘图"工具栏中的"直线"按钮，绘制两条相互垂直的定位中心线，结果如图 6-73 所示。

图 6-73 绘制定位中心线

（3）单击"修改"工具栏中的"偏移"按钮，将竖直直线分别向右偏移 142 和 160，将水平直线分别向下偏移 180 和 210，结果如图 6-74 所示。

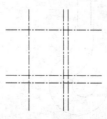

图 6-74 偏移图形 1

（4）单击"绘图"工具栏中的"圆"按钮，以点 1 为圆心分别绘制半径为 120 和 40 的同心圆，再以点 2 为圆心绘制半径为 96 的圆，以点 3 为圆心绘制半径为 80 的圆，以点 4 为圆心绘制半径为 42 的圆，结果如图 6-75 所示。

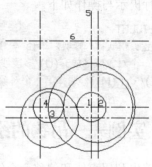

图 6-75 绘制圆

（5）单击"修改"工具栏中的"偏移"按钮，将直线段 5 分别向左和向右偏移 22.5 和 30，将线段 6 向上偏移 80，结果如图 6-76 所示。

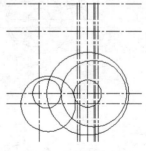

图 6-76 偏移图形 2

（6）单击"修改"工具栏中的"修剪"按钮，修剪直线，结果如图 6-77 所示。

半径为 80 的圆为第三点，结果如图 6-80 所示。

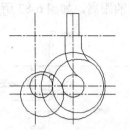

图 6-80　三点画圆

（9）单击"修改"工具栏中的"修剪"按钮，将多余线段进行修剪，结果如图 6-81 所示。

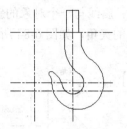

图 6-81　修剪图形

（10）单击"修改"工具栏中的"删除"按钮，删除多余线段，最终绘制结果如图 6-82 所示。

图 6-82　吊钩

6.5.9　倒角命令

倒角命令即斜角命令，是用斜线连接两个不平行的线型对象。可以用斜线连接直线段、双向无限长线、射线和多义线。

系统采用两种方法确定连接两个对象的斜线：指定两个斜线距离，指定斜线角度和一个斜线距离。下面分别介绍这两种方法的使用。

（1）指定两个斜线距离：斜线距离是指

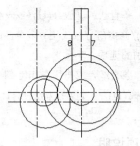

图 6-77　修剪图形

（7）单击"修改"工具栏中的"圆角"按钮，选择线段 7 和半径为 96 的圆进行倒圆角，命令行提示与操作如图 6-78 所示；重复"圆角"命令选择线段 8 和半径为 40 的圆，进行倒圆角，半径为 120，结果如图 6-79 所示。

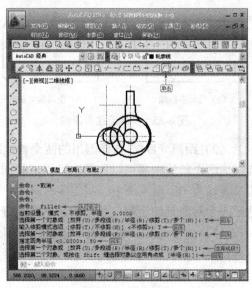

图 6-78　绘制圆角

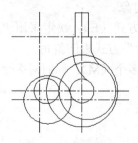

图 6-79　圆角处理

（8）单击"绘图"工具栏中的"圆"按钮，选用"三点"的方法绘制圆。以半径为 42 的圆为第一点，半径为 96 的圆为第二点，

从被连接对象与斜线的交点到被连接的两对象交点之间的距离,如图 6-83 所示。

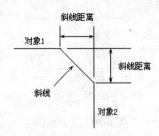

图 6-83　斜线距离

(2) 指定斜线角度和一个斜距离连接选择的对象:采用这种方法连接对象时,需要输入两个参数:斜线与一个对象的斜线距离和斜线与该对象的夹角,如图 6-84 所示。

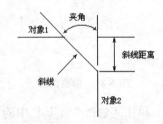

图 6-84　斜线距离与夹角

1.　执行方式

- 命令行:CHAMFER(快捷命令:CHA)。
- 菜单:选择菜单栏中的"修改"→"倒角"命令。
- 工具栏:单击"修改"工具栏中的"倒角"按钮 。

2.　操作步骤

命令行提示与操作如下。

命令:CHAMFER✓
("修剪"模式) 当前倒角距离 1 = 0.0000,距离 2 = 0.0000

6.5.10　实例——销轴

本例首先利用直线命令绘制直线,接着利用倒角命令绘制倒角,然后利用直线命令绘制竖直直线,再利用镜像命令将销轴上半部分镜像处理,接着利用偏移命令偏移直线和利用样条曲线命令绘制局部剖切线,最后填充图案。绘制流程如图 6-86 所示。

选择第一条直线或 [放弃(U)/多段线(P)/距离(D)/角度(A)/修剪(T)/方式(E)/多个(M)]:选择第一条直线或别的选项
　选择第二条直线,或按住 Shift 键选择直线以应用角点或[距离(D)/角度(A)/方法(M)]:选择第二条直线

3.　选项说明

(1) 多段线(P):对多段线的各个交叉点倒斜角。为了得到最好的连接效果,一般设置斜线是相等的值,系统根据指定的斜线距离把多段线的每个交叉点都作斜线连接,连接的斜线成为多段线新的构成部分,如图 6-85 所示。

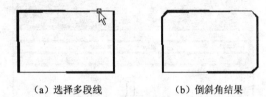

(a) 选择多段线　　　(b) 倒斜角结果

图 6-85　斜线连接多段线

(2) 距离(D):选择倒角的两个斜线距离。这两个斜线距离可以相同也可以不相同,若二者均为 0,则系统不绘制连接的斜线,而是把两个对象延伸至相交并修剪超出的部分。

(3) 角度(A):选择第一条直线的斜线距离和第一条直线的倒角角度。

(4) 修剪(T):与圆角连接命令"FILLET"相同,该选项决定连接对象后是否剪切源对象。

(5) 方式(E):决定采用"距离"方式还是"角度"方式来倒斜角。

(6) 多个(M):同时对多个对象进行倒斜角编辑。

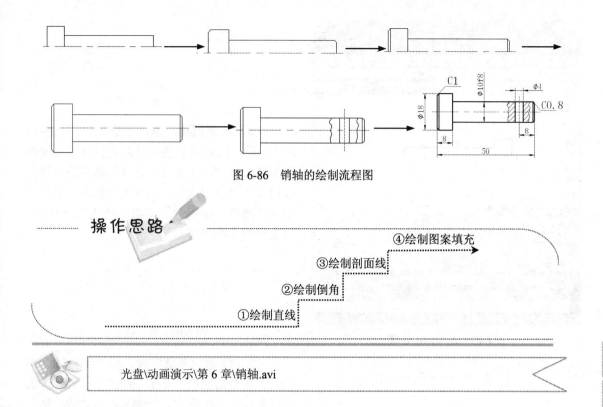

图 6-86　销轴的绘制流程图

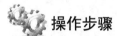操作思路

④绘制图案填充

③绘制剖面线

②绘制倒角

①绘制直线

光盘\动画演示\第 6 章\销轴.avi

操作步骤

（1）创建图层。单击"图层"工具栏中的"图层特性管理器"按钮🔲，打开"图层特性管理器"选项板，设置如下图层。

1）中心线：颜色为红色，线型为 CENTER，线宽为 0.15mm。

2）粗实线：颜色为白色，线型为 Continuous，线宽为 0.30mm。

3）细实线：颜色为白色，线型为 Continuous，线宽为 0.15mm。

4）尺寸标注：颜色为白色，线型为 Continuous，线宽为默认。

5）文字说明：颜色为白色，线型为 Continuous，线宽为默认。

（2）绘制中心线。将"中心线"图层设置为当前图层。单击"绘图"工具栏中的"直线"按钮✏，以坐标点{（135，150），（195，150）}绘制中心线，结果如图 6-87 所示。

图 6-87　绘制中心线

（3）将"粗实线"图层设置为当前图层。单击"绘图"工具栏中的"直线"按钮✏，以下列坐标点{（140，150），（140，159），（148，159），（148，150）}，{（148，155），（190，155），（190，150）}依次绘制线段，结果如图 6-88 所示。

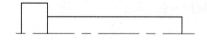

图 6-88　绘制直线

（4）倒角处理。单击"修改"工具栏中的"倒角"按钮🔲，命令行提示与操作如图 6-89 所示。采用同样的方法，设置倒角距离为 0.8，进行右端倒角，结果如图 6-90 所示。

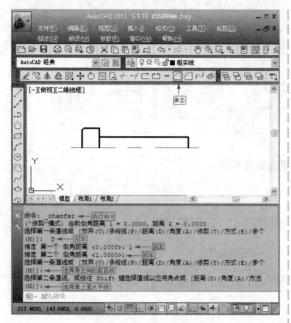

图 6-89　左端倒角处理

图 6-90　右端倒角处理

（5）绘制直线。单击"绘图"工具栏中的"直线"按钮，绘制倒角线，结果如图 6-91 所示。

图 6-91　绘制倒角线

（6）镜像图形。单击"修改"工具栏中的"镜像"按钮，以中心线为轴镜像图形，结果如图 6-92 所示。

图 6-92　镜像图形

（7）偏移图形。单击"修改"工具栏中的"偏移"按钮，将右侧竖直直线向左偏移，距离为 8，并将偏移的直线两端拉长，修改图层为"中心线"层，结果如图 6-93 所示。

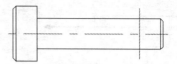

图 6-93　偏移图形

（8）绘制销孔。单击"修改"工具栏中的"偏移"按钮，将偏移后的直线继续向两侧偏移，偏移距离为 2，并将偏移后的直线修改图层为"粗实线"层，单击"修改"工具栏中的"修剪"按钮，将多余的线条修剪掉，结果如图 6-94 所示。

图 6-94　绘制销孔

（9）绘制局部剖切线。将"细实线"图层设置为当前图层，单击"绘图"工具栏中的"样条曲线"按钮，绘制局部剖切线，结果如图 6-95 所示。

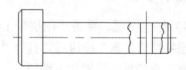

图 6-95　绘制局部剖切线

（10）绘制剖面线。将"细实线"图层设置为当前图层，单击"绘图"工具栏中的"图案填充"按钮，设置填充图案为"ANST31"，角度为 0，比例为 0.5，打开状态栏中的"线宽"按钮，结果如图 6-96 所示。

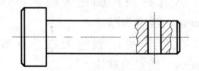

图 6-96　填充销轴图案

6.5.11　打断命令

1. 执行方式

● 命令行：BREAK（快捷命令：BR）。

● 菜单栏：选择菜单栏中的"修改"
→"打断"命令。

● 工具栏：单击"修改"工具栏中的
"打断"按钮 ▭。

2. 操作步骤

命令行提示与操作如下。

> 命令：BREAK✓
> 选择对象：选择要打断的对象
> 指定第二个打断点或 [第一点(F)]：指定第二个
> 断开点或输入"F"✓

3. 选项说明

如果选择"第一点（F）"选项，系统将放弃前面选择的第一个点，重新提示用户指定两个断开点。

6.5.12　打断于点命令

打断于点命令是指在对象上指定一点，从而把对象在此点拆分成两部分，此命令与打断命令类似。

1. 执行方式

● 工具栏：单击"修改"工具栏中的
"打断于点"按钮 ▭。

2. 操作步骤

单击"修改"工具栏中的"打断于点"按钮 ▭，命令行提示与操作如下。

> _break 选择对象：选择要打断的对象
> 指定第二个打断点或 [第一点(F)]：_f 系统自动
> 执行"第一点"选项
> 指定第一个打断点：选择打断点
> 指定第二个打断点：@：系统自动忽略此提示

6.5.13　分解命令

1. 执行方式

● 命令行：EXPLODE（快捷命令：X）。
● 菜单栏：选择菜单栏中的"修改"
→"分解"命令。
● 工具栏：单击"修改"工具栏中的
"分解"按钮 ▦。

2. 操作步骤

> 命令：EXPLODE✓
> 选择对象：选择要分解的对象

选择一个对象后，该对象会被分解，系统继续提示该行信息，允许分解多个对象。

> **教你一招**
>
> 分解命令是将一个合成图形分解为其部件的工具。例如，一个矩形被分解后就会变成 4 条直线，且一个有宽度的直线分解后就会失去其宽度属性。

6.5.14　合并命令

可以将直线、圆、椭圆弧和样条曲线等独立的图线合并为一个对象，如图 6-97 所示。

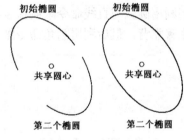

图 6-97　合并对象

1. 执行方式

● 命令行：JOIN。
● 菜单：选择菜单栏中的"修改"→
"合并"命令。
● 工具栏：单击"修改"工具栏中的
"合并"按钮 ⊷。

2. 操作步骤

命令行提示与操作如下。

> 命令：JOIN✓
> 选择源对象或要一次合并的多个对象：选择一个
> 对象
> 选择要合并的对象：选择另一个对象
> 找到 1 个
> 选择要合并的对象：✓
> 已将 1 条直线合并到源

01 chapter
02 chapter
03 chapter
04 chapter
05 chapter
06 chapter
07 chapter
08 chapter
09 chapter
10 chapter
11 chapter
12 chapter
13 chapter

6.5.15　光顺曲线

在两条选定直线或曲线之间的间隙中创建样条曲线。

1．执行方式

● 命令行：BLEND。
● 菜单：选择菜单栏中的"修改"→"光顺曲线"命令。
● 工具栏：单击"修改"工具栏中的"光顺曲线"按钮 。

2．操作步骤

命令：BLEND✓
连续性=相切

选择第一个对象或[连续性（CON）]: CON
输入连续性[相切（T）/平滑（S）] <切线>:
选择第一个对象或[连续性（CON）]:
选择第二个点:

3．选项说明

（1）连续性（CON）：在两种过渡类型中指定一种。

（2）相切（T）：创建一条 3 阶样条曲线，在选定对象的端点处具有相切（G1）连续性。

（3）平滑（S）：创建一条 5 阶样条曲线，在选定对象的端点处具有曲率（G2）连续性。

如果使用"平滑"选项，请勿将显示从控制点切换为拟合点。此操作将样条曲线更改为 3 阶，这会改变样条曲线的形状。

6.5.16　实例——梳妆台

本例利用圆弧与直线命令绘制梳妆凳的初步轮廓，再利用偏移命令绘制靠背，接着利用延伸命令完善靠背，最后利用圆角命令细化图形。绘制流程如图 6-98 所示。

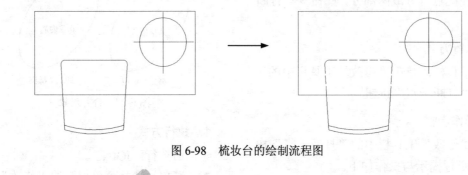

图 6-98　梳妆台的绘制流程图

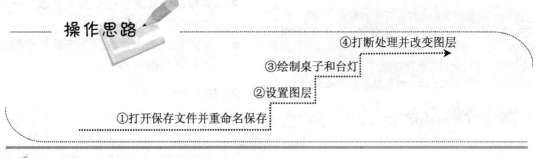

操作思路

④打断处理并改变图层
③绘制桌子和台灯
②设置图层
①打开保存文件并重命名保存

光盘\动画演示\第 6 章\梳妆台.avi

操作步骤

（1）打开 6.5.4 小节绘制的梳妆凳图形，将其另存为"梳妆台.dwg"文件。

（2）新建"实线"和"虚线"两个图层，如图 6-99 所示，将"虚线"层的线型设置为 ACAD_IS002W100。

图 6-99　设置图层

（3）单击"绘图"工具栏中的"矩形"按钮▢、"直线"按钮✎和"圆"按钮◉，在梳妆凳图形旁边绘制桌子和台灯造型，如图 6-100 所示。

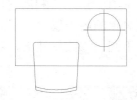

图 6-100　绘制桌子和台灯

（4）单击"修改"工具栏中的"打断于点"按钮◻，命令行提示与操作如图 6-101 所示。采用同样的方法，打断另一侧的边。打断后，原来的侧边有一条线以打断点为界分成两段线。

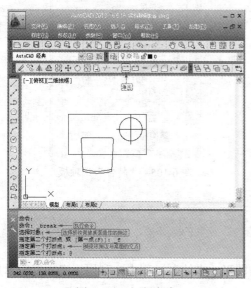

图 6-101　打断直线

（5）选择梳妆凳被桌面盖住的图线，然后单击"图层"工具栏的下拉按钮，在图层列表中选择"虚线"层，如图 6-102 所示，这部分图形的线型就随图层变为虚线了，最终结果如图 6-103 所示。

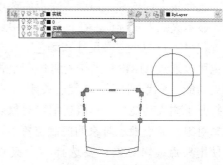

图 6-102　改变图层

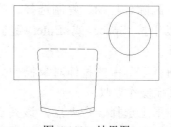

图 6-103　结果图

6.6　对象编辑命令

在对图形进行编辑时，还可以对图形对象本身的某些特性进行编辑，从而方便地进行图形绘制。

6.6.1　钳夹功能

利用钳夹功能可以快速方便地编辑对象。AutoCAD 在图形对象上定义了一些特殊点，称

01 chapter
02 chapter
03 chapter
04 chapter
05 chapter
06 chapter
07 chapter
08 chapter
09 chapter
10 chapter
11 chapter
12 chapter
13 chapter

为夹持点。利用夹持点可以灵活地控制对象，如图 6-104 所示。

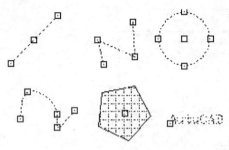

图 6-104　夹持点

要使用钳夹功能编辑对象，必须先打开钳夹功能，打开方法是：选择菜单栏中的"工具"→"选项"命令，系统打开"选项"对话框。单击"选择集"选项卡，勾选"夹点"选项组中的"显示夹点"复选框。在该选项卡中还可以设置代表夹点的小方格尺寸和颜色。

也可以通过 GRIPS 系统变量控制是否打开钳夹功能，1 代表打开，0 代表关闭。

打开了钳夹功能后，应该在编辑对象之前先选择对象。夹点表示对象的控制位置。

使用夹点编辑对象，要选择一个夹点作为基点，称为基准夹点。然后，选择一种编辑操作：删除、移动、复制选择、旋转和缩放。可以用按<Space>或<Enter>键循环选择这些功能。

下面就以其中的拉伸对象操作为例进行讲解，其他操作类似。

在图形上选择一个夹点，该夹点改变颜色，此点为夹点编辑的基准点，此时命令行提示如下。

** 拉伸 **
指定拉伸点或 [基点(B)/复制(C)/放弃(U)/退出(X)]:

6.6.3　实例——吧椅

本例利用圆、圆弧、直线和偏移命令绘制吧椅图形，在绘制过程中，利用钳夹功能编辑局部图形。绘制流程如图 6-106 所示。

在上述拉伸编辑提示下，输入"缩放"命令或右击，选择快捷菜单中的"缩放"命令，系统就会转换为"缩放"操作，其他操作类似。

6.6.2　修改对象属性

修改对象属性的执行方式有以下几种。
- 命令行：DDMODIFY 或 PROPERTIES。
- 菜单栏：选择菜单栏中的"修改"→"特性"命令。
- 工具栏：单击"标准"工具栏中的"特性"按钮。

执行上述命令后，系统打开"特性"选项板，如图 6-105 所示。利用它可以方便地设置或修改对象的各种属性。不同的对象属性种类和值不同，修改属性值，对象改变为新的属性。

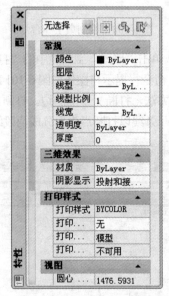

图 6-105　"特性"选项板

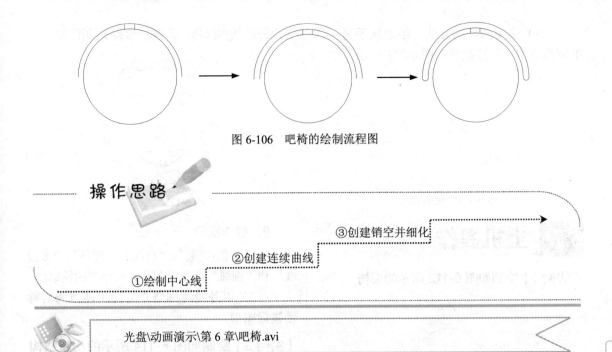

图 6-106　吧椅的绘制流程图

操作思路

③创建销空并细化

②创建连续曲线

①绘制中心线

光盘\动画演示\第 6 章\吧椅.avi

操作步骤

（1）单击"绘图"工具栏中的"圆"按钮⊘、"圆弧"按钮╱和"直线"按钮╱，绘制初步图形，其中圆弧和圆同心，大约左右对称，如图 6-107 所示。

图 6-107　绘制圆弧和直线

（2）单击"修改"工具栏中的"偏移"按钮⊘，偏移刚绘制的圆弧，如图 6-108 所示。

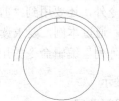

图 6-108　偏移图形

（3）单击"绘图"工具栏中的"圆弧"按钮╱，绘制扶手端部，采用"起点/端点/圆

心"的形式，使造型大约光滑过渡，结果如图 6-109 所示。

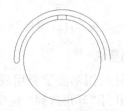

图 6-109　绘制扶手端部

（4）在绘制扶手端部圆弧的过程中，由于采用的是粗略的绘制方法，放大局部后，可能会发现图线不闭合。这时，双击鼠标左键，选择对象图线，出现钳夹编辑点，如图 6-110 所示，移动相应编辑点捕捉到需要闭合连接的相邻图线端点。

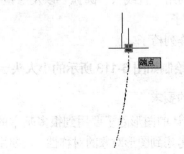

端点

图 6-110　钳夹编辑点

（5）采用同样的方法，绘制扶手另一端的圆弧造型，最终结果如图 6-111 所示。

图 6-111　绘制圆弧

6.7　上机操作

【实例 1】绘制如图 6-112 所示的桌椅。

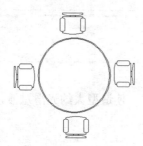

图 6-112　桌椅

1．目的要求

本例设计的图形除了要用到基本的绘图命令外，还用到"环形阵列"编辑命令。通过本例，要求读者灵活掌握绘图的基本技巧，巧妙利用一些编辑命令以快速灵活地完成绘图工作。

2．操作提示

（1）利用"圆"和"偏移"命令绘制圆形餐桌。

（2）利用"直线"、"圆弧"以及"镜像"命令绘制椅子。

（3）阵列椅子。

【实例 2】绘制如图 6-113 所示的小人头。

1．目的要求

本例设计的图形除了要用到很多基本的绘图命令外，考虑到图形对象的对称性，还要用到"镜像"编辑命令。通过本例，要求读者灵活掌握绘图的基本技巧，掌握镜像命令的用法。

图 6-113　小人头

2．操作提示

（1）利用"圆"、"直线"、"圆环"、"多段线"和"圆弧"命令绘制小人头一半的轮廓。

（2）以外轮廓圆竖直方向上两点为对称轴镜像图形。

【实例 3】绘制如图 6-114 所示的均布结构图形。

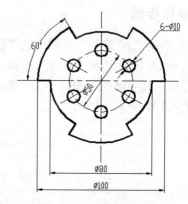

图 6-114　均布结构图形

1．目的要求

本例设计的图形是一个常见的机械零件。在绘制的过程中，除了要用到"直线"、"圆"等基本绘图命令外，还要用到"剪切"和"阵列"编辑命令。通过本例，要求读者熟练掌握"剪切"和"阵列"编辑命令的用法。

2．操作提示

（1）设置新图层。

（2）绘制中心线和基本轮廓。

（3）进行阵列编辑。

（4）进行剪切编辑。

【实例 4】绘制如图 6-115 所示的圆锥滚子轴承。

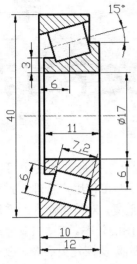

图 6-115　圆锥滚子轴承

1．目的要求

本例要绘制的是一个圆锥滚子轴承的剖视图。除了要用到一些基本的绘图命令外，还要用到"图案填充"命令以及"旋转"、"镜像"、"剪切"等编辑命令。通过对本例图形的绘制，使读者进一步熟悉常见编辑命令以及"图案填充"命令的使用。

2．操作提示

（1）新建图层。

（2）绘制中心线及滚子所在的矩形。

（3）旋转滚子所在的矩形。

（4）绘制半个轴承轮廓线。

（5）对绘制的图形进行剪切。

（6）镜像图形。

（7）分别对轴承外圈和内圈进行图案填充。

第 7 章

文字与表格

二维图形编辑操作配合绘图命令的使用可以进一步完成复杂图形的绘制工作,并可使用户合理安排和组织图形,保证作图准确,减少重复,对编辑命令的熟练掌握和使用有助于提高设计和绘图的效率。本章主要介绍复制类命令、改变位置类命令、删除及恢复类命令、改变几何特性类命令和对象编辑命令。

- ◆ 学习绘图的编辑命令
- ◆ 掌握编辑命令的操作
- ◆ 了解对象编辑

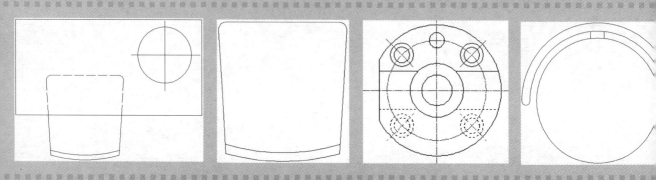

7.1 文本样式

所有 AutoCAD 图形中的文字都有与其相对应的文本样式。当输入文字对象时，AutoCAD 使用当前设置的文本样式。文本样式是用来控制文字基本形状的一组设置。AutoCAD 2013 提供了"文字样式"对话框，通过这个对话框可以方便直观地设置需要的文本样式，或是对已有样式进行修改。

1. 执行方式

- 命令行：STYLE（快捷命令：ST）或 DDSTYLE。
- 菜单栏：选择菜单栏中的"格式"→"文字样式"命令。
- 工具栏：单击"文字"工具栏中的"文字样式"按钮 🅰。

执行上述命令后，系统打开"文字样式"对话框，如图 7-1 所示。

图 7-1 "文字样式"对话框

2. 选项说明

（1）"样式"列表框：列出所有已设定的文字样式的名称并可对已有样式进行相关操作。单击"新建"按钮，系统打开如图 7-2 所示的"新建文字样式"对话框，在该对话框中可以为新建的文字样式输入名称。从"样式"列表框中选中要改名的文本样式右击，选择快捷菜单中的"重命名"命令，如图 7-3 所示，可以为所选文本样式输入新的名称。

图 7-2 "新建文字样式"对话框

图 7-3 快捷菜单

（2）"字体"选项组：用于确定字体样式。文字的字体确定字符的形状，在 AutoCAD 中，除了它固有的 SHX 形状字体文件外，还可以使用 TrueType 字体（例如宋体、楷体、italley 等）。一种字体可以设置不同的效果，从而被多种文本样式使用。如图 7-4 所示就是同一种字体（宋体）的不同样式。

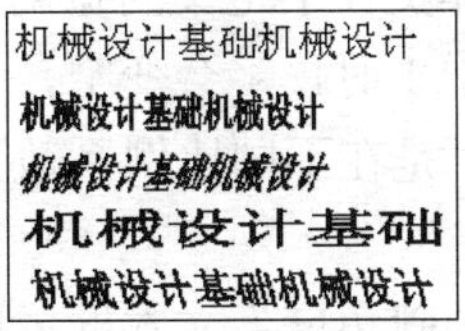

机械设计基础机械设计
机械设计基础机械设计
机械设计基础机械设计
机械设计基础
机械设计基础机械设计

图 7-4 同一种字体的不同样式

（3）"大小"选项组：用于确定文本样式使用的字体文件、字体风格及字高。"高度"文本框用来设置创建文字时的固定字高，在用 TEXT 命令输入文字时，AutoCAD 不再提示输入字高参数。如果在此文本框中设置字高为 0，系统会在每一次创建文字时提示输入字高，所以，如果不想固定字高，就可以把"高度"文本框中的数值设置为 0。

（4）"效果"选项组。

1）"颠倒"复选框：勾选该复选框，表示将文本文字倒置标注，如图 7-5 所示。

ABCDEFGHIJKLMN

ABCDEFGHIJKLMN

图 7-5　文字倒置标注

2）"反向"复选框：勾选该复选框，表示将文本文字反向标注，如图 7-6 所示。

ABCDEFGHIJKLMN

ABCDEFGHIJKLMN

图 7-6　文字反向标注

3）"垂直"复选框：勾选该复选框，表示文本是垂直标注，否则为水平标注，如图 7-7 所示。

abcd

a
b
c
d

图 7-7　文本垂直标注

（5）"宽度因子"文本框：设置宽度系数，确定文本字符的宽高比。当比例系数为 1 时，表示将按字体文件中定义的宽高比标注文字。当此系数小于 1 时，字会变窄，反之变宽。如图 7-4 所示，是在不同比例系数下标注的文本文字。

（6）"倾斜角度"文本框：用于确定文字的倾斜角度。角度为 0 时不倾斜，为正数时向右倾斜，为负数时向左倾斜，如图 7-4 所示。

（7）"应用"按钮：确认对文字样式的设置。当创建新的文字样式或对现有文字样式的某些特征进行修改后，都需要单击此按钮，系统才会确认所做的改动。

7.2　文本标注

在绘制图形的过程中，文字传递了很多设计信息，它可能是一个很复杂的说明，也可能是一个简短的文字信息。当需要文字标注的文本不太长时，可以利用 TEXT 命令创建单行文本；当需要标注很长、很复杂的文字信息时，可以利用 MTEXT 命令创建多行文本。

7.2.1　单行文本标注

1．执行方式

- 命令行：TEXT。
- 菜单：选择菜单栏中的"绘图"→"文字"→"单行文字"命令。
- 工具栏：单击"文字"工具栏中的"单行文字"按钮AI。

2．操作步骤

命令行提示与操作如下。

命令：TEXT✓
当前文字样式："Standard"　文字高度：0.2000　注释性：否
指定文字的起点或 [对正(J)/样式(S)]：

3．选项说明

（1）指定文字的起点：在此提示下直接在绘图区选择一点作为输入文本的起始点，命令行提示如下。

指定高度 <0.2000>：确定文字高度
指定文字的旋转角度 <0>：确定文本行的倾斜角度

执行上述命令后，即可在指定位置输入文本文字，输入后按<Enter>键，文本文字另起一行，可继续输入文字，待全部输入完后按两次<Enter>键，退出 TEXT 命令。可见，TEXT 命令也可创建多行文本，只是这种多行文本每一行是一个对象，不能对多行文本同时进行操作。

图 7-8　文本行倾斜排列的效果

教你一招

只有当前文本样式中设置的字符高度为 0，在使用 TEXT 命令时，系统才出现要求用户确定字符高度的提示。AutoCAD 允许将文本行倾斜排列，如图 7-8 所示为倾斜角度分别为 0°、45°和-45°时的排列效果。在"指定文字的旋转角度 <0>"提示下输入文本行的倾斜角度或在绘图区拉出一条直线来指定倾斜角度。

（2）对正（J）：在"指定文字的起点或 [对正（J）/样式（S）]"提示下输入"J"，用来确定文本的对齐方式，对齐方式决定文本的哪部分与所选插入点对齐。执行此选项，命令行提示如下。

> 输入选项 [对齐(A)/布满(F)/居中(C)/中间(M)/右对齐(R)/左上(TL)/中上(TC)/右上(TR)/左中(ML)/正中(MC)/右中(MR)/左下(BL)/中下(BC)/右下(BR)]：

在此提示下选择一个选项作为文本的对齐方式。当文本文字水平排列时，AutoCAD 为标注文本的文字定义了如图 7-9 所示的顶线、中线、基线和底线，各种对齐方式如图 7-10 所示，图中大写字母对应上述提示中各命令。下面以"对齐"方式为例进行简要说明。

图 7-9 文本行的底线、基线、中线和顶线

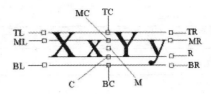

图 7-10 文本的对齐方式

选择"对齐（A）"选项，要求用户指定文本行基线的起始点与终止点的位置，命令行提示与操作如下。

> 指定文字基线的第一个端点：指定文本行基线的起点位置
> 指定文字基线的第二个端点：指定文本行基线的终点位置
> 输入文字：输入文本文字✓
> 输入文字：✓

执行结果：输入的文本文字均匀地分布在指定的两点之间，如果两点间的连线不水平，则文本行倾斜放置，倾斜角度由两点间的连线与 X 轴夹角确定；字高、字宽根据两点间的距离、字符的多少以及文本样式中设置的宽度系数自动确定。指定了两点之后，每行输入的字符越多，字宽和字高越小。其他选项与"对齐"类似，此处不再赘述。

实际绘图时，有时需要标注一些特殊字符，例如直径符号、上划线或下划线、温度符号等，由于这些符号不能直接从键盘上输入，AutoCAD 提供了一些控制码，用来实现这些要求。控制码用两个百分号（%%）加一个字符构成，常用的控制码及功能如表 7-1 所示。

表 7-1 AutoCAD 常用控制码

控 制 码	标注的特殊字符	控 制 码	标注的特殊字符
%%O	上划线	\u+0278	电相位
%%U	下划线	\u+E101	流线
%%D	"度"符号（°）	\u+2261	标识
%%P	正负符号（±）	\u+E102	界碑线
%%C	直径符号（φ）	\u+2260	不相等（≠）
%%%	百分号（%）	\u+2126	欧姆（Ω）

续表

控 制 码	标注的特殊字符	控 制 码	标注的特殊字符
\u+2248	约等于（≈）	\u+03A9	欧米加（Ω）
\u+2220	角度（∠）	\u+214A	低界线
\u+E100	边界线	\u+2082	下标 2
\u+2104	中心线	\u+00B2	上标 2
\u+0394	差值		

其中，％％O和％％U分别是上划线和下划线的开关，第一次出现此符号开始画上划线和下划线，第二次出现此符号，上划线和下划线终止。例如输入"I want to ％％U go to Beijing%%U."，则得到如图7-11（a）所示的文本行；输入"50%%D+%%C75%%P12"，则得到如图7-11（b）所示的文本行。

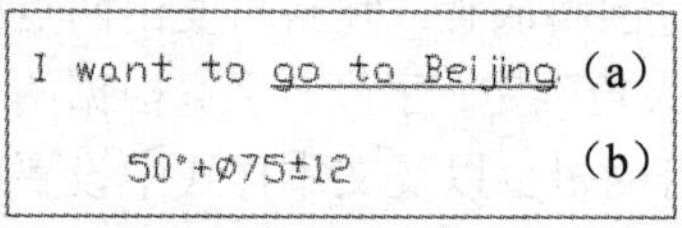

图 7-11　文本行

利用 TEXT 命令可以创建一个或若干个单行文本，即此命令可以标注多行文本。在"输入文字"提示下输入一行文本文字后按<Enter>键，命令行继续提示"输入文字"，用户可输入第二行文本文字，依此类推，直到文本文字全部输写完毕，再在此提示下按两次<Enter>键，结束文本输入命令。每一次按<Enter>键就结束一个单行文本的输入，每一个单行文本是一个对象，可以单独修改其文本样式、字高、旋转角度、对齐方式等。

用 TEXT 命令创建文本时，在命令行输入的文字同时显示在绘图区，而且在创建过程中可以随时改变文本的位置，只要移动光标到新的位置单击，则当前行结束，随后输入的文字在新的文本位置出现，用这种方法可以把多行文本标注到绘图区的不同位置。

7.2.2　多行文本标注

1．执行方式
● 命令行：MTEXT（快捷命令：T 或 MT）。
● 菜单栏：选择菜单栏中的"绘图"→"文字"→"多行文字"命令。
● 工具栏：单击"绘图"工具栏中的"多行文字"按钮A 或单击"文字"工具栏中的"多行文字"按钮A。

2．操作步骤
命令行提示与操作如下。

命令:MTEXT↙
当前文字样式:"Standard"　当前文字高度:1.9122　注释性:否
指定第一角点: 指定矩形框的第一个角点
指定对角点或 [高度(H)/对正(J)/行距(L)/旋转(R)/样式(S)/宽度(W)/栏(C)]:

3．选项说明
（1）指定对角点：在绘图区选择两个点作为矩形框的两个角点，AutoCAD以这两个点为对角点构成一个矩形区域，其宽度作为将来要标注的多行文本的宽度，第一个点作为第一行文本顶线的起点。响应后 AutoCAD 打开如图7-12所示的"文字格式"对话框和多行文字编辑器，可利用此编辑器输入多行文本文字并对其格式进行设置。关于该对话框中各项的含义及编辑器功能，稍后再详细介绍。

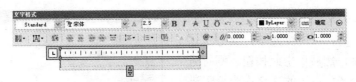

图 7-12　"文字格式"对话框和多行文字编辑器

（2）对正（J）：用于确定所标注文本的对齐方式。选择此选项，命令行提示如下。

输入对正方式 [左上(TL)/中上(TC)/右上(TR)/左中(ML)/正中(MC)/右中(MR)/左下(BL)/中下(BC)/右下(BR)] <左上(TL)>：

这些对齐方式与 TEXT 命令中的各对齐方式相同。选择一种对齐方式后按<Enter>键，系统回到上一级提示。

（3）行距（L）：用于确定多行文本的行间距。这里所说的行间距是指相邻两文本行基线之间的垂直距离。选择此选项，命令行提示如下。

输入行距类型 [至少(A)/精确(E)] <至少(A)>：

在此提示下有"至少"和"精确"两种方式确定行间距。在"至少"方式下，系统根据每行文本中最大的字符自动调整行间距；在"精确"方式下，系统为多行文本赋予一个固定的行间距，可以直接输入一个确切的间距值，也可以输入"nx"的形式，其中 n 是一个具体数，表示行间距设置为单行文本高度的 n 倍，而单行文本高度是本行文本字符高度的 1.66 倍。

（4）旋转（R）：用于确定文本行的倾斜角度。选择此选项，命令行提示如下。

指定旋转角度 <0>：

输入角度值后按<Enter>键，系统返回到"指定对角点或 [高度(H)/对正(J)/行距(L)/旋转（R）/样式(S)/宽度(W)]："的提示。

（5）样式（S）：用于确定当前的文本文字样式。

（6）宽度（W）：用于指定多行文本的宽度。可在绘图区选择一点，与前面确定的第一个角点组成一个矩形框的宽作为多行文本的宽度；也可以输入一个数值，精确设置多行文本的宽度。

在创建多行文本时，只要指定文本行的起始点和宽度后，系统就会打开如图 7-12 所示的"文字格式"对话框和多行文字编辑器。用户可以在编辑器中输入和编辑多行文本，包括设置字高、文本样式以及倾斜角度等。该编辑器与 Microsoft Word 编辑器界面相似，事实上该编辑器与 Word 编辑器在某些功能上趋于一致。这样既增强了多行文字的编辑功能，又能使用户更熟悉和方便地使用。

（7）栏（C）：根据栏宽，栏间距宽度和栏高组成矩形框，打开如图 7-12 所示的"文字格式"对话框和多行文字编辑器。

（8）"文字格式"对话框：用来控制文本文字的显示特性。可以在输入文本文字前设置文本的特性，也可以改变已输入的文本文字特性。要改变已有文本文字显示特性，首先应选择要修改的文本，选择文本的方式有以下 3 种。

● 将光标定位到文本文字开始处，按住鼠标左键，拖到文本末尾。

● 双击某个文字，则该文字被选中。

● 3 次单击鼠标，则选中全部内容。

对话框中部分选项的功能介绍如下。

1）"文字高度"下拉列表框：用于确定文本的字符高度，可在文本编辑器中设置输入新的字符高度，也可从此下拉列表框中选择已设定过的高度值。

2）"加粗" B 和"斜体" I 按钮：用于设置加粗或斜体效果，但这两个按钮只对 TrueType 字体有效。

3）"下划线" U 和"上划线" O 按钮：用于设置或取消文字的上下划线。

4）"堆叠"按钮：为层叠或非层叠文本按钮，用于层叠所选的文本文字，也就是创建分数形式。当文本中某处出现“/”、“^”或“#”3 种层叠符号之一时，可层叠文本，其方法是选中需层叠的文字，然后单击此按钮，则符号左边的文字作为分子，右边的文字作为分母进行层叠。AutoCAD 提供了 3 种分数形式；例如，选中“abcd/efgh”后单击此按钮，得到如图 7-13（a）所示的分数形式；如果选中“abcd^efgh”后单击此按钮，则得到如图 7-13（b）所示的形式，此形式多用于标注极限偏差；如果选中“abcd # efgh”后单击此按钮，则创建斜排的分数形式，如图 7-13（c）所示。如果选中已经层叠的文本对象后单击此按钮，则恢复到非层叠形式。

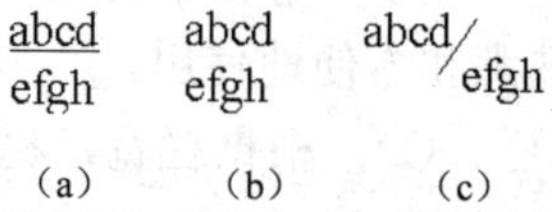

abcd
efgh
abcd
efgh
abcd/
efgh
(a)
(b)
(c)

图 7-13　文本层叠

5）“倾斜角度”数值框：用于设置文字的倾斜角度。

6）“符号”按钮@：用于输入各种符号。单击此按钮，系统打开符号列表，如图 7-14 所示，可以从中选择符号输入到文本中。

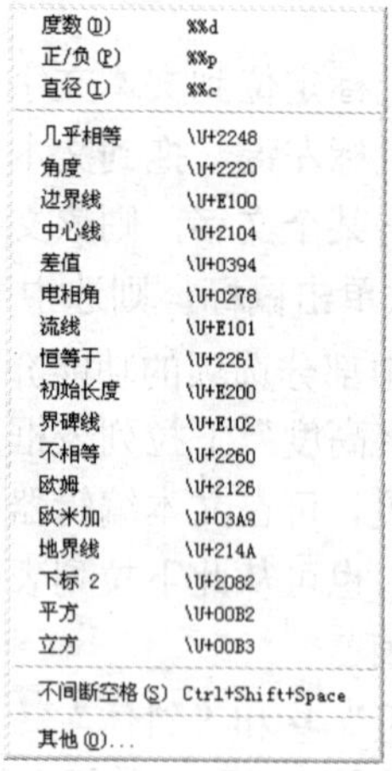

度数(D) %%d
正/负(P) %%p
直径(I) %%c
几乎相等 \U+2248
角度 \U+2220
边界线 \U+E100
中心线 \U+2104
差值 \U+0394
电相角 \U+0278
流线 \U+E101
恒等于 \U+2261
初始长度 \U+E200
界碑线 \U+E102
不相等 \U+2260
欧姆 \U+2126
欧米加 \U+03A9
地界线 \U+214A
下标 2 \U+2082
平方 \U+00B2
立方 \U+00B3
不间断空格(S) Ctrl+Shift+Space
其他(O)...

图 7-14　符号列表

7）“插入字段”按钮：用于插入一些常用或预设字段。单击此按钮，系统打开“字段”对话框，如图 7-15 所示，用户可从中选择字段，插入到标注文本中。

字段
字段类别(C):
全部
字段名称(N):
Diesel 表达式(X):
字段表达式:
%<\AcDiesel>%
确定
取消
帮助(H)

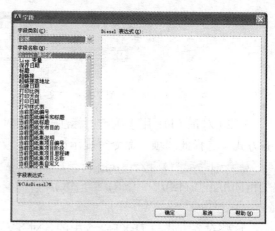

图 7-15　“字段”对话框

8）“追踪”数值框：用于增大或减小选定字符之间的空间。1.0 表示设置常规间距，大于 1.0 表示增大间距，小于 1.0 表示减小间距。

9）“宽度因子”数值框：用于扩展或收缩选定字符。1.0 表示设置代表此字体中字母的常规宽度，可以增大该宽度或减小该宽度。

（9）“选项”按钮：单击此按钮，系统打开“选项”菜单，如图 7-16 所示。其中许多选项与 Word 中相关选项类似，对其中比较特殊的选项简单介绍如下。

插入字段(L)... Ctrl+F
符号(S)
输入文字(I)...
段落对齐
段落...
项目符号和列表
分栏
查找和替换... Ctrl+R
改变大小写(H)
自动大写
字符集
背景遮罩(B)...
编辑器设置
帮助 F1

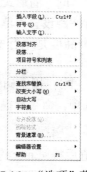

图 7-16　“选项”菜单

1）符号：在光标位置插入列出的符号或不间断空格，也可手动插入符号。

2）输入文字：选择此项，系统打开“选择文件”对话框，如图 7-17 所示。选择任意 ASCII 或 RTF 格式的文件，输入的文字保留原始字符格式和样式特性，但可以在多行文字编辑器中编辑和格式化输入的文字。选择要输入的文本文件后，可以替换选定的文字或全部文字，或在文字边界内将插入的文字附加到选定的文字中。输入文字的文件必须小于 32K。

图 7-17　"选择文件"对话框

3）字符集：显示代码页菜单，可以选择一个代码页并将其应用到选定的文本文字中。

4）删除格式：清除选定文字的粗体、斜体或下划线格式。

5）背景遮罩：用设定的背景对标注的文字进行遮罩。选择此项，系统打开"背景遮罩"对话框，如图 7-18 所示。

图 7-18　"背景遮罩"对话框

教你一招

倾斜角度与斜体效果是两个不同的概念，前者可以设置任意倾斜角度，后者是在任意倾斜角度的基础上设置斜体效果，如图 7-19 所示。第一行倾斜角度为 0°，非斜体效果；第二行倾斜角度为 12°，非斜体效果；第三行倾斜角度为 12°，斜体效果。

图 7-19　倾斜角度与斜体效果

多行文字是由任意数目的文字行或段落组成的，布满指定的宽度，还可以沿垂直方向无限延伸。多行文字中，无论行数是多少，单个编辑任务中创建的每个段落集将构成单个对象；用户可对其进行移动、旋转、删除、复制、镜像或缩放操作。

7.2.3　实例——内视符号

本例首先利用圆命令绘制圆，接着利用多边形命令绘制多边形，再利用直线命令绘制竖直直线，然后利用图案填充命令填充图案，最后利用多行文字命令填写文字。绘制流程如图 7-20 所示。

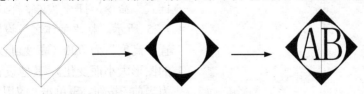

图 7-20　内视符号的绘制流程图

操作思路

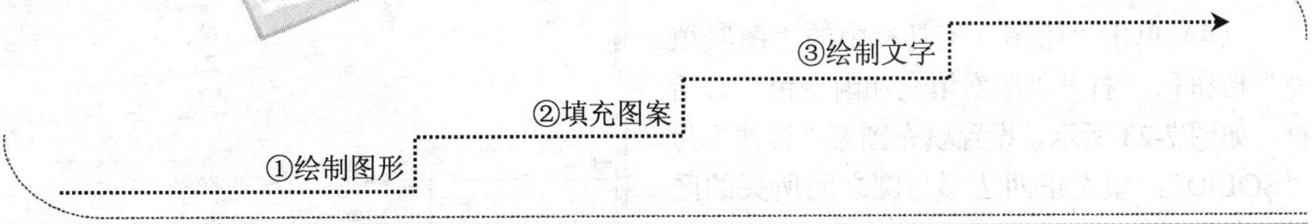

③绘制文字
②填充图案
①绘制图形

光盘\动画演示\第 7 章\内视符号.avi

操作步骤

（1）单击"绘图"工具栏中的"圆"按钮◎，绘制一个适当大小的圆。

（2）单击"绘图"工具栏中的"多边形"按钮◎，绘制一个正四边形，捕捉刚才绘制的圆的圆心作为正多边形所内接的圆的圆心，如图 7-21 所示，完成正多边形的绘制。

（3）单击"绘图"工具栏中的"直线"按钮✐，绘制一条连接正四边形上下两顶点的直线，如图 7-22 所示。

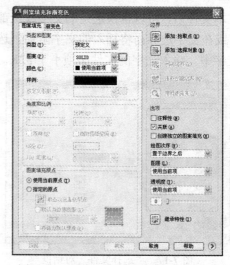

图 7-23　"图案填充和渐变色"对话框

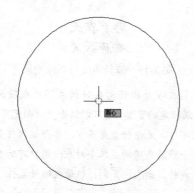

图 7-21　捕捉圆心

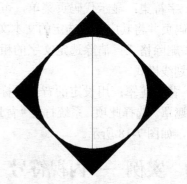

图 7-24　填充图案

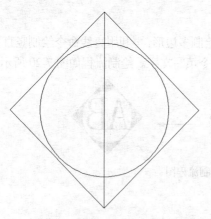

图 7-22　绘制正四边形和直线

（4）单击"绘图"工具栏中的"图案填充"按钮◙，打开"图案填充和渐变色"对话框，如图 7-23 所示，设置填充图案"样式"为"SOLID"，填充正四边形与圆之间所夹的区域，如图 7-24 所示。

（5）选择菜单栏中的"格式"→"文字样式"命令，打开"文字样式"对话框，如图 7-25 所示。将"字体名"设置为"宋体"，设置"高度"为 900（高度可以根据前面所绘制的图形大小而变化），其他设置不变，单击"置为当前"按钮，再单击"应用"按钮，关闭"文字样式"对话框。

图 7-25　"文字样式"对话框

（6）单击"绘图"工具栏中的"多行文字"按钮 **A**，打开多行文字编辑器，如图 7-26 所示。用鼠标适当框选文字标注的位置，输入字母 A，单击"确定"按钮，完成字母 A 的绘制，如图 7-27 所示。

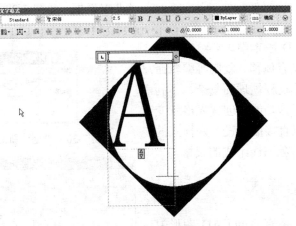

图 7-26　多行文字编辑器

（7）采用同样的方法绘制字母 B，最终结果如图 7-28 所示。

图 7-27　绘制文字　　　　　　　　　　图 7-28　结果图

提示

标注文字的位置可能需要多次调整才能使文字处于相对合适的位置。

7.3　文本编辑

1. 执行方式

- 命令行：DDEDIT（快捷命令：ED）。
- 菜单栏：选择菜单栏中的"修改"→"对象"→"文字"→"编辑"命令。
- 工具栏：单击"文字"工具栏中的"编辑"按钮 。

2. 操作步骤

命令行提示与操作如下。

命令: DDEDIT✓
选择注释对象或 [放弃(U)]:

要求选择想要修改的文本，同时光标变为拾取框。用拾取框选择对象，如果选择的文本是用 TEXT 命令创建的单行文本，则深显该文本，可对其进行修改；如果选择的文本是用 MTEXT 命令创建的多行文本，选择对象后则打开多行文字编辑器（如图 7-12 所示），可根据前面的介绍对各项设置或对内容进行修改。

7.4 表格

在以前的 AutoCAD 版本中，要绘制表格必须采用绘制图线或结合偏移、复制等编辑命令来完成，这样的操作过程烦琐而复杂，不利于提高绘图效率。有了该功能，创建表格就变得非常容易，用户可以直接插入设置好样式的表格，而不用绘制由单独图线组成的表格。

7.4.1 定义表格样式

和文字样式一样，所有 AutoCAD 图形中的表格都有与其相对应的表格样式。当插入表格对象时，系统使用当前设置的表格样式。表格样式是用来控制表格基本形状和间距的一组设置。模板文件 ACAD.DWT 和 ACADISO.DWT 中定义了名为"Standard"的默认表格样式。

1．执行方式

● 命令行：TABLESTYLE。
● 菜单栏：选择菜单栏中的"格式"→"表格样式"命令。
● 工具栏：单击"样式"工具栏中的"表格样式"按钮。

执行上述命令后，系统打开"表格样式"对话框，如图 7-29 所示。

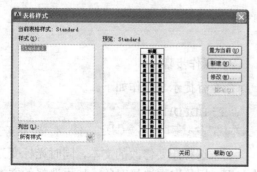

图 7-29 "表格样式"对话框

2．选项说明

（1）"新建"按钮：单击该按钮，系统打

开"创建新的表格样式"对话框，如图 7-30 所示。输入新的表格样式名后，单击"继续"按钮，系统打开"新建表格样式：Standard 副本"对话框，如图 7-31 所示，从中可以定义新的表格样式。

图 7-30 "创建新的表格样式"对话框

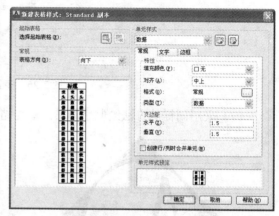

图 7-31 "新建表格样式：Standard 副本"对话框

"新建表格样式：Standard 副本"对话框的"单元样式"下拉列表框中有 3 个重要的选项：数据、表头和标题，分别控制表格中数据、列标题和总标题的有关参数，如图 7-32 所示。

标题		
页眉	页眉	页眉
数据	数据	数据
数据	数据	数据
数据	数据	数据
数据	数据	数据
数据	数据	数据
数据	数据	数据
数据	数据	数据
数据	数据	数据

图 7-32 表格样式

在"新建表格样式：Standard 副本"对话框中有 3 个重要的选项卡，分别介绍如下。

1）"常规"选项卡：用于控制数据栏格与标题栏格的上下位置关系。

2）"文字"选项卡：用于设置文字属性，在"文字样式"下拉列表框中可以选择已定义的文字样式并应用于数据文字，也可以单击右侧的按钮[...]重新定义文字样式。其中"文字高度"、"文字颜色"和"文字角度"各选项设定的相应参数格式可供用户选择。

3）"边框"选项卡：用于设置表格的边框属性，下面的边框线按钮控制数据边框线的各种形式，如绘制所有数据边框线、只绘制数据边框外部边框线、只绘制数据边框内部边框线、无边框线、只绘制底部边框线等。"线宽"、"线型"和"颜色"下拉列表框则控制边框线的线宽、线型和颜色。"间距"文本框用于控制单元边界和内容之间的间距。

（2）"修改"按钮：用于对当前表格样式进行修改，方式与新建表格样式相同。

如图 7-33 所示是：数据文字样式为"Standard"，文字高度为 4.5，文字颜色为"红色"，对齐方式为"右下"；标题文字样式为"Standard"，文字高度为 6，文字颜色为"蓝色"，对齐方式为"正中"，表格方向为"上"，水平单元边距和垂直单元边距都为"1.5"的表格样式。

图 7-33　表格示例

7.4.2　创建表格

在设置好表格样式后，用户可以利用 TABLE 命令创建表格。

1. 执行方式

- 命令行：TABLE。
- 菜单栏：选择菜单栏中的"绘图"→"表格"命令。
- 工具栏：单击"绘图"工具栏中的"表格"按钮 。

执行上述命令后，系统打开"插入表格"对话框，如图 7-34 所示。

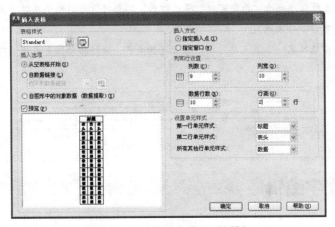

图 7-34　"插入表格"对话框

2. 选项说明

（1）"表格样式"选项组：可以在"表格样式"下拉列表框中选择一种表格样式，也可以通过单击后面的"启用'表格样式'对话框" 按钮来新建或修改表格样式。

（2）"插入选项"选项组。

1）"从空表格开始"单选钮：创建可以手动填充数据的空表格。

2）"自数据连接"单选钮：通过启动数据连接管理器来创建表格

3）"自图形中的对象数据"单选钮：通过启动"数据提取"向导来创建表格。

（3）"插入方式"选项组。

1）"指定插入点"单选钮：指定表格的左上角的位置。可以使用定点设备，也可以在命令行中输入坐标值。如果表格样式将表格的方向设置为由下而上读取，则插入点位于表格的左下角。

2）"指定窗口"单选钮：指定表的大小和位置。可以使用定点设备，也可以在命令行中输入坐标值。选定此选项时，行数、列数、列宽和行高取决于窗口的大小以及列和行设置。

（4）"列和行设置"选项组：指定列和数据行的数目以及列宽与行高。

（5）"设置单元样式"选项组：指定"第一行单元样式"、"第二行单元样式"和"所有其他行单元样式"分别为标题、表头或者数据样式。

在"插入表格"对话框中进行相应设置后，单击"确定"按钮，系统在指定的插入点或窗口自动插入一个空表格，并打开多行文字编辑器，用户可以逐行逐列输入相应的文字或数据，如图 7-35 所示。

图 7-35　多行文字编辑器

教你一招

在"插入方式"选项组中点选"指定窗口"单选钮后，列与行设置的两个参数中只能指定一个，另外一个由指定窗口的大小自动等分来确定。

在插入后的表格中选择某一个单元格，单击后出现钳夹点，通过移动钳夹点可以改变单元格的大小，如图 7-36 所示。

图 7-36　改变单元格大小

7.4.3　表格文字编辑

1. 执行方式

● 命令行：TABLEDIT。

● 快捷菜单：选择表和一个或多个单元格后右击，选择快捷菜单中的"编辑文字"命令。

● 定点设备：在单元格内双击。

执行上述命令后，命令行出现"拾取表格单元"的提示，选择要编辑的表格单元，系统打开多行文字编辑器，用户可以对选择的表格单元的文字进行编辑。

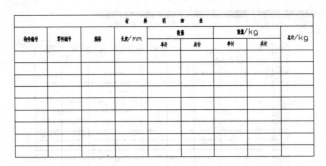

图 7-37 材料明细表

2. 操作步骤

下面以新建如图 7-37 所示的"材料明细表"为例，具体介绍新建表格的步骤。

（1）设置表格样式。选择菜单栏中的"格式"→"表格样式"命令，打开"表格样式"对话框。

（2）单击"新建"按钮，打开"创建新的表格样式"对话框，在"新样式名"文本框中输入"材料明细表"，单击"继续"按钮，打开如图 7-38 所示的"新建表格样式：材料明细表"对话框，将标题行添加到表格中，文字高度设置为 3，对齐位置设置为"正中"，线宽保持默认设置，将外框线设置为 0.7mm，内框线为 0.35mm。

（3）设置好表格样式后，单击"确定"按钮。

（4）创建表格。单击"绘图"工具栏中的"表格"按钮▦，系统打开"插入表格"对话框。设置"插入方式"为"指定插入点"，设置"数据行数"为 10、"列数"为 9，设置"列宽"为 10、"行高"为 1，如图 7-39 所示，插入的表格如图 7-40 所示。单击"文字格式"对话框中的"确定"按钮，关闭对话框。

（5）选中表格第一列的前两个表格，右击鼠标，选择快捷菜单中的"合并"→"全部"命令，如图 7-41 所示。合并后的表格如图 7-42 所示。

图 7-38 设置表格样式

图 7-39 "插入表格"对话框

01 chapter
02 chapter
03 chapter
04 chapter
05 chapter
06 chapter
07 chapter
08 chapter
09 chapter
10 chapter
11 chapter
12 chapter
13 chapter

153

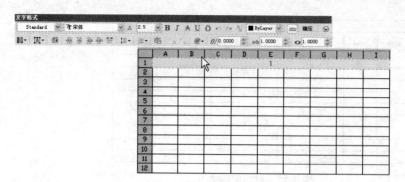

图 7-40　插入的表格

图 7-41　合并单元格

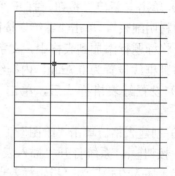

图 7-42　合并后的表格

（6）利用此方法，将表格进行合并修改，修改后的表格如图 7-43 所示。

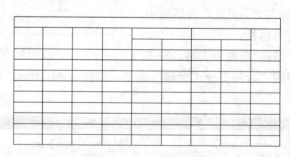

图 7-43　修改后的表格

（7）双击单元格，打开"文字格式"对话框，在表格中输入标题及表头。最后绘制结果如图 7-37 所示。

教你一招

　　如果有多个文本格式一样，可以采用复制后修改文字内容的方法进行表格文字的填充，这样只需双击就可以直接修改表格文字的内容，而不用重新设置每个文本格式。

7.4.4 实例——绘制 A3 样板图

所谓样板图就是将绘制图形通用的一些基本内容和参数事先设置好，并绘制出来，以.dwt 的格式保存起来。例如 A3 图纸，可以绘制好图框、标题栏，设置好图层、文字样式、标注样式等，然后作为样板图保存。以后需要绘制 A3 幅面的图形时，可打开此样板图在此基础上绘图。本例首先设置绘图环境，然后利用矩形命令绘制边框，最后利用表格命令绘制标题栏并标注文字。绘制流程如图 7-44 所示。

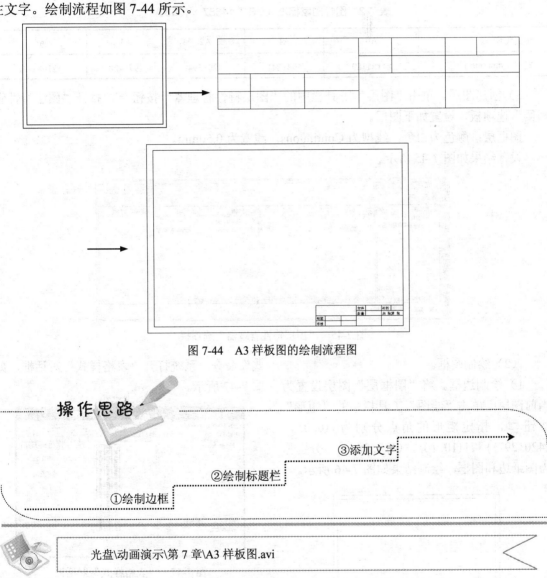

图 7-44 A3 样板图的绘制流程图

操作思路

③添加文字

②绘制标题栏

①绘制边框

光盘\动画演示\第 7 章\A3 样板图.avi

操作步骤

（1）配置绘图环境。

1）创建新文件。启动 AutoCAD 2013 应用程序，选择菜单栏中的"文件"→"新建"命令，打开"选择样板"对话框，单击"打开"按钮右侧的下拉按钮，以"无样板打开－公制"（mm）

方式创建新文件。

2）设置图形界限。为了便于图纸的管理，我国的国家标准对图纸幅面的大小作了统一的规定，如表 7-2 所示。

在绘制机械图样时，应根据所绘制图形的大小及复杂程度选择合适的图幅。下面以 A3 图纸为例，介绍设置图幅尺寸的过程如下：选择菜单栏中的"格式"→"图形界限"命令，设置图幅尺寸为：420,297。

表 7-2 图幅国家标准（GB/T 14687—1993）

幅面代号	A0	A1	A2	A3	A4
宽×长/(mm×mm)	841×1189	594×841	420×594	297×420	210×297

3）创建图层。单击"图层"工具栏中的"图层特性管理器"按钮，打开"图层特性管理器"选项板，设置如下图层。

图框层：颜色为白色，线型为 Continuous，线宽为 0.50mm。

设置结果如图 7-45 所示。

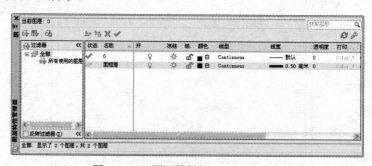

图 7-45 "图层特性管理器"选项板

（2）绘制图框。

1）绘制边框。将"图框层"图层设置为当前图层；单击"绘图"工具栏中的"矩形"按钮，指定矩形的角点分别为{(0,0)，(420,297)}和{(10,10)，(410,287)}，分别作为图纸边和图框，绘制结果如图 7-46 所示。

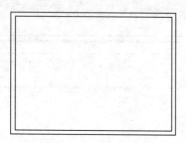

图 7-46 绘制的边框

2）绘制标题栏。

① 选择菜单栏中的"格式"→"表格样

式"命令，系统打开"表格样式"对话框，如图 7-47 所示。

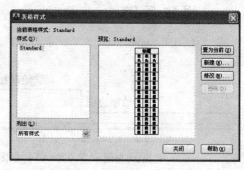

图 7-47 "表格样式"对话框

② 单击"修改"按钮，系统打开"修改表格样式：Standard"对话框，在"单元样式"下拉列表框中选择"数据"选项，在下面的"文字"选项卡中将"文字高度"设置为 3，如图 7-48 所示；再打开"常规"选项卡，将"页边

距"选项组中的"水平"和"垂直"都设置成1，如图 7-49 所示，单击"确定"按钮关闭该对话框。

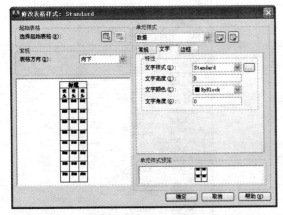

图 7-48 "修改表格样式：Standard"对话框

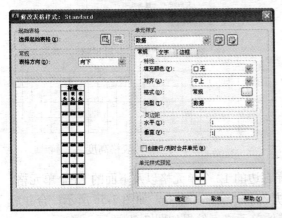

图 7-49 设置"常规"选项卡

③ 系统返回到"表格样式"对话框，单击"关闭"按钮退出该对话框。

④ 单击"绘图"工具栏中的"表格"按钮，系统打开"插入表格"对话框，在"列和行设置"选项组中将"列"设置为 28，将"列宽"设置为 20，将"数据行数"设置为 2（加上标题行和表头行共 4 行），将"行高"设置为 1 行（即为 10）；在"设置单元样式"选项组中将"第一行单元样式"与"第二行单元样式"和"第三行单元样式"都设置为"数据"，如图 7-50 所示。

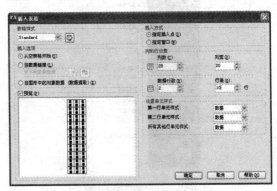

图 7-50 "插入表格"对话框

⑤ 在图框线右下角附近指定表格位置，系统生成表格，同时打开多行文字编辑器，如图 7-51 所示，直接按<Enter>键，不输入文字，生成的表格如图 7-52 所示。

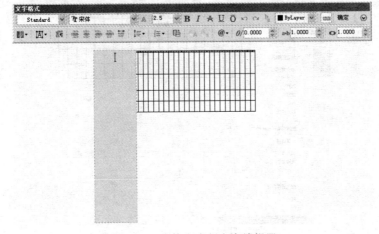

图 7-51 表格和多行文字编辑器

⑥ 单击表格中的一个单元格，系统显示其编辑夹点，单击鼠标右键，在打开的快捷菜单中选择"特性"命令，如图 7-53 所示，系统打开"特性"对话框，将"单元高度"改为 8，如

图 7-54 所示，这样该单元格所在行的高度就统一改为 8。采用同样的方法，将其他行的高度统一改为 8，如图 7-55 所示。

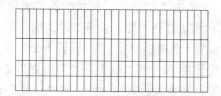

图 7-52　生成的表格

图 7-53　快捷菜单

图 7-54　"特性"对话框

图 7-55　修改表格高度

⑦ 选择 A1 单元格，按住<Shift>键，同时选择右边的 12 个单元格以及下面的 13 个单元格，单击鼠标右键，打开快捷菜单，选择其中的"合并"→"全部"命令，如图 7-56 所示，合并后的效果如图 7-57 所示；采用同样的方法，合并其他单元格，结果如图 7-58 所示。

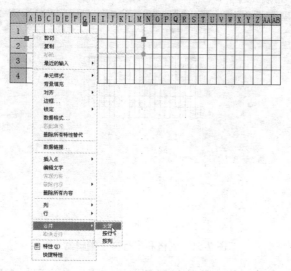

图 7-56　快捷菜单

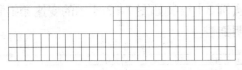

图 7-57 合并单元格

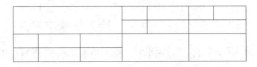

图 7-58 完成表格的绘制

⑧ 在单元格三击鼠标左键，打开文字编辑器，在单元格中输入文字，将文字大小改为 4，如图 7-59 所示。采用同样的方法输入其他单元格文字，结果如图 7-60 所示。

文字格式
Standard
宋体
2.5
ByLayer
确定
制图

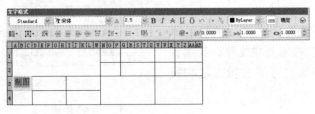

图 7-59 输入文字

3）移动标题栏。单击“修改”工具栏中的“移动”按钮，捕捉表格的右下角点为基点、图框的右下角点为第二点，将刚绘制的表格准确的放置在图框的右下角，如图 7-61 所示。

		材料		比例	
		数量		共 张第 张	
制图					
审核					

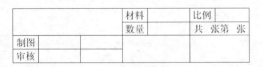

图 7-60 完成标题栏文字的输入

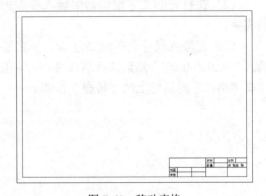

图 7-61 移动表格

4）保存样板图。单击“标准”工具栏中的“保存”按钮，将绘制好的图形进行保存。

教你一招

表格的行高=文字高度+2×垂直页边距，此处设置为 3+2×1=5。

7.5 上机操作

【实例 1】标注如图 7-62 所示的技术要求。

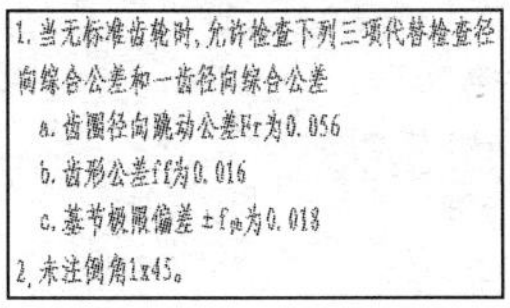

1. 当无标准齿轮时，允许检查下列三项代替检查径向综合公差和一齿径向综合公差
a. 齿圈径向跳动公差Fr为0.056
b. 齿形公差ff为0.016
c. 基节极限偏差±fpb为0.018
2. 未注倒角1x45。

图 7-62 技术要求

1. 目的要求

文字标注在零件图或装配图的技术要求中经常用到，正确进行文字标注是 AutoCAD 绘图中必不可少的一项工作。通过本例的练习，读者应掌握文字标注的一般方法，尤其是特殊字体的标注方法。

2. 操作提示

（1）设置文字标注的样式。

（2）利用"多行文字"命令进行标注。

（3）利用快捷菜单，输入特殊字符。

【实例2】在"实例1"标注的技术要求中加入下面一段文字。

3. 尺寸为 $\phi 30^{+0.05}_{-0.06}$ 的孔抛光处理

1．目的要求

文字编辑是对标注的文字进行调整的重要手段。本例通过添加技术要求文字，让读者掌握文字，尤其是特殊符号的编辑方法和技巧。

2．操作提示

（1）选择实例 1 中标注好的文字，进行文字编辑。

（2）在打开的文字编辑器中输入要添加的文字。

（3）在输入尺寸公差时要注意，一定要输入"+0.05^-0.06"，然后选择这些文字，单击"文字格式"对话框上的"堆叠"按钮。

【实例3】绘制如图 7-63 所示的变速箱组装图明细表。

14	端盖	1	HT150	
13	端盖	1	HT150	
12	定距环	1	Q235A	
11	大齿轮	1	40	
10	键 16×70	1	Q275	GB 1095-79
9	轴	1	45	
8	轴承	2		30208
7	端盖	1	HT200	
6	轴承	2		30211
5	轴	1	45	
4	键8×50	1	Q275	GB 1095-79
3	端盖	1	HT200	
2	调整垫片	2组	08F	
1	减速器箱体	1	HT200	
序号	名 称	数量	材 料	备 注

图 7-63 变速箱组装图明细表

1．目的要求

明细表是工程制图中常用的表格。本例通过绘制明细表，要求读者掌握表格相关命令的用法，体会表格功能的便捷性。

2．操作提示

（1）设置表格样式。

（2）插入空表格，并调整列宽。

（3）重新输入文字和数据。

第8章

尺寸标注

尺寸标注是绘图过程中非常重要的一个环节,因为图形的主要作用是表达物体的形状,而物体各部分的真实大小和各部分之间的确切位置只能通过尺寸标注来表达。因此,没有正确的尺寸标注,绘制出的图纸对于加工制造就没什么意义。AutoCAD 2013 提供了方便、准确标注尺寸的功能。

本章介绍 AutoCAD 2013 的尺寸标注功能,主要包括尺寸标注和 QDIM 功能等。

- ◆ 了解标注规则与尺寸组成
- ◆ 熟练掌握设置尺寸样式的操作
- ◆ 掌握尺寸标注的编辑

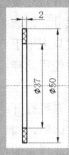
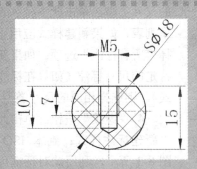
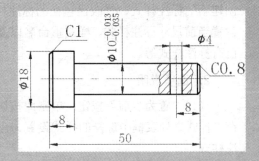

8.1 尺寸样式

组成尺寸标注的尺寸线、尺寸界线、尺寸文本和尺寸箭头可以采用多种形式，尺寸标注以什么形态出现，取决于当前所采用的尺寸标注样式。标注样式决定尺寸标注的形式，包括尺寸线、尺寸界线、尺寸箭头和中心标记的形式、尺寸文本的位置、特性等。在 AutoCAD 2013 中用户可以利用"标注样式管理器"对话框方便地设置自己需要的尺寸标注样式。

8.1.1 新建或修改尺寸样式

在进行尺寸标注前，先要创建尺寸标注的样式。如果用户不创建尺寸样式而直接进行标注，系统使用默认名称为 Standard 的样式。如果用户认为使用的标注样式某些设置不合适，也可以修改标注样式。

1．执行方式

- 命令行：DIMSTYLE（快捷命令：D）。
- 菜单栏：选择菜单栏中的"格式"→"标注样式"命令或"标注"→"标注样式"命令。
- 工具栏：单击"标注"工具栏中的"标注样式"按钮 。

执行上述命令后，系统打开"标注样式管理器"对话框，如图 8-1 所示。利用此对话框可方便直观地定制和浏览尺寸标注样式，包括创建新的标注样式、修改已存在的标注样式、设置当前尺寸标注样式、样式重命名以及删除已有标注样式等。

2．选项说明

（1）"置为当前"按钮：单击此按钮，把在"样式"列表框中选择的样式设置为当前标注样式。

（2）"新建"按钮：创建新的尺寸标注样式。单击此按钮，系统打开"创建新标注样式"

对话框，如图 8-2 所示，利用此对话框可创建一个新的尺寸标注样式，其中各项的功能说明如下。

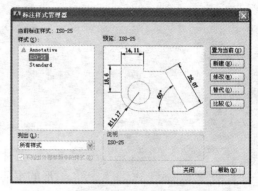

图 8-1 "标注样式管理器"对话框

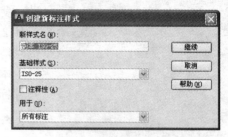

图 8-2 "创建新标注样式"对话框

1）"新样式名"文本框：为新的尺寸标注样式命名。

2）"基础样式"下拉列表框：选择创建新样式所基于的标注样式。单击"基础样式"下拉列表框，打开当前已有的样式列表，从中选择一个作为定义新样式的基础，新的样式是在所选样式的基础上修改一些特性得到的。

3）"用于"下拉列表框：指定新样式应用的尺寸类型。单击此下拉列表框，打开尺寸类型列表，如果新建样式应用于所有尺寸，则选择"所有标注"选项；如果新建样式只应用于特定的尺寸标注（如只在标注直径时使用此样式），则选择相应的尺寸类型。

4）"继续"按钮：单击此按钮，系统打开"新建标注样式：副本 ISO-25"对话框，如图 8-3 所示，利用此对话框可对新标注样式的各项特性进行设置。该对话框中各部分的含义和功能将在后面介绍。

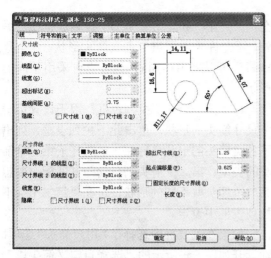

图 8-3 "新建标注样式：副本 ISO-25"对话框

（3）"修改"按钮：修改一个已存在的尺寸标注样式。单击此按钮，系统打开"修改标注样式"对话框，该对话框中的各选项与"新建标注样式"对话框中完全相同，可以对已有标注样式进行修改。

（4）"替代"按钮：设置临时覆盖尺寸标注样式。单击此按钮，系统打开"替代当前样式"对话框，该对话框中各选项与"新建标注样式"对话框中完全相同，用户可改变选项的设置，以覆盖原来的设置，但这种修改只对指定的尺寸标注起作用，而不影响当前其他尺寸变量的设置。

（5）"比较"按钮：比较两个尺寸标注样式在参数上的区别，或浏览一个尺寸标注样式的参数设置。单击此按钮，系统打开"比较标注样式"对话框，如图 8-4 所示。可以把比较结果复制到剪贴板上，然后再粘贴到其他的Windows 应用软件上。

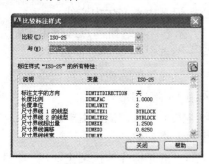

图 8-4 "比较标注样式"对话框

8.1.2 线

在"新建标注样式"对话框中，第一个选项卡就是"线"选项卡，如图 8-3 所示。该选项卡用于设置尺寸线、尺寸界线的形式和特性。现对选项卡中的各选项分别说明如下。

（1）"尺寸线"选项组：用于设置尺寸线的特性，其中各选项的含义如下。

1）"颜色"下拉列表框：用于设置尺寸线的颜色。可直接输入颜色名称，也可从下拉列表框中选择，如果选择"选择颜色"选项，系统打开"选择颜色"对话框供用户选择其他颜色。

2）"线型"下拉列表框：用于设置尺寸线的线型。

3）"线宽"下拉列表框：用于设置尺寸线的线宽，下拉列表框中列出了各种线宽的名称和宽度。

4）"超出标记"微调框：当尺寸箭头设置为短斜线、短波浪线等，或尺寸线上无箭头时，可利用此微调框设置尺寸线超出尺寸界线的距离。

5）"基线间距"微调框：设置以基线方式标注尺寸时，相邻两尺寸线之间的距离。

6）"隐藏"复选框组：确定是否隐藏尺寸线及相应的箭头。勾选"尺寸线 1"复选框，表示隐藏第一段尺寸线；勾选"尺寸线 2"复选框，表示隐藏第二段尺寸线。

（2）"尺寸界线"选项组：用于确定尺寸界线的形式，其中各选项的含义如下。

1）"颜色"下拉列表框：用于设置尺寸界线的颜色。

2）"尺寸界线 1 的线型"下拉列表框：用于设置第一条尺寸界线的线型（DIMLTEX1 系统变量）。

3）"尺寸界线 2 的线型"下拉列表框：用于设置第二条尺寸界线的线型（DIMLTEX2 系统变量）。

4）"线宽"下拉列表框：用于设置尺寸界线的线宽。

01 chapter
02 chapter
03 chapter
04 chapter
05 chapter
06 chapter
07 chapter
08 chapter
09 chapter
10 chapter
11 chapter
12 chapter
13 chapter

5）"超出尺寸线"微调框：用于确定尺寸界线超出尺寸线的距离。

6）"起点偏移量"微调框：用于确定尺寸界线的实际起始点相对于指定尺寸界线起始点的偏移量。

7）"隐藏"复选框组：确定是否隐藏尺寸界线。勾选"尺寸界线1"复选框，表示隐藏第一段尺寸界线；勾选"尺寸界线2"复选框，表示隐藏第二段尺寸界线。

8）"固定长度的尺寸界线"复选框：勾选该复选框，系统以固定长度的尺寸界线标注尺寸，可以在其下面的"长度"文本框中输入长度值。

（3）尺寸样式显示框：在"新建标注样式"对话框的右上方，有一个尺寸样式显示框，该显示框以样例的形式显示用户设置的尺寸样式。

8.1.3 符号和箭头

在"新建标注样式"对话框中，第二个选项卡是"符号和箭头"选项卡，如图 8-5 所示。该选项卡用于设置箭头、圆心标记、弧长符号和半径折弯标注的形式和特性，现对选项卡中的各选项分别说明如下。

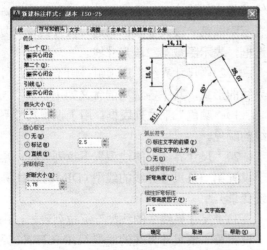

图 8-5 "符号和箭头"选项卡

（1）"箭头"选项组：用于设置尺寸箭头的形式。AutoCAD 提供了多种箭头形状，列

在"第一个"和"第二个"下拉列表框中。另外，还允许采用用户自定义箭头形状。两个尺寸箭头可以采用相同的形状，也可采用不同的形状。

1）"第一个"下拉列表框：用于设置第一个尺寸箭头的形状。单击此下拉列表框，列出了各类箭头的形状名称。一旦选择了第一个箭头的类型，第二个箭头则自动与其匹配，要想第二个箭头取不同的形状，可在"第二个"下拉列表框中设定。

如果在列表框中选择了"用户箭头"选项，则打开如图 8-6 所示的"选择自定义箭头块"对话框，可以事先把自定义的箭头存成一个图块，在此对话框中输入该图块名即可。

图 8-6 "选择自定义箭头块"对话框

2）"第二个"下拉列表框：用于设置第二个尺寸箭头的形状，可与第一个箭头形状不同。

3）"引线"下拉列表框：确定引线箭头的形状，与"第一个"设置类似。

4）"箭头大小"微调框：用于设置尺寸箭头的大小。

（2）"圆心标记"选项组：用于设置半径标注、直径标注和中心标注中的中心标记和中心线形式。其中各项含义如下。

1）"无"单选钮：点选该单选钮，既不产生中心标记，也不产生中心线。

2）"标记"单选钮：点选该单选钮，中心标记为一个点记号。

3）"直线"单选钮：点选该单选钮，中心标记采用中心线的形式。

4）"大小"微调框：用于设置中心标记和中心线的大小和粗细。

（3）"折断标注"选项组：用于控制折断标注的间距宽度。

（4）"弧长符号"选项组：用于控制弧长标注中圆弧符号的显示，对其中的 3 个单选钮含义介绍如下。

1）"标注文字的前缀"单选钮：点选该单选钮，将弧长符号放在标注文字的左侧，如图 8-7（a）所示。

（a）　　　　（b）　　　　（c）

图 8-7　弧长符号

2）"标注文字的上方"单选钮：点选该单选钮，将弧长符号放在标注文字的上方，如图 8-7（b）所示。

3）"无"单选钮：点选该单选钮，不显示弧长符号，如图 8-7（c）所示。

（5）"半径折弯标注"选项组：用于控制折弯（Z 字形）半径标注的显示。折弯半径标注通常在中心点位于页面外部时创建。在"折弯角度"文本框中可以输入连接半径标注的尺寸界线和尺寸线的横向直线角度，如图 8-8 所示。

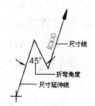

图 8-8　折弯角度

（6）"线性折弯标注"选项组：用于控制折弯线性标注的显示。当标注不能精确表示实际尺寸时，常将折弯线添加到线性标注中。通常，实际尺寸比所需值小。

8.1.4　文字

在"新建标注样式"对话框中，第 3 个选项卡是"文字"选项卡，如图 8-9 所示。该选项卡用于设置尺寸文本文字的形式、布置、对齐方式等，现对选项卡中的各选项分别说明如下。

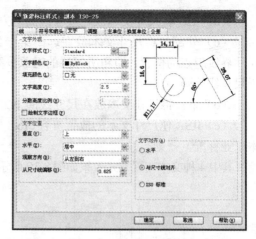

图 8-9　"文字"选项卡

（1）"文字外观"选项组。

1）"文字样式"下拉列表框：用于选择当前尺寸文本采用的文字样式。单击此下拉列表框，可以从中选择一种文字样式，也可单击右侧的按钮，打开"文字样式"对话框以创建新的文字样式或对文字样式进行修改。

2）"文字颜色"下拉列表框：用于设置尺寸文本的颜色，其操作方法与设置尺寸线颜色的方法相同。

3）"填充颜色"下拉列表框：用于设置标注中文字背景的颜色。如果选择"选择颜色"选项，系统打开"选择颜色"对话框，可以从 255 种 AutoCAD 索引（ACI）颜色、真彩色和配色系统颜色中选择颜色。

4）"文字高度"微调框：用于设置尺寸文本的字高。如果选用的文本样式中已设置了具体的字高（不是 0），则此处的设置无效；如果文本样式中设置的字高为 0，才以此处设置为准。

5）"分数高度比例"微调框：用于确定尺寸文本的比例系数。

6）"绘制文字边框"复选框：勾选此复选框，AutoCAD 在尺寸文本的周围加上边框。

（2）"文字位置"选项组。

1）"垂直"下拉列表框：用于确定尺寸文本相对于尺寸线在垂直方向的对齐方式。单击此下拉列表框，可从中选择的对齐方式有以下 5 种。

（a）居中：将尺寸文本放在尺寸线的中间。

01 chapter
02 chapter
03 chapter
04 chapter
05 chapter
06 chapter
07 chapter
08 chapter
09 chapter
10 chapter
11 chapter
12 chapter
13 chapter

165

（b）上：将尺寸文本放在尺寸线的上方。

（c）外部：将尺寸文本放在远离第一条尺寸界线起点的位置，即和所标注的对象分列于尺寸线的两侧。

（d）下：将尺寸文本放在尺寸线的下方。

（e）JIS：使尺寸文本的放置符合 JIS（日本工业标准）规则。

其中4种文本布置方式效果如图 8-10 所示。

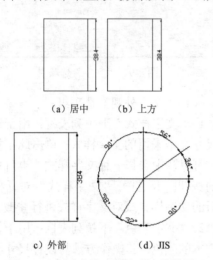

（a）居中　　（b）上方

c）外部　　　　（d）JIS

图 8-10　尺寸文本在垂直方向的放置

2）"水平"下拉列表框：用于确定尺寸文本相对于尺寸线和尺寸界线在水平方向的对齐方式。单击此下拉列表框，可从中选择的对齐方式有5种：居中、第一条尺寸界线、第二条尺寸界线、第一条尺寸界线上方、第二条尺寸界线上方，如图 8-11 所示。

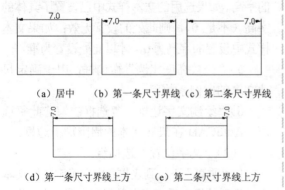

（a）居中　　（b）第一条尺寸界线　（c）第二条尺寸界线

（d）第一条尺寸界线上方　　（e）第二条尺寸界线上方

图 8-11　尺寸文本在水平方向的放置

3）"观察方向"下拉列表框：用于控制标注文字的观察方向（可用 DIMTXTDIRECTION 系

统变量设置）。"观察方向"包括以下两项选项。

（a）从左到右：按从左到右阅读的方式放置文字。

（b）从右到左：按从右到左阅读的方式放置文字。

4）"从尺寸线偏移"微调框：当尺寸文本放在断开的尺寸线中间时，此微调框用来设置尺寸文本与尺寸线之间的距离。

（3）"文字对齐"选项组：用于控制尺寸文本的排列方向。

1）"水平"单选钮：点选该单选钮，尺寸文本沿水平方向放置。不论标注什么方向的尺寸，尺寸文本总保持水平。

2）"与尺寸线对齐"单选钮：点选该单选钮，尺寸文本沿尺寸线方向放置。

3）"ISO 标准"单选钮：点选该单选钮，当尺寸文本在尺寸界线之间时，沿尺寸线方向放置；在尺寸界线之外时，沿水平方向放置。

8.1.5　调整

在"新建标注样式"对话框中，第4个选项卡是"调整"选项卡，如图 8-12 所示。该选项卡根据两条尺寸界线之间的空间，设置将尺寸文本、尺寸箭头放置在两尺寸界线内还是外。如果空间允许，AutoCAD 总是把尺寸文本和箭头放置在尺寸界线的里面；如果空间不够，则根据本选项卡的各项设置放置。现对选项卡中的各选项分别说明如下。

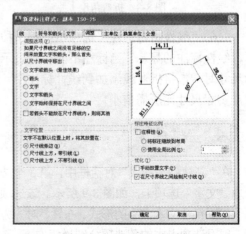

图 8-12　"调整"选项卡

（1）"调整选项"选项组。

1）"文字或箭头（最佳效果）"单选钮：点选此单选钮，如果空间允许，把尺寸文本和箭头都放置在两尺寸界线之间；如果两尺寸界线之间只够放置尺寸文本，则把尺寸文本放置在尺寸界线之间，而把箭头放置在尺寸界线之外；如果只够放置箭头，则把箭头放在里面，把尺寸文本放在外面；如果两尺寸界线之间既放不下文本，也放不下箭头，则把二者均放在外面。

2）"箭头"单选钮：点选此单选钮，如果空间允许，把尺寸文本和箭头都放置在两尺寸界线之间；如果空间只够放置箭头，则把箭头放在尺寸界线之间，把文本放在外面；如果尺寸界线之间的空间放不下箭头，则把箭头和文本均放在外面。

3）"文字"单选钮：点选此单选钮，如果空间允许，把尺寸文本和箭头都放置在两尺寸界线之间；否则把文本放在尺寸界线之间，把箭头放在外面；如果尺寸界线之间放不下尺寸文本，则把文本和箭头都放在外面。

4）"文字和箭头"单选钮：点选此单选钮，如果空间允许，把尺寸文本和箭头都放置在两尺寸界线之间；否则把文本和箭头都放在尺寸界线外面。

5）"文字始终保持在尺寸界线之间"单选钮：点选此单选钮，总是把尺寸文本放在两条尺寸界线之间。

6）"若箭头不能放在尺寸界线内，则将其消除"复选框：勾选此复选框，尺寸界线之间的空间不够时省略尺寸箭头。

（2）"文字位置"选项组：用于设置尺寸文本的位置，其中 3 个单选钮的含义如下。

1）"尺寸线旁边"单选钮：点选此单选钮，把尺寸文本放在尺寸线的旁边，如图 8-13（a）所示。

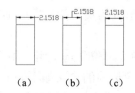

（a）　　（b）　　（c）

图 8-13　尺寸文本的位置

2）"尺寸线上方，带引线"单选钮：点选此单选钮，把尺寸文本放在尺寸线的上方，并用引线与尺寸线相连，如图 8-13（b）所示。

3）"尺寸线上方，不带引线"单选钮：点选此单选钮，把尺寸文本放在尺寸线的上方，中间无引线，如图 8-13（c）所示。

（3）"标注特征比例"选项组。

1）"将标注缩放到布局"单选钮：根据当前模型空间视口和图纸空间之间的比例确定比例因子。当在图纸空间而不是模型空间视口中工作时，或当 TILEMODE 被设置为 1 时，将使用默认的比例因子 1.0。

2）"使用全局比例"单选钮：确定尺寸的整体比例系数。其后面的"比例值"微调框可以用来选择需要的比例。

（4）"优化"选项组：用于设置附加的尺寸文本布置选项，包含以下两个选项。

1）"手动放置文字"复选框：勾选此复选框，标注尺寸时由用户确定尺寸文本的放置位置，忽略前面的对齐设置。

2）"在尺寸界线之间绘制尺寸线"复选框：勾选此复选框，不论尺寸文本在尺寸界线里面还是外面，均在两尺寸界线之间绘出一尺寸线；否则当尺寸界线内放不下尺寸文本而将其放在外面时，尺寸界线之间无尺寸线。

8.1.6　主单位

在"新建标注样式"对话框中，第 5 个选项卡是"主单位"选项卡，如图 8-14 所示。该选项卡用来设置尺寸标注的主单位和精度，以及为尺寸文本添加固定的前缀或后缀。本选项卡包含两个选项组，分别对长度型标注和角度型标注进行设置。现对选项卡中的各选项分别说明如下。

（1）"线性标注"选项组：用于设置标注长度型尺寸时采用的单位和精度。

1）"单位格式"下拉列表框：用于确定标注尺寸时使用的单位制（角度型尺寸除外）。在其下拉列表框中 AutoCAD 2013 提供了"科学"、

01
chapter

02
chapter

03
chapter

04
chapter

05
chapter

06
chapter

07
chapter

08
chapter

09
chapter

10
chapter

11
chapter

12
chapter

13
chapter

"小数"、"工程"、"建筑"、"分数"和"Windows 桌面"6种单位制,可根据需要选择。

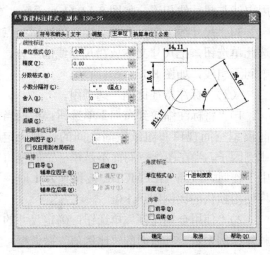

图 8-14 "主单位"选项卡

2)"精度"下拉列表框:用于确定标注尺寸时的精度,也就是精确到小数点后几位。

3)"分数格式"下拉列表框:用于设置分数的形式。AutoCAD 2013 提供了"水平"、"对角"和"非堆叠"3种形式供用户选用。

4)"小数分隔符"下拉列表框:用于确定十进制单位(Decimal)的分隔符。AutoCAD 2013 提供了句点(.)、逗点(,)和空格 3 种形式。

5)"舍入"微调框:用于设置除角度之外的尺寸测量圆整规则。在文本框中输入一个值,如果输入 1,则所有测量值均舍入为最接近的整数。

6)"前缀"文本框:为尺寸标注设置固定前缀。可以输入文本,也可以利用控制符产生特殊字符,这些文本将被加在所有尺寸文本之前。

7)"后缀"文本框:为尺寸标注设置固定后缀。

8)"测量单位比例"选项组:用于确定 AutoCAD 自动测量尺寸时的比例因子。其中,"比例因子"微调框用来设置除角度之外所有尺寸测量的比例因子。例如,用户确定比例因子为 2,AutoCAD 则把实际测量为 1 的尺寸标

注为 2。如果勾选"仅应用到布局标注"复选框,则设置的比例因子只适用于布局标注。

9)"消零"选项组:用于设置是否省略标注尺寸时的 0。

(a)"前导"复选框:勾选此复选框,省略尺寸值处于高位的 0。例如,0.50000 标注为.50000。

(b)"后续"复选框:勾选此复选框,省略尺寸值小数点后末尾的 0。例如,8.5000 标注为 8.5,而 30.0000 标注为 30。

(c)"0 英尺"复选框:勾选此复选框,采用"工程"和"建筑"单位制时,如果尺寸值小于 1 尺时,省略尺。例如,0'-6 1/2" 标注为 6 1/2"。

(d)"0 英寸"复选框:勾选此复选框,采用"工程"和"建筑"单位制时,如果尺寸值是整数尺时,省略寸。例如,1'-0"标注为 1'。

(2)"角度标注"选项组:用于设置标注角度时采用的角度单位。

1)"单位格式"下拉列表框:用于设置角度单位制。AutoCAD 2013 提供了"十进制度数"、"度/分/秒"、"百分度"和"弧度"4种角度单位。

2)"精度"下拉列表框:用于设置角度型尺寸标注的精度。

3)"消零"选项组:用于设置是否省略标注角度时的 0。

8.1.7 换算单位

在"新建标注样式"对话框中,第 6 个选项卡是"换算单位"选项卡,如图 8-15 所示,该选项卡用于对替换单位的设置。现对选项卡中的各选项分别说明如下。

(1)"显示换算单位"复选框:勾选此复选框,则替换单位的尺寸值也同时显示在尺寸文本上。

(2)"换算单位"选项组:用于设置替换单位,其中各选项的含义如下。

1)"单位格式"下拉列表框:用于选择替

换单位采用的单位制。

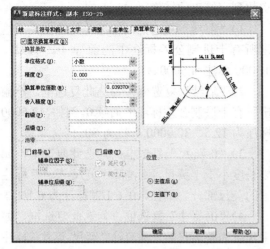

图 8-15　"换算单位"选项卡

2）"精度"下拉列表框：用于设置替换单位的精度。

3）"换算单位倍数"微调框：用于指定主单位和替换单位的转换因子。

4）"舍入精度"微调框：用于设定替换单位的圆整规则。

5）"前缀"文本框：用于设置替换单位文本的固定前缀。

6）"后缀"文本框：用于设置替换单位文本的固定后缀。

（3）"消零"选项组。

1）"前导"复选框：勾选此复选框，不输出所有十进制标注中的前导 0。例如，0.5000标注为.5000。

2）"辅单位因子"微调框：将辅单位的数量设置为一个单位。它用于在距离小于一个单位时以辅单位为单位计算标注距离。例如，如果后缀为 m 而辅单位后缀以 cm 显示，则输入100。

3）"辅单位后缀"文本框：用于设置标注值辅单位中包含的后缀。可以输入文字或使用控制代码显示特殊符号。例如，输入 cm 可将.96m 显示为 96cm。

4）"后续"复选框：勾选此复选框，不输出所有十进制标注中的后续零。例如，12.5000

标注为 12.5，30.0000 标注为 30。

5）"0 英尺"复选框：勾选此复选框，如果长度小于一英尺，则消除"英尺-英寸"标注中的英尺部分。例如，0'-6 1/2"标注为 6 1/2"。

6）"0 英寸"复选框：勾选此复选框，如果长度为整英尺数，则消除"英尺-英寸"标注中的英寸部分。例如，1'-0"标注为 1'。

（4）"位置"选项组：用于设置替换单位尺寸标注的位置。

1）"主值后"单选钮：点选该单选钮，把替换单位尺寸标注放在主单位标注的后面。

2）"主值下"单选钮：点选该单选钮，把替换单位尺寸标注放在主单位标注的下面。

8.1.8　公差

在"新建标注样式"对话框中，第 7 个选项卡是"公差"选项卡，如图 8-16 所示，该选项卡用于确定标注公差的方式。现对选项卡中的各选项分别说明如下。

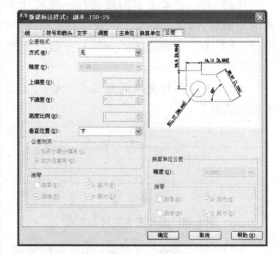

图 8-16　"公差"选项卡

（1）"公差格式"选项组：用于设置公差的标注方式。

1）"方式"下拉列表框：用于设置公差标注的方式。AutoCAD 提供了 5 种标注公差的方式，分别是"无"、"对称"、"极限偏差"、"极限尺寸"和"基本尺寸"，其中"无"表示不标注公差，其余 4 种标注情况如图 8-17 所示。

01 chapter
02 chapter
03 chapter
04 chapter
05 chapter
06 chapter
07 chapter
08 chapter
09 chapter
10 chapter
11 chapter
12 chapter
13 chapter

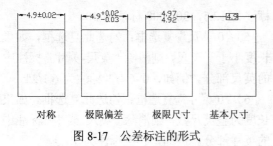

图 8-17 公差标注的形式

2)"精度"下拉列表框：用于确定公差标注的精度。

3)"上偏差"微调框：用于设置尺寸的上偏差。

4)"下偏差"微调框：用于设置尺寸的下偏差。

5)"高度比例"微调框：用于设置公差文本的高度比例，即公差文本的高度与一般尺寸文本的高度之比。

6)"垂直位置"下拉列表框：用于控制"对称"和"极限偏差"形式公差标注的文本对齐方式，如图 8-18 所示。

（a）上：公差文本的顶部与一般尺寸文本的顶部对齐。

（b）中：公差文本的中线与一般尺寸文本的中线对齐。

（c）下：公差文本的底线与一般尺寸文本的底线对齐。

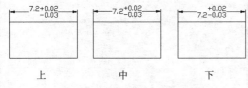

图 8-18 公差文本的对齐方式

（2）"公差对齐"选项组：用于在堆叠时，控制上偏差值和下偏差值的对齐。

1)"对齐小数分隔符"单选钮：点选该单选钮，通过值的小数分割符堆叠值。

2)"对齐运算符"单选钮：点选该单选钮，通过值的运算符堆叠值。

（3）"消零"选项组：用于控制是否禁止输出前导 0 和后续 0 以及 0 英尺和 0 英寸部分（可用 DIMTZIN 系统变量设置）。消零设置也会影响由 AutoLISP® rtos 和 angtos 函数执行的实数到字符串的转换。

1)"前导"复选框：勾选此复选框，不输出所有十进制公差标注中的前导 0。例如，0.5000 标注为.5000。

2)"后续"复选框：勾选此复选框，不输出所有十进制公差标注的后续 0。例如，12.5000 标注为 12.5，30.0000 标注为 30。

3)"0 英尺"复选框：勾选此复选框，如果长度小于 1 英尺，则消除"英尺-英寸"标注中的英尺部分。例如，0'-6 1/2"标注为 6 1/2"。

4)"0 英寸"复选框：勾选此复选框，如果长度为整英尺数，则消除"英尺-英寸"标注中的英寸部分。例如，1'-0"标注为 1'。

（4）"换算单位公差"选项组：用于对形位公差标注的替换单位进行设置，各项的设置方法与上面相同。

8.2 标注尺寸

正确地进行尺寸标注是设计绘图工作中非常重要的一个环节，AutoCAD 2013 提供了方便快捷的尺寸标注方法，可通过执行命令实现，也可利用菜单或工具按钮实现。本节重点介绍如何对各种类型的尺寸进行标注。

8.2.1 长度型尺寸标注

1. 执行方式

- 命令行：DIMLINEAR（缩写名：DIMLIN，快捷命令：DLI）。
- 菜单栏：选择菜单栏中的"标注"→"线性"命令。
- 工具栏：单击"标注"工具栏中的"线性"按钮├┤。

2. 操作步骤

命令行提示与操作如下。

命令：DIMLIN↙
指定第一个尺寸界线原点或 <选择对象>：

（1）直接按<Enter>键，光标变为拾取框，并在命令行提示如下。

> 选择标注对象：用拾取框选择要标注尺寸的线段
> 指定尺寸线位置或[多行文字(M)/文字(T)/角度(A)/水平(H)/垂直(V)/旋转(R)]：

（2）指定第一条与第二条尺寸界线的起始点。

3．选项说明

（1）指定尺寸线位置：用于确定尺寸线的位置。用户可移动鼠标选择合适的尺寸线位置，然后按<Enter>键或单击，AutoCAD 则自动测量要标注线段的长度并标注出相应的尺寸。

（2）多行文字（M）：用多行文本编辑器确定尺寸文本。

（3）文字（T）：用于在命令行提示下输入或编辑尺寸文本。选择此选项后，命令行提示如下。

> 输入标注文字 <默认值>：

其中的默认值是 AutoCAD 自动测量得到的被标注线段的长度，直接按<Enter>键即可采用此长度值，也可输入其他数值代替默认值。当尺寸文本中包含默认值时，可使用尖括号"<>"表示默认值。

（4）角度（A）：用于确定尺寸文本的倾斜角度。

（5）水平（H）：水平标注尺寸，不论标注什么方向的线段，尺寸线总保持水平放置。

（6）垂直（V）：垂直标注尺寸，不论标注什么方向的线段，尺寸线总保持垂直放置。

（7）旋转（R）：输入尺寸线旋转的角度值，旋转标注尺寸。

教你一招

线性标注有水平、垂直或对齐放置。使用对齐标注时，尺寸线将平行于两尺寸界线原点之间的直线（想象或实际）。基线（或平行）和连续（或链）标注是一系列基于线性标注的连续标注，连续标注是首尾相连的多个标注。在创建基线或连续标注之前，必须创建线性、对齐或角度标注。可从当前任务最近创建的标注中以增量方式创建基线标注。

8.2.2 实例——标注胶垫尺寸

本例首先设置标注样式，然后利用线性命令标注胶垫尺寸，如图 8-19 所示。

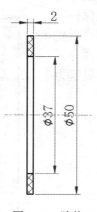

图 8-19 胶垫

01 chapter
02 chapter
03 chapter
04 chapter
05 chapter
06 chapter
07 chapter
08 chapter
09 chapter
10 chapter
11 chapter
12 chapter
13 chapter

171

操作思路

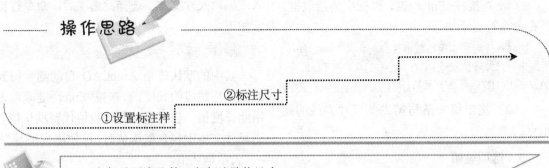

②标注尺寸

①设置标注样式

光盘\动画演示\第 8 章\标注胶垫尺寸.avi

操作步骤

（1）设置标注样式。将"尺寸标注"图层设置为当前图层；选择菜单栏中的"格式"→"标注样式"命令，系统打开如图 8-20 所示的"标注样式管理器"对话框。单击"新建"按钮，在打开的"创建新标注样式"对话框中设置"新样式"名为"机械制图"，如图 8-21 所示；单击"继续"按钮，系统打开"新建标注样式：机械制图"对话框；在如图 8-22 所示的"线"选项卡中，设置"基线间距"为 2，"超出尺寸线"为 1.25，"起点偏移量"为 0.625，其他设置保持默认；在如图 8-23 所示的"符号和箭头"选项卡中，设置箭头为"实心闭合"，"箭头大小"为 2.5，其他设置保持默认；在如图 8-24 所示的"文字"选项卡中，设置"文字高度"为 3，其他设置保持默认；在如图 8-25 所示的"主单位"选项卡中，设置"精度"为 0.0，"小数分隔符"为句点，其他设置保持默认；设置完成后单击"确定"按钮退出"新建标注样式：机械制图"对话框；在"标注样式管理器"对话框中将"机械制图"样式设置为当前样式，单击"关闭"按钮。

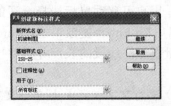

图 8-21 "创建新标注样式"对话框

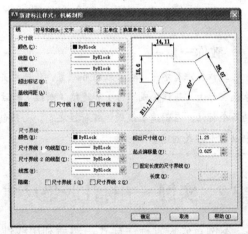

图 8-22 设置"线"选项卡

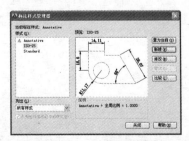

图 8-20 "标注样式管理器"对话框

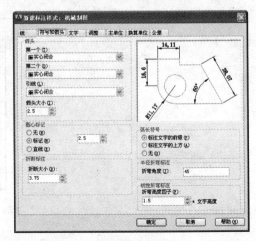

图 8-23 设置"符号和箭头"选项卡

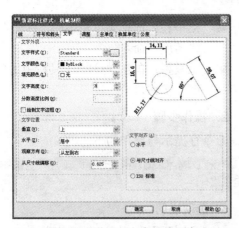

图 8-24 设置"文字"选项卡

图 8-25 设置"主单位"选项卡

（2）标注尺寸。单击"标注"工具栏中的"线性"按钮，对图形进行尺寸标注，命令行提示与操作如图 8-26、图 8-27 和图 8-28 所示。

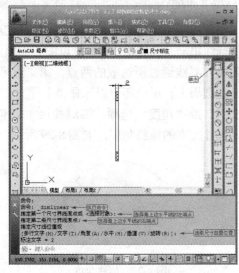

图 8-26 标注厚度尺寸"2"

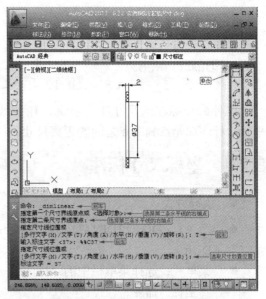

图 8-27 标注直径尺寸"ϕ37"

图 8-28 标注直径尺寸"ϕ50"

8.2.3 对齐标注

1. 执行方式

- 命令行：DIMALIGNED（快捷命令：DAL）。
- 菜单栏：选择菜单栏中的"标注"→"对齐"命令。
- 工具栏：单击"标注"工具栏中的"对齐"按钮。

01 chapter
02 chapter
03 chapter
04 chapter
05 chapter
06 chapter
07 chapter
08 chapter
09 chapter
10 chapter
11 chapter
12 chapter
13 chapter

2．操作步骤

命令行提示与操作如下。

命令：DIMALIGNED↙
指定第一个尺寸界线原点或 <选择对象>：

这种命令标注的尺寸线与所标注轮廓线平行，标注起始点到终点之间的距离尺寸。

8.2.4　坐标尺寸标注

1．执行方式

- 命令行：DIMORDINATE（快捷命令：DOR）。
- 菜单栏：选择菜单栏中的"标注"→"坐标"命令。
- 工具栏：单击"标注"工具栏中的"坐标"按钮。

2．操作步骤

命令行提示与操作如下。

命令：DIMORDINATE↙
指定点坐标：选择要标注坐标的点
指定引线端点或 [X 基准(X)/Y 基准(Y)/多行文字(M)/文字(T)/角度(A)]：

3．选项说明

（1）指定引线端点：确定另外一点，根据这两点之间的坐标差决定是生成 X 坐标尺寸还是 Y 坐标尺寸。如果这两点的 Y 坐标之差比较大，则生成 X 坐标尺寸；反之，生成 Y 坐标尺寸。

（2）X 基准（X）：生成该点的 X 坐标。

（3）Y 基准（Y）：生成该点的 Y 坐标。

（4）文字（T）：在命令行提示下，自定义标注文字，生成的标注测量值显示在尖括号（<>）中。

（5）角度（A）：修改标注文字的角度。

8.2.5　角度型尺寸标注

1．执行方式

- 命令行：DIMANGULAR（快捷命令：DAN）。

- 菜单栏：选择菜单栏中的"标注"→"角度"命令。
- 工具栏：单击"标注"工具栏中的"角度"按钮△。

2．操作步骤

命令行提示与操作如下。

命令：DIMANGULAR↙选择圆弧、圆、直线或 <指定顶点>：

3．选项说明

（1）选择圆弧：标注圆弧的中心角。当用户选择一段圆弧后，命令行提示如下。

指定标注弧线位置或 [多行文字(M)/文字(T)/角度(A)/象限点(Q)]：

在此提示下确定尺寸线的位置，AutoCAD 系统按自动测量得到的值标注出相应的角度，在此之前用户可以选择"多行文字"、"文字"或"角度"选项，通过多行文本编辑器或命令行来输入或定制尺寸文本，以及指定尺寸文本的倾斜角度

（2）选择圆：标注圆上某段圆弧的中心角。当用户选择圆上的一点后，命令行提示如下。

指定角的第二个端点：选择另一点，该点可在圆上，也可不在圆上
指定标注弧线位置或 [多行文字(M)/文字(T)/角度(A)/象限点(Q)]：

在此提示下确定尺寸线的位置，AutoCAD 系统标注出一个角度值，该角度以圆心为顶点，两条尺寸界线通过所选取的两点，第二点可以不必在圆周上。用户还可以选择"多行文字"、"文字"或"角度"选项，编辑其尺寸文本或指定尺寸文本的倾斜角度，如图 8-29 所示。

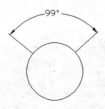

图 8-29　标注角度

（3）选择直线：标注两条直线间的夹角。当用户选择一条直线后，命令行提示如下。

> 选择第二条直线：选择另一条直线
> 指定标注弧线位置或 [多行文字(M)/文字(T)/角度(A)/象限点(Q)]：

在此提示下确定尺寸线的位置，系统自动标出两条直线之间的夹角。该角以两条直线的交点为顶点，以两条直线为尺寸界线，所标注角度取决于尺寸线的位置，如图 8-30 所示。用户还可以选择"多行文字"、"文字"或"角度"选项，编辑其尺寸文本或指定尺寸文本的倾斜角度。

图 8-30 标注两直线的夹角

（4）指定顶点：指定顶点后直接按<Enter>键，命令行提示与操作如下。

> 指定角的顶点：指定顶点
> 指定角的第一个端点：输入角的第一个端点
> 指定角的第二个端点：输入角的第二个端点，创建无关联的标注
> 指定标注弧线位置或 [多行文字(M)/文字(T)/角度(A)/象限点（Q）]：输入一点作为角的顶点

在此提示下给定尺寸线的位置，AutoCAD根据指定的三点标注出角度，如图 8-31 所示。另外，用户还可以选择"多行文字"、"文字"或"角度"选项，编辑其尺寸文本或指定尺寸文本的倾斜角度。

图 8-31 指定三点确定的角度

（5）指定标注弧线位置：指定尺寸线的位置并确定绘制延伸线的方向。指定位置之后，DIMANGULAR 命令将结束。

（6）多行文字（M）：显示在位文字编辑器，可用它来编辑标注文字。要添加前缀或后缀，请在生成的测量值前后输入前缀或后缀。用控制代码和 Unicode 字符串来输入特殊字符或符号，请参见第 7 章介绍的常用控制码。

（7）文字（T）：自定义标注文字，生成的标注测量值显示在尖括号（<>）中。命令行提示与操作如下。

> 输入标注文字 <当前>：

输入标注文字，或按<Enter>键接受生成的测量值。要包括生成的测量值，请用尖括号（<>）表示生成的测量值。

（8）角度（A）：修改标注文字的角度。

（9）象限点（Q）：指定标注应锁定到的象限。打开象限行为后，将标注文字放置在角度标注外时，尺寸线会延伸超过延伸线。

📱 教你一招

角度标注可以测量指定的象限点，该象限点是在直线或圆弧的端点、圆心或两个顶点之间对角度进行标注时形成的。创建角度标注时，可以测量 4 个可能的角度。通过指定象限点，使用户可以确保标注正确的角度。指定象限点后，放置角度标注时，用户可以将标注文字放置在标注的尺寸界线之外，尺寸线将自动延长。

8.2.6 弧长标注

1. 执行方式

- 命令行：DIMARC。
- 菜单栏：选择菜单栏中的"标注"→"弧长"命令。
- 工具栏：单击"标注"工具栏中的"弧长"按钮 。

2. 操作步骤

命令行提示与操作如下。

> 命令：DIMARC↙
> 选择弧线段或多段线弧线段：选择圆弧

01 chapter
02 chapter
03 chapter
04 chapter
05 chapter
06 chapter
07 chapter
08 chapter
09 chapter
10 chapter
11 chapter
12 chapter
13 chapter

指定弧长标注位置或 [多行文字(M)/文字(T)/角度(A)/部分(P)/引线(L)]:

3. 选项说明

（1）弧长标注位置：指定尺寸线的位置并确定延伸线的方向。

（2）多行文字（M）：显示在位文字编辑器，可用它来编辑标注文字。要添加前缀或后缀，请在生成的测量值前后输入前缀或后缀。用控制代码和 Unicode 字符串来输入特殊字符或符号，请参见第 7 章介绍的常用控制码。

（3）文字（T）：自定义标注文字，生成的标注测量值显示在尖括号（<>）中。

（4）角度（A）：修改标注文字的角度。

（5）部分（P）：缩短弧标注的长度，如图 8-32 所示。

图 8-32　部分圆弧标注

（6）引线（L）：添加引线对象，仅当圆弧（或弧线段）大于 90° 时才会显示此选项。引线是按径向绘制的，指向所标注圆弧的圆心，如图 8-33 所示。

图 8-33　引线标注圆弧

8.2.7　直径标注

1. 执行方式

- 命令行：DIMDIAMETER（快捷命令：DDI）。
- 菜单栏：选择菜单栏中的"标注"→"直径"命令。
- 工具栏：单击"标注"工具栏中的"直径"按钮⊘。

2. 操作步骤

命令行提示与操作如下。

命令: DIMDIAMETER✓
选择圆弧或圆: 选择要标注直径的圆或圆弧
指定尺寸线位置或 [多行文字(M)/文字(T)/角度(A)]: 确定尺寸线的位置或选择某一选项

用户可以选择"多行文字"、"文字"或"角度"选项来输入、编辑尺寸文本或确定尺寸文本的倾斜角度，也可以直接确定尺寸线的位置，标注出指定圆或圆弧的直径。

3. 选项说明

（1）尺寸线位置：确定尺寸线的角度和标注文字的位置。如果未将标注放置在圆弧上而导致标注指向圆弧外，则 AutoCAD 会自动绘制圆弧延伸线。

（2）多行文字（M）：显示在位文字编辑器，可用它来编辑标注文字。要添加前缀或后缀，请在生成的测量值前后输入前缀或后缀。用控制代码和 Unicode 字符串来输入特殊字符或符号，请参见第 7 章介绍的常用控制码。

（3）文字（T）：自定义标注文字，生成的标注测量值显示在尖括号（<>）中。

（4）角度（A）：修改标注文字的角度。

8.2.8　半径标注

1. 执行方式

- 命令行：DIMRADIUS（快捷命令：DRA）。
- 菜单栏：选择菜单栏中的"标注"→"半径"命令。
- 工具栏：单击"标注"工具栏中的"半径"按钮⊘。

2. 操作步骤

命令行提示与操作如下。

命令: DIMRADIUS✓
选择圆弧或圆: 选择要标注半径的圆或圆弧
指定尺寸线位置或 [多行文字(M)/文字(T)/角度(A)]: 确定尺寸线的位置或选择某一选项

用户可以选择"多行文字"、"文字"或"角度"选项来输入、编辑尺寸文本或确定尺寸文本的倾斜角度，也可以直接确定尺寸线的位置，标注出指定圆或圆弧的半径。

8.2.9 折弯标注

1. 执行方式

- 命令行：DIMJOGGED（快捷命令：DJO 或 JOG）。
- 菜单栏：选择菜单栏中的"标注"→"折弯"命令。
- 工具栏：单击"标注"工具栏中的"折弯"按钮 。

2. 操作步骤

命令行提示与操作如下。

命令: DIMJOGGED✓
选择圆弧或圆: 选择圆弧或圆

图 8-34 折弯标注

指定图示中心位置: 指定一点
标注文字 = 51.28
指定尺寸线位置或 [多行文字(M)/文字(T)/角度(A)]: 指定一点或选择某一选项
指定折弯位置: 指定折弯位置，如图 8-34 所示。

8.2.10 实例——标注胶木球尺寸

本例首先设置标注样式，然后标注线性尺寸，最后标注直径尺寸。尺寸标注流程如图 8-35 所示。

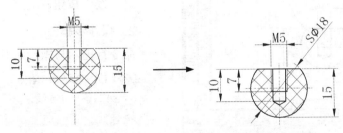

图 8-35 胶木球的尺寸标注流程图

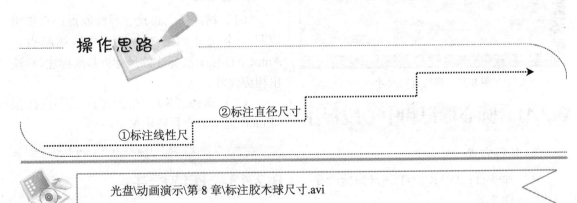

操作思路

②标注直径尺寸

①标注线性尺

光盘\动画演示\第 8 章\标注胶木球尺寸.avi

操作步骤

（1）设置标注样式。将"尺寸标注"图层设置为当前图层。按 8.1 节的方法设置标注样式。

01 chapter
02 chapter
03 chapter
04 chapter
05 chapter
06 chapter
07 chapter
08 chapter
09 chapter
10 chapter
11 chapter
12 chapter
13 chapter

（2）标注尺寸。

1）单击"标注"工具栏中的"线性"按钮![线性按钮]，标注线性尺寸，结果如图8-36所示。

2）单击"标注"工具栏中的"直径"按钮![直径按钮]，标注直径尺寸，命令行提示与操作如图8-37所示。

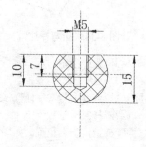

图 8-36　标注线性尺寸

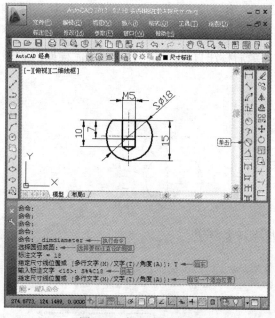

图 8-37　标注直径尺寸

8.2.11　圆心标记和中心线标注

1．执行方式

● 命令行：DIMCENTER（快捷命令：DCE）。

● 菜单栏：选择菜单栏中的"标注"→"圆心标记"命令。

● 工具栏：单击"标注"工具栏中的"圆心标记"按钮![圆心标记按钮]。

2．操作步骤

命令行提示与操作如下。

命令：DIMCENTER↙

选择圆弧或圆：选择要标注中心或中心线的圆或圆弧

8.2.12　基线标注

基线标注用于产生一系列基于同一尺寸界线的尺寸标注，适用于长度尺寸、角度和坐标标注。在使用基线标注方式之前，应该先标注出一个相关的尺寸作为基线标准。

1．执行方式

● 命令行：DIMBASELINE（快捷命令：DBA）。

● 菜单栏：选择菜单栏中的"标注"→"基线"命令。

● 工具栏：单击"标注"工具栏中的"基线"按钮![基线按钮]。

2．操作步骤

命令行提示与操作如下。

命令：DIMBASELINE↙

指定第二条尺寸界线原点或 [放弃(U)/选择(S)] <选择>：

3．选项说明

（1）指定第二条尺寸界线原点：直接确定另一个尺寸的第二条尺寸界线的起点，AutoCAD以上次标注的尺寸为基准标注，标注出相应尺寸。

（2）选择（S）：在上述提示下直接按<Enter>键，命令行提示如下。

选择基准标注：选择作为基准的尺寸标注

8.2.13　连续标注

连续标注又叫尺寸链标注，用于产生一系列连续的尺寸标注，后一个尺寸标注均把前一个标注的第二条尺寸界线作为它的第一条尺寸界线，适用于长度型尺寸、角度型和坐标标注。在使用连续标注方式之前，应该先标注出一个相关的尺寸。

1．执行方式

- 命令行：DIMCONTINUE（快捷命令：DCO）。
- 菜单栏：选择菜单栏中的"标注"→"连续"命令。
- 工具栏：单击"标注"工具栏中的"连续"按钮 ⊢⊢⊢。

2．操作步骤

命令行提示与操作如下。

```
命令：DIMCONTINUE✓
选择连续标注：
```

指定第二条尺寸界线原点或 [放弃(U)/选择(S)] <选择>：

此提示下的各选项与基线标注中完全相同，此处不再赘述。

教你一招

AutoCAD 允许用户利用基线标注方式和连续标注方式进行角度标注，如图 8-38 所示。

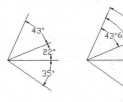

图 8-38　连续型和基线型角度标注

8.2.14　实例——标注阀杆尺寸

本例利用线性、半径、角度、基线和连续命令标注阀杆尺寸。尺寸标注流程如图 8-39 所示。

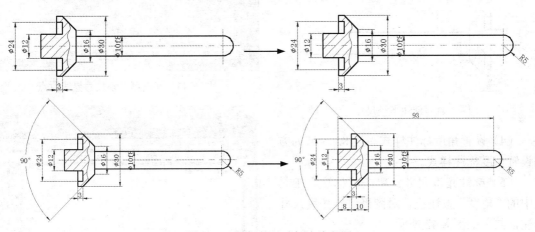

图 8-39　阀杆的尺寸标注流程图

操作思路

④标注其他尺寸
③标注角度尺寸
②标注半径尺寸
①标注线性尺寸

光盘\动画演示\第 8 章\标注阀杆尺寸.avi

01 chapter
02 chapter
03 chapter
04 chapter
05 chapter
06 chapter
07 chapter
08 chapter
09 chapter
10 chapter
11 chapter
12 chapter
13 chapter

操作步骤

（1）设置标注样式。将"尺寸标注"图层设置为当前图层，按 8.1 节的方法设置标注样式。

（2）标注线性尺寸。单击"标注"工具栏中的"线性"按钮 ⊢⊣，标注线性尺寸，结果如图 8-40 所示。

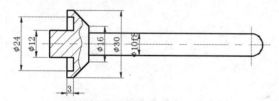

图 8-40 标注线性尺寸

（3）标注半径尺寸。单击"标注"工具栏中的"半径"按钮 ◎，标注圆弧尺寸，结果如图 8-41 所示。

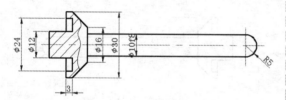

图 8-41 标注半径尺寸

（4）设置角度标注样式。按 8.2.5 节的方法设置角度标注样式。

（5）标注角度尺寸。单击"标注"工具栏中的"角度"按钮 △，对图形进行角度尺寸标注，结果如图 8-42 所示。

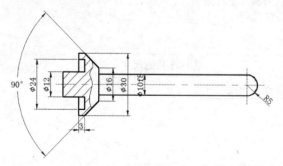

图 8-42 标注角度尺寸

（6）标注基线尺寸。先单击"标注"工

具栏中的"线性"按钮 ⊢⊣，标注线性尺寸 93，再单击"标注"工具栏中的"基线"按钮 ⊟，标注基线尺寸 8，命令行提示与操作如图 8-43 和图 8-44 所示，选择刚标注的基线标注，利用钳夹功能将尺寸线移动到合适的位置，结果如图 8-45 所示。

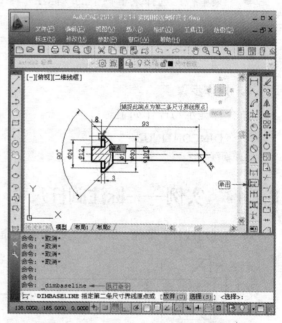

图 8-43 捕捉第二条尺寸界线原点

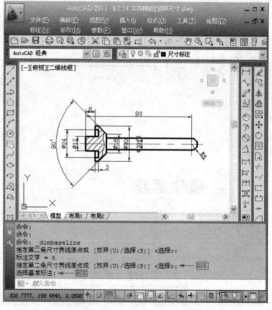

图 8-44 标注基线尺寸

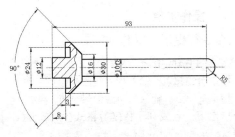

图 8-45　标注基线尺寸

（7）标注连续尺寸。单击"标注"工具栏中的"连续"按钮，标注连续尺寸 10，命令行提示与操作如图 8-46 和图 8-47 所示。

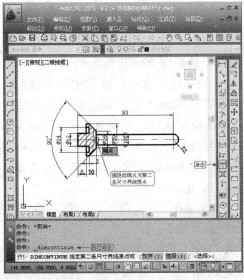

图 8-46　捕捉第二条尺寸界线原点

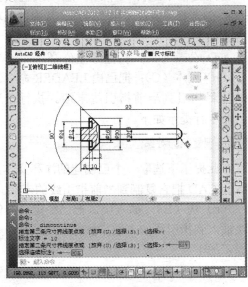

图 8-47　标注连续尺寸

8.2.15　快速尺寸标注

快速尺寸标注命令"QDIM"使用户可以交互、动态、自动化地进行尺寸标注。利用"QDIM"命令可以同时选择多个圆或圆弧标注直径或半径，也可同时选择多个对象进行基线标注和连续标注，选择一次即可完成多个标注，既节省时间，又可提高工作效率。

1．执行方式

- 命令行：QDIM。
- 菜单栏：选择菜单栏中的"标注"→"快速标注"命令。
- 工具栏：单击"标注"工具栏中的"快速标注"按钮。

2．操作步骤

命令行提示与操作如下。

命令：QDIM✓
选择要标注的几何图形：选择要标注尺寸的多个对象✓
指定尺寸线位置或 [连续(C)/并列(S)/基线(B)/坐标(O)/半径(R)/直径(D)/基准点(P)/编辑(E)/设置(T)] <连续>：

3．选项说明

（1）指定尺寸线位置：直接确定尺寸线的位置，系统在该位置按默认的尺寸标注类型标注出相应的尺寸。

（2）连续（C）：产生一系列连续标注的尺寸。在命令行输入"C"，系统提示用户选择要进行标注的对象，选择完成后按<Enter>键，返回上面的提示，给定尺寸线位置，则完成连续尺寸标注。

（3）并列（S）：产生一系列交错的尺寸标注，如图 8-48 所示。

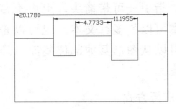

图 8-48　交错尺寸标注

（4）基线（B）：产生一系列基线标注尺寸。后面的"坐标（O）"、"半径（R）"、"直径（D）"含义与此类同。

（5）基准点（P）：为基线标注和连续标注指定一个新的基准点。

（6）编辑（E）：对多个尺寸标注进行编辑。允许对已存在的尺寸标注添加或移去尺寸点。选择此选项，命令行提示如下。

指定要删除的标注点或 [添加(A)/退出(X)] <退出>：

在此提示下确定要移去的点后按<Enter>键，系统对尺寸标注进行更新。如图 8-49 所示为图 8-48 中删除中间标注点后的尺寸标注。

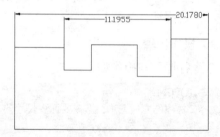

图 8-49　删除中间标注点后的尺寸标注

8.3　引线标注

AutoCAD 提供了引线标注功能,利用该功能不仅可以标注特定的尺寸,如圆角、倒角等,还可以实现在图中添加多行旁注、说明。在引线标注中指引线可以是折线,也可以是曲线,指引线端部可以有箭头,也可以没有箭头。

8.3.1　一般引线标注

LEADE 命令可以创建灵活多样的引线标注形式,可根据需要把指引线设置为折线或曲线,指引线可带箭头,也可不带箭头,注释文本可以是多行文本,也可以是形位公差,还可以从图形其他部位复制,还可以是一个图块。

1．执行方式

● 命令行：LEADER

2．操作步骤

命令行提示与操作如下。

命令: LEADER✓
指定引线起点：输入指引线的起始点
指定下一点：输入指引线的另一点
指定下一点或 [注释(A)/格式(F)/放弃(U)] <注释>：

3．选项说明

（1）指定下一点：直接输入一点，系统根据前面的点画出折线作为指引线。

（2）<注释>：输入注释文本，为默认项。在上面提示下直接按<Enter>键，命令行提示如下。

输入注释文字的第一行或 <选项>：

1）输入注释文字：在此提示下输入第一行文本后按<Enter>键，可继续输入第二行文本，如此反复执行，直到输入全部注释文本，然后在此提示下直接按<Enter>键，AutoCAD 会在指引线终端标注出所输入的多行文本，并结束 LEADER 命令。

2）如果在上面的提示下直接按<Enter>键，命令行提示如下。

输入注释选项 [公差(T)/副本(C)/块(B)/无(N)/多行文字(M)] <多行文字>：

在此提示下选择一个注释选项或直接按<Enter>键选择"多行文字"选项。其中各选项的含义如下。

（a）公差（T）：标注形位公差。

（b）副本（C）：把已由 LEADER 命令创建的注释拷贝到当前指引线末端。执行该选项，命令行提示如下。

选择要复制的对象：

在此提示下选取一个已创建的注释文本，则 AutoCAD 把它复制到当前指引线的末端。

（c）块（B）：插入块，把已经定义好的图块插入到指引线的末端。执行该选项，命令行提示如下。

输入块名或 [?]：

在此提示下输入一个已定义好的图块名，系统把该图块插入到指引线的末端。或键入"?"列出当前已有图块，用户可从中选择。

（d）无（N）：不进行注释，没有注释文本。

（e）<多行文字>：用多行文本编辑器标注注释文本并定制文本格式，为默认选项。

（3）格式（F）：确定指引线的形式。选择该项，命令行提示如下。

> 输入引线格式选项 [样条曲线(S)/直线(ST)/箭头(A)/无(N)] <退出>：

选择指引线形式，或直接按<Enter>键回到上一级提示。

1）样条曲线（S）：设置指引线为样条曲线。

2）直线（ST）：设置指引线为折线。

3）箭头（A）：在指引线的起始位置画箭头。

4）无（N）：在指引线的起始位置不画箭头。

5）<退出>：此项为默认选项，选取该项退出"格式"选项，返回"指定下一点或 [注释(A)/格式(F)/放弃(U)] <注释>:"提示，并且指引线形式按默认方式设置。

8.3.2 快速引线标注

利用 QLEADER 命令可快速生成指引线及注释，而且可以通过命令行优化对话框进行用户自定义，由此可以消除不必要的命令行提示，取得最高的工作效率。

1. 执行方式

● 命令行：QLEADER

2. 操作步骤

命令行提示与操作如下。

> 命令：QLEADER✓
> 指定第一个引线点或 [设置(S)] <设置>：

3. 选项说明

（1）指定第一个引线点：在上面的提示下确定一点作为指引线的第一点，命令行提示如下。

> 指定下一点：输入指引线的第二点
> 指定下一点：输入指引线的第三点

系统提示用户输入的点的数目由"引线设置"对话框（图 8-50）确定。输入完指引线的点后，命令行提示如下。

> 指定文字宽度 <0.0000>：输入多行文本的宽度
> 输入注释文字的第一行 <多行文字(M)>：

1）输入注释文字的第一行：在命令行输入第一行文本。命令行提示如下。

> 输入注释文字的下一行：输入另一行文本
> 输入注释文字的下一行：输入另一行文本或按<Enter>键

2）<多行文字(M)>：打开多行文字编辑器，输入编辑多行文字。直接按<Enter>键，结束QLEADER 命令并把多行文本标注在指引线的末端附近。

（2）<设置>：直接按<Enter>键或输入"S"，打开"引线设置"对话框，允许对引线标注进行设置。该对话框包含"注释"、"引线和箭头"、"附着" 3 个选项卡，下面分别进行介绍。

1）"注释"选项卡（如图 8-50 所示）：用于设置引线标注中注释文本的类型、多行文本的格式并确定注释文本是否多次使用。

图 8-50 "引线设置"对话框的"注释"选项卡

2）"引线和箭头"选项卡（如图 8-51 所示）：用于设置引线标注中指引线和箭头的形式。其中，"点数"选项组设置执行 QLEADER 命令时 AutoCAD 提示用户输入的点的数目。例如，

01 chapter
02 chapter
03 chapter
04 chapter
05 chapter
06 chapter
07 chapter
08 chapter
09 chapter
10 chapter
11 chapter
12 chapter
13 chapter

设置点数为 3，执行 QLEADER 命令时当用户在提示下指定 3 个点后，AutoCAD 自动提示用户输入注释文本。注意，设置的点数要比用户希望的指引线的段数多 1，可利用微调框进行设置。如果勾选"无限制"复选框，AutoCAD 会一直提示用户输入点直到连续按两次<Enter>键为止。"角度约束"选项组设置第一段和第二段指引线的角度约束。

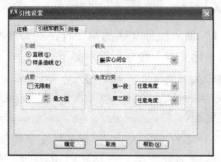

图 8-51 "引线设置"对话框的"引线和箭头"选项卡

3）"附着"选项卡（如图 8-52 所示）：用于设置注释文本和指引线的相对位置。如果最后一段指引线指向右边，系统自动把注释文本放在右侧，反之放在左侧。利用本选项卡左侧和右侧的单选钮分别设置位于左侧和右侧的注释文本与最后一段指引线的相对位置，二者可相同，也可不相同。

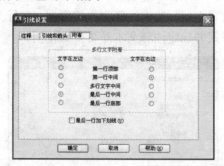

图 8-52 "引线设置"对话框的"附着"选项卡

8.3.3 多重引线标注

多重引线可创建为箭头优先、引线基线优先或内容优先。

1．执行方式

● 命令行：MLEADER

● 菜单栏：选择菜单栏中的"标注"→"多重引线"命令。

● 工具栏：单击"标注"工具栏中的"多重引线"按钮。

2．操作步骤

命令行提示与操作如下。

命令：MLEADER
指定引线箭头的位置或 [引线基线优先(L)/内容优先(C)/选项(O)] <选项>：

3．选项说明

（1）引线箭头位置：指定多重引线对象箭头的位置。

（2）引线基线优先（L）：指定多重引线对象的基线的位置。如果先前绘制的多重引线对象是基线优先，则后续的多重引线也将先创建基线（除非另外指定）。

（3）内容优先（C）：指定与多重引线对象相关联的文字或块的位置。如果先前绘制的多重引线对象是内容优先，则后续的多重引线对象也将先创建内容（除非另外指定）。

（4）选项（O）：指定用于放置多重引线对象的选项。执行该选项，命令行提示如下。

输入选项 [引线类型(L)/引线基线(A)/内容类型(C)/最大点数(M)/第一个角度(F)/第二个角度(S)/退出选项(X)]：

1）引线类型（L）：指定要使用的引线类型。执行该选项，命令行提示如下。

输入选项 [类型(T)/基线(L)]：

（a）类型（T）：指定直线、样条曲线或无引线。执行该选项，命令行提示如下。

选择引线类型 [直线(S)/样条曲线(P)/无(N)]：

（b）基线（L）：更改水平基线的距离。执行该选项，命令行提示如下。

使用基线 [是(Y)/否(N)]：

如果此时选择"否"，则不会有与多重引线对象相关联的基线。

2）内容类型（C）：指定要使用的内容类型。执行该选项，命令行提示如下。

输入内容类型 [块(B)/无(N)]:

　　(a) 块 (B)：指定图形中的块，以与新的多重引线相关联。执行该选项，命令行提示如下。

输入块名称:

　　(b) 无 (N)：指定"无"内容类型。

　　3) 最大点数 (M)：指定新引线的最大点数。

　　4) 第一个角度 (F)：约束新引线中的第一个点的角度。

　　5) 第二个角度 (S)：约束新引线中的第二个角度。执行该选项，命令行提示如下。

输入第二个角度约束或 <无>:

　　6) 退出选项 (X)：返回到第一个 MLEADER 命令提示。

8.3.4　实例——标注销轴尺寸

　　本例首先利用线性命令标注线性尺寸，然后利用引线和多重引线命令标注公差。尺寸标注流程如图 8-53 所示。

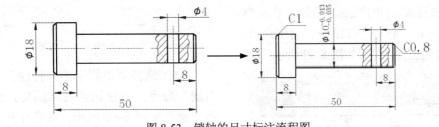

图 8-53　销轴的尺寸标注流程图

②标注公差

①标注线性尺

光盘\动画演示\第 8 章\标注销轴尺寸.avi

操作步骤

　　(1) 设置标注样式。将"尺寸标注"图层设置为当前图层，按 8.1 节的方法设置标注样式。

　　(2) 标注线性尺寸。单击"标注"工具栏中的"线性"按钮，标注线性尺寸，结果如图 8-54 所示。

　　(3) 设置公差尺寸标注样式。按 8.1 节的方法设置公差尺寸标注样式。

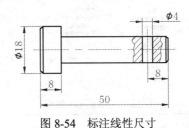

图 8-54　标注线性尺寸

01 chapter
02 chapter
03 chapter
04 chapter
05 chapter
06 chapter
07 chapter
08 chapter
09 chapter
10 chapter
11 chapter
12 chapter
13 chapter

（4）标注公差尺寸。单击"标注"工具栏中的"线性"按钮，标注公差尺寸，结果如图 8-55 所示。

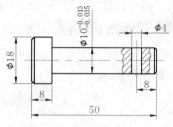

图 8-55　标注公差尺寸

（5）采用"引线"命令标注销轴左端倒角，命令行提示与操作如图 8-56 所示，引线设置如图 8-57 和图 8-58 所示。单击"修改"工具栏中的"分解"按钮，将引线标注分解。单击"修改"工具栏中的"移动"按钮，将倒角数值 C1 移动到合适位置，结果如图 8-59 所示。

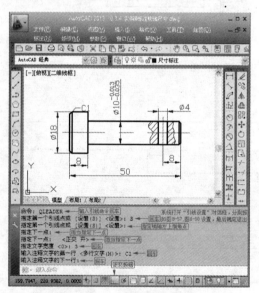

图 8-56　标注左端倒角

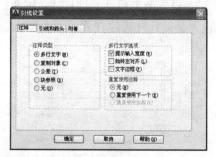

图 8-57　"引线设置"对话框的"注释"选项卡

图 8-58　"引线设置"对话框的"引线和箭头"选项卡

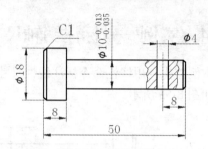

图 8-59　调整位置

（6）选择菜单栏中的"标注"→"多重引线"命令，标注销轴右端倒角，命令行提示与操作如图 8-60 所示；系统打开多行文字编辑器，输入倒角文字 C0.8，完成多重引线标注；单击"修改"工具栏中的"分解"按钮，将引线标注分解；单击"修改"工具栏中的"移动"按钮，将倒角数值 C0.8 移动到合适位置。

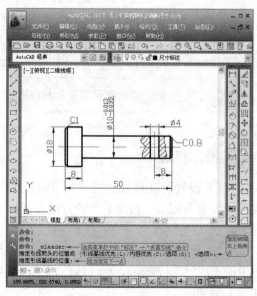

图 8-60　标注右端倒角

教你一招

对于 45° 倒角，可以标注 C*，C1 表示 1×1 的 45° 倒角。如果倒角不是 45°，就必须按常规尺寸标注的方法进行标注。

8.4 形位公差

8.4.1 形位公差标注

为方便机械设计工作，AutoCAD 提供了标注形位公差的功能。形位公差的标注形式如图 8-61 所示，包括指引线、特征符号、公差值和附加符号以及基准代号。

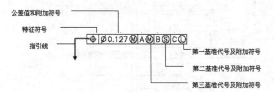

图 8-61 形位公差标注

1. 执行方式

- 命令行：TOLERANCE（快捷命令：TOL）。
- 菜单栏：选择菜单栏中的"标注"→"公差"命令。
- 工具栏：单击"标注"工具栏中的"公差"按钮 。

执行上述命令后，系统打开如图 8-62 所示的"形位公差"对话框，可通过此对话框对形位公差标注进行设置。

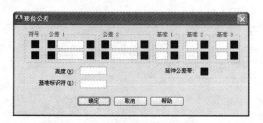

图 8-62 "形位公差"对话框

2. 选项说明

（1）符号：用于设定或改变公差代号。

单击下面的黑块，系统打开如图 8-63 所示的"特征符号"列表框，可从中选择需要的公差代号。

图 8-63 "特征符号"列表框

（2）公差 1/2：用于产生第一/二个公差的公差值及"附加符号"符号。白色文本框左侧的黑块控制是否在公差值之前加一个直径符号，单击它则出现一个直径符号，再单击则又消失。白色文本框用于确定公差值，在其中输入一个具体数值。右侧黑块用于插入"包容条件"符号，单击它则系统打开如图 8-64 所示的"附加符号"列表框，用户可从中选择所需符号。

图 8-64 "附加符号"列表框

（3）基准 1/2/3：用于确定第一/二/三个基准代号及材料状态符号。在白色文本框中输入一个基准代号。单击其右侧的黑块，系统打开"包容条件"列表框，可从中选择适当的"包容条件"符号。

（4）"高度"文本框：用于确定标注复合形位公差的高度。

（5）延伸公差带：单击此黑块，在复合公差带后面加一个复合公差符号，如图 8-65（d）所示，其他形位公差标注如图 8-65 所示的例图。

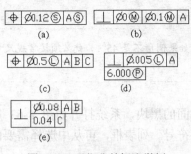

图 8-65　形位公差标注举例

（6）"基准标识符"文本框：用于产生一个标识符号，用一个字母表示。

教你一招

在"形位公差"对话框中有两行可以同时对形位公差进行设置，可实现复合形位公差的标注。如果两行中输入的公差代号相同，则得到如图 8-65(e) 所示的形式。

8.4.2　实例——标注轴的尺寸

本例打开轴图形首先标注基本尺寸，接着标注尺寸公差，最后标注形位公差。尺寸标注流程如图 8-66 所示。

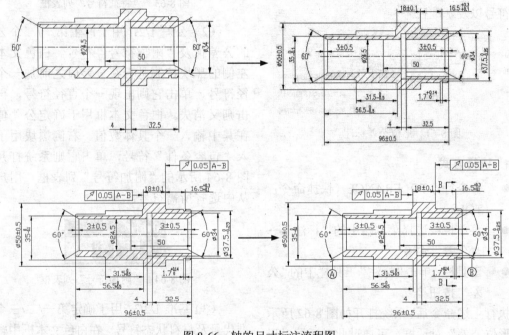

图 8-66　轴的尺寸标注流程图

操作思路

①标注基本尺寸
②标注尺寸公差
③标注形位公差

光盘\动画演示\第 8 章\标注轴的尺寸.avi

 **操作步骤**

（1）单击"图层"工具栏中的"图层特性管理器"按钮，打开"图层特性管理器"选项板，单击"新建图层"按钮，设置如图 8-67 所示的图层。

（2）单击"标准"工具栏中的"打开"按钮，打开轴图形，将其复制粘贴到文件中，如图 8-68 所示。

图 8-67 图层设置

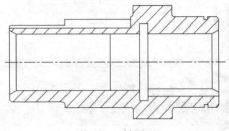

图 8-68 轴图形

（3）设置尺寸标注样式。在系统默认的 ISO-25 标注样式中，设置"箭头大小"为"3"，"文字高度"为"4"，"文字对齐"方式为"与尺寸线对齐"，"精度"设为"0.0"，其他选项设置如图 8-69 所示。

（4）标注基本尺寸。如图 8-70 所示，图中包括 3 个线性尺寸、两个角度尺寸和两个直径尺寸，而实际上这两个直径尺寸也是按线性尺寸的标注方法进行标注的；然后按下状态栏中的"对象捕捉"按钮。

注线性尺寸 32.5、50、φ34、φ24.5。

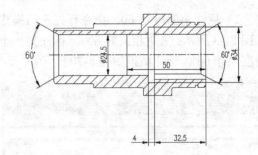

图 8-70 标注基本尺寸

图 8-69 设置尺寸标注样式

1）标注线性尺寸 4，命令行提示与操作如图 8-71 和图 8-72 所示；采用相同的方法，标

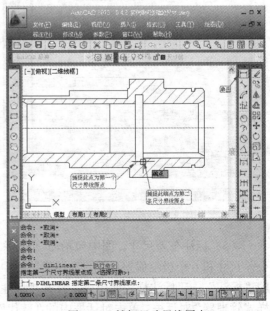

图 8-71 捕捉尺寸界线原点

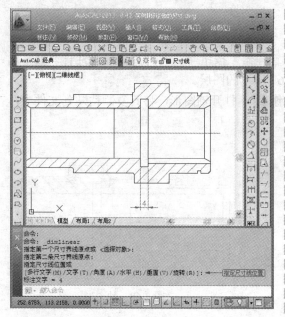

图 8-72　标注尺寸 4

2）标注角度尺寸 60，命令行提示与操作如图 8-73 所示。采用相同的方法，标注另一个角度尺寸 60°，标注结果如图 8-70 所示。

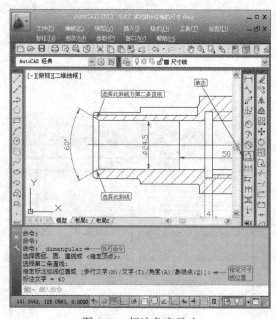

图 8-73　标注角度尺寸

（5）标注公差尺寸。图中包括 5 个对称公差尺寸和 6 个极限偏差尺寸，选择菜单栏中的"标注"→"标注样式"命令，打开"标注样式管理器"对话框；单击对话框中的"替代"

按钮，打开"替代当前样式"对话框，单击"公差"选项卡，按每一个尺寸公差的不同进行替代设置，如图 8-74 所示；替代设定后，进行尺寸标注，命令行提示与操作如图 8-75 和图 8-76 所示，对公差按尺寸要求进行替代设置。采用相同的方法，对标注样式进行替代设置，然后标注线性公差尺寸 35、3、31.5、56.5、96、18、3、1.7、16.5、ϕ37.5，标注结果如图 8-77 所示。

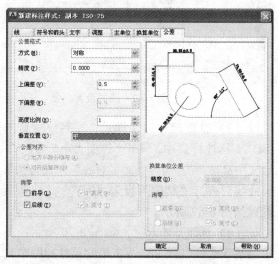

图 8-74　"公差"选项卡

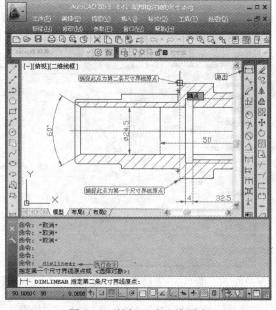

图 8-75　捕捉尺寸界线原点

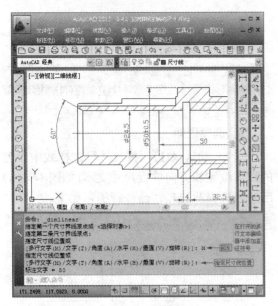

图 8-76 替代尺寸

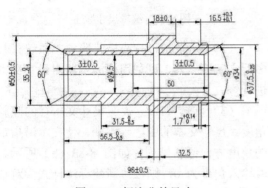

图 8-77 标注公差尺寸

（6）标注形位公差。

1）单击"标注"工具栏中的"公差"按钮，打开"形位公差"对话框，进行如图 8-78 所示的设置，确定后在图形上指定放置位置。

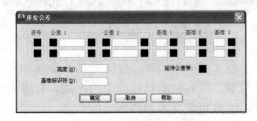

图 8-78 "形位公差"对话框

2）标注引线，命令行提示与操作如图 8-79 和图 8-80 所示。采用相同的方法，标注另一个形位公差，标注结果如图 8-81 所示。

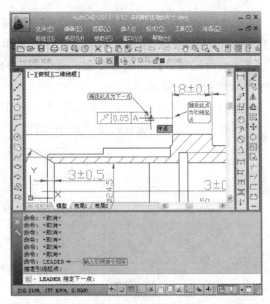

图 8-79 捕捉引线的点

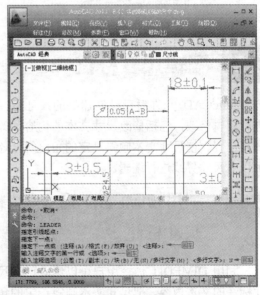

图 8-80 标注引线

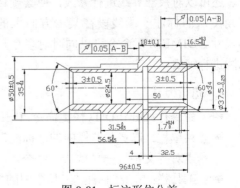

图 8-81 标注形位公差

（7）标注形位公差基准。形位公差的基准可以通过引线标注命令和绘图命令以及单行文字命令绘制，此处不再赘述，最后完成的标注结果如图 8-82 所示。

（8）保存文件。单击"标准"工具栏中的"保存"按钮，保存标注的图形文件。

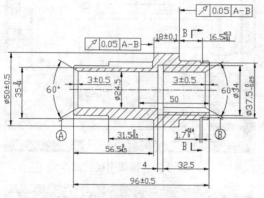

图 8-82　结果图

8.5　编辑尺寸标注

AutoCAD 允许对已经创建好的尺寸标注进行编辑修改，包括修改尺寸文本的内容、改变其位置、使尺寸文本倾斜一定的角度等，还可以对尺寸界线进行编辑。

8.5.1　利用 DIMEDIT 命令编辑尺寸标注

利用 DIMEDIT 命令用户可以修改已有尺寸标注的文本内容、把尺寸文本倾斜一定的角度，还可以对尺寸界线进行修改，使其旋转一定角度从而标注一段线段在某一方向上的投影尺寸。DIMEDIT 命令可以同时对多个尺寸标注进行编辑。

1. 执行方式

- 命令行：DIMEDIT（快捷命令：DED）。
- 菜单栏：选择菜单栏中的"标注"→"对齐文字"→"默认"命令。
- 工具栏：单击"标注"工具栏中的"编辑标注"按钮。

2. 操作步骤

命令行提示与操作如下。

命令：DIMEDIT✓
输入标注编辑类型 [默认(H)/新建(N)/旋转(R)/倾斜(O)] <默认>：

3. 选项说明

（1）默认（H）：按尺寸标注样式中设置的默认位置和方向放置尺寸文本，如图8-83(a)所示。选择此选项，命令行提示如下。

选择对象：选择要编辑的尺寸标注

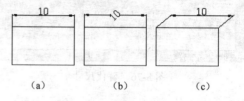

（a）　　　（b）　　　（c）

图 8-83　编辑尺寸标注

（2）新建（N）：选择此选项，系统打开多行文字编辑器，可利用此编辑器对尺寸文本进行修改。

（3）旋转（R）：改变尺寸文本行的倾斜角度。尺寸文本的中心点不变，使文本沿指定的角度方向倾斜排列，如图 8-83（b）所示。若输入角度为 0，则按"新建标注样式"对话框"文字"选项卡中设置的默认方向排列。

（4）倾斜（O）：修改长度型尺寸标注的尺寸界线，使其倾斜一定角度，与尺寸线不垂直，如图8-83（c）所示。

8.5.2　利用 DIMTEDIT 命令编辑尺寸标注

利用 DIMTEDIT 命令可以改变尺寸文本的位置，使其位于尺寸线上的左端、右端或中间，而且可使文本倾斜一定的角度。

1. 执行方式

- 命令行：DIMTEDIT（快捷命令：DIMTED）。
- 菜单栏：选择菜单栏中的"标注"→

"对齐文字"→除"默认"命令外的其他命令。

● 工具栏：单击"标注"工具栏中的"编辑标注文字"按钮 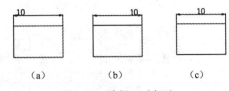。

2．操作步骤

命令行提示与操作如下。

命令：DIMTEDIT↙
选择标注：选择一个尺寸标注
指定标注文字的新位置或 [左(L)/右(R)/中心(C)/默认(H)/角度(A)]：

3．选项说明

（1）指定标注文字的新位置：更新尺寸文本的位置，用鼠标把文本拖到新的位置。

（2）左（L）/右（R）：使尺寸文本沿尺寸线向左（右）对齐，如图 8-84（a）、（b）所示。此选项只对长度型、半径型、直径型尺寸标注起作用。

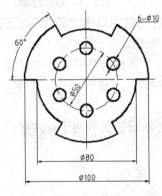

图 8-84　编辑尺寸标注

（3）中心（C）：把尺寸文本放在尺寸线上的中间位置，如图 8-84（c）所示。

（4）默认（H）：把尺寸文本按默认位置放置。

（5）角度（A）：改变尺寸文本行的倾斜角度。

8.6　上机操作

【实例 1】标注如图 8-85 所示的垫片尺寸。

图 8-85　垫片

1．目的要求

本例有线性、直径、角度 3 种尺寸需要标注，由于具体尺寸的要求不同，需要重新设置和转换尺寸标注样式。通过本例，要求读者掌握各种标注尺寸的基本方法。

2．操作提示

（1）利用"文字样式"命令设置文字样式和标注样式，为后面的尺寸标注输入文字做准备。

（2）利用"线性"命令标注垫片图形中的线性尺寸。

（3）利用"直径"命令标注垫片图形中的直径尺寸，其中需要重新设置标注样式。

（4）利用"角度"命令标注垫片图形中的角度尺寸，其中需要重新设置标注样式。

01 chapter
02 chapter
03 chapter
04 chapter
05 chapter
06 chapter
07 chapter
08 chapter
09 chapter
10 chapter
11 chapter
12 chapter
13 chapter

193

【实例2】 为如图 8-86 所示的阀盖尺寸设置标注样式。

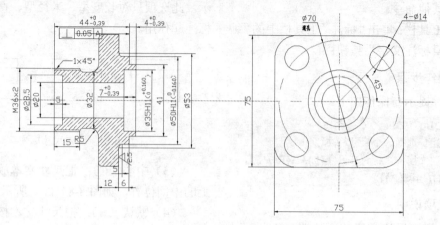

图 8-86　阀盖

1．目的要求

设置标注样式是标注尺寸的首要工作。一般可以根据图形的复杂程度和尺寸类型的多少，决定设置几种尺寸标注样式。本例要求针对图 8-86 所示的阀盖设置 3 种尺寸标注样式。分别用于普通线性标注、带公差的线性标注以及角度标注。

2．操作提示

（1）利用"标注样式"命令，打开"标注样式管理器"对话框。

（2）在"标注样式管理器"对话框中单击"新建"按钮，打开"创建新标注样式"对话框，在"新样式名"文本框中输入新样式名。

（3）单击"继续"按钮，打开"新建标注样式"对话框。

（4）在对话框的各个选项卡中进行直线和箭头、文字、调整、主单位、换算单位和公差的设置。

（5）确认退出。采用相同的方法设置另外两个标注样式。

第9章

辅助绘图工具

在设计绘图过程中经常会遇到一些重复出现的图形，例如机械设计中的螺钉、螺母，建筑设计中的桌椅、门窗等，如果每次都重新绘制这些图形，不仅造成大量的重复工作，而且存储这些图形及其信息也要占据很大的磁盘空间。图块提出了模块化作图的问题，这样不仅避免了大量的重复工作，提高了绘图速度，而且可以大大节省磁盘空间。AutoCAD 2013 设计中心也提供了观察和重用设计内容的强大工具，用它可以浏览系统内部的资源，还可以从 Internet 上下载有关内容。本章主要介绍图块及其属性以及设计中心的应用、工具选项板的使用等知识。

- ◆ 掌握图块操作
- ◆ 学习图块属性
- ◆ 了解设计中心的应用
- ◆ 熟练使用工具选项板

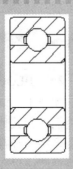
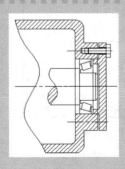
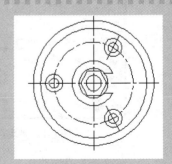

9.1 图块操作

图块也称块，它是由一组图形对象组成的集合，一组对象一旦被定义为图块，它们将成为一个整体，选中图块中任意一个图形对象即可选中构成图块的所有对象。AutoCAD 把一个图块作为一个对象进行编辑修改等操作，用户可根据绘图需要把图块插入到图中指定的位置，在插入时还可以指定不同的缩放比例和旋转角度。如果需要对组成图块的单个图形对象进行修改，还可以利用"分解"命令把图块炸开，分解成若干个对象。图块还可以重新定义，一旦被重新定义，整个图中基于该块的对象都将随之改变。

9.1.1 定义图块

1. 执行方式

- 命令行：BLOCK（快捷命令：B）。
- 菜单栏：选择菜单栏中的"绘图"→"块"→"创建"命令。
- 工具栏：单击"绘图"工具栏中的"创建块"按钮 ⚐。

执行上述命令后，系统打开如图 9-1 所示的"块定义"对话框，利用该对话框可定义图块并为之命名。

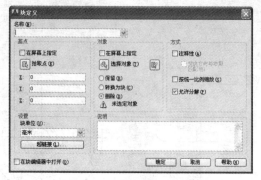

图 9-1 "块定义"对话框

2. 选项说明

（1）"基点"选项组：确定图块的基点，默认值是（0,0,0），也可以在下面的 X、Y、Z 文本框中输入块的基点坐标值。单击"拾取点"按钮 ⚐，系统临时切换到绘图区，在绘图区选择一点后，返回"块定义"对话框，把选择的点作为图块的放置基点。

（2）"对象"选项组：用于选择制作图块的对象，以及设置图块对象的相关属性。如图 9-2 所示，把图（a）中的正五边形定义为图块，图（b）为点选"删除"单选钮的结果，图（c）为点选"保留"单选钮的结果。

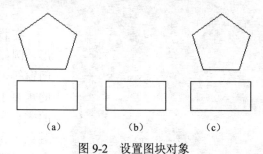

| (a) | (b) | (c) |

图 9-2 设置图块对象

（3）"设置"选项组：指定从 AutoCAD 设计中心拖动图块时用于测量图块的单位，以及缩放、分解和超链接等设置。

（4）"在块编辑器中打开"复选框：勾选此复选框，可以在块编辑器中定义动态块，后面将详细介绍。

（5）"方式"选项组：指定块的行为。

1）"注释性"复选框：指定在图纸空间中块参照的方向与布局方向匹配。

2）"按统一比例缩放"复选框：指定是否阻止块参照不按统一比例缩放。

3）"允许分解"复选框：指定块参照是否可以被分解。

9.1.2 图块的存盘

利用 BLOCK 命令定义的图块保存在其所属的图形中，该图块只能在该图形中插入，而不能插入到其他的图形中。但是有些图块在许多图形中要经常用到，这时可以用 WBLOCK 命令把图块以图形文件的形式（后缀为.dwg）写入磁盘。图形文件可以在任意图形中用 INSERT 命令插入。

1．执行方式

● 命令行：WBLOCK（快捷命令：W）。

执行上述命令后，系统打开"写块"对话框，如图 9-3 所示，利用此对话框可以把图形对象保存为图形文件或把图块转换成图形文件。

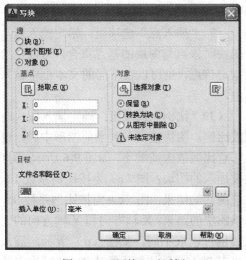

图 9-3　"写块"对话框

2．选项说明

（1）"源"选项组：确定要保存为图形文件的图块或图形对象。点选"块"单选钮，单击右侧的下拉列表框，在其展开的列表中选择一个图块，将其保存为图形文件；点选"整个图形"单选钮，则把当前的整个图形保存为图形文件；点选"对象"单选钮，则把不属于图块的图形对象保存为图形文件。对象的选择通过"对象"选项组来完成。

（2）"目标"选项组：用于指定图形文件的名称、保存路径和插入单位。

9.1.3　实例——非门符号图块

本例将如图 9-4 所示的非门图形定义为图块，取名为"非门符号"，并保存。

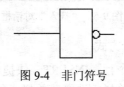

图 9-4　非门符号

操作思路

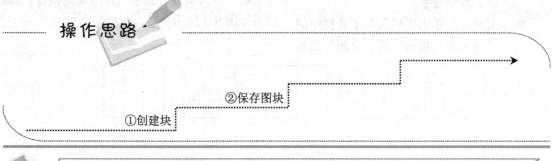

②保存图块

①创建块

光盘\动画演示\第 9 章\非门符号图块.avi

操作步骤

（1）单击"绘图"工具栏中的"创建块"按钮📇，打开"块定义"对话框。

（2）在"名称"下拉列表框中输入"非门符号"。

（3）单击"拾取"按钮，切换到绘图区，选择最右端直线的右端点为插入基点，返回"块定义"对话框。

（4）单击"选择对象"按钮📇，切换到绘图区，选择图 9-4 中的对象后，按<Enter>键返回"块定义"对话框，单击"确定"按钮，关闭对话框。

（5）在命令行输入"WBLOCK"命令，按回车键后，系统打开"写块"对话框，在"源"选项组中点选"块"单选钮，在右侧的下拉列表框中选择"非门符号"块，并进行其他相关设置，单击"确定"按钮退出。

01 chapter

02 chapter

03 chapter

04 chapter

05 chapter

06 chapter

07 chapter

08 chapter

09 chapter

10 chapter

11 chapter

12 chapter

13 chapter

9.1.4 图块的插入

在 AutoCAD 绘图过程中，可根据需要随时把已经定义好的图块或图形文件插入到当前图形的任意位置，在插入的同时还可以改变图块的大小、旋转一定角度或把图块炸开等。插入图块的方法有多种，本节将逐一进行介绍。

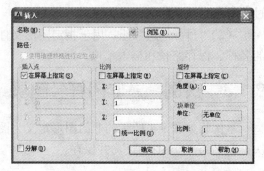

图 9-5 "插入"对话框

1. 执行方式

- 命令行：INSERT（快捷命令：I）。
- 菜单栏：选择菜单栏中的"插入"→"块"命令。
- 工具栏：单击"插入"工具栏中的"插入块"按钮 或"绘图"工具

栏中的"插入块"按钮 。

执行上述命令后，系统打开"插入"对话框，如图 9-5 所示，可以指定要插入的图块及插入位置。

2. 选项说明

（1）"路径"显示框：显示图块的保存路径。

（2）"插入点"选项组：指定插入点，插入图块时该点与图块的基点重合。可以在绘图区指定该点，也可以在下面的文本框中输入坐标值。

（3）"比例"选项组：确定插入图块时的缩放比例。图块被插入到当前图形中时，可以以任意比例放大或缩小。如图 9-6 所示，图（a）是被插入的图块；图（b）为按比例系数 1.5 插入该图块的结果；图（c）为按比例系数 0.5 插入该图块的结果；X 轴方向和 Y 轴方向的比例系数也可以取不同，如图（d）所示，插入的图块 X 轴方向的比例系数为 1，Y 轴方向的比例系数为 1.5。另外，比例系数还可以是一个负数，当为负数时表示插入图块的镜像，其效果如图 9-7 所示。

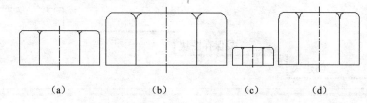

(a)　　　　(b)　　　　(c)　　　　(d)

图 9-6 取不同比例系数插入图块的效果

  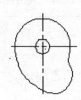

X 比例=1，Y 比例=1　　X 比例=-1，Y 比例=1　　X 比例=1，Y 比例=-1　　X 比例=-1，Y 比例=-1

图 9-7 取比例系数为负值插入图块的效果

（4）"旋转"选项组：指定插入图块时的旋转角度。图块被插入到当前图形中时，可以绕其基点旋转一定的角度，角度可以是正数（表示沿逆时针方向旋转），也可以是负数（表示沿顺时针方向旋转）。如图 9-8（a）所示，图 9-8（b）为图块旋转 30° 后插入的效果，图 9-8（c）为图块旋转-30° 后插入的效果。

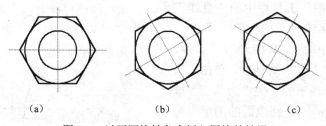

| (a) | (b) | (c) |

图 9-8　以不同旋转角度插入图块的效果

如果勾选"在屏幕上指定"复选框，系统切换到绘图区，在绘图区选择一点，AutoCAD 自动测量插入点与该点连线和 X 轴正方向之间的夹角，并把它作为块的旋转角。也可以在"角度"文本框中直接输入插入图块时的旋转角度。

（5）"分解"复选框：勾选此复选框，则在插入块的同时把其炸开，插入到图形中的组成块对象不再是一个整体，可对每个对象单独进行编辑操作。

9.1.5　实例——标注粗糙度符号

本例首先利用直线命令绘制粗糙度符号，将粗糙度符号保存为块，最后利用插入块命令将粗糙度图块插入到适当位置。标注流程如图 9-9 所示。

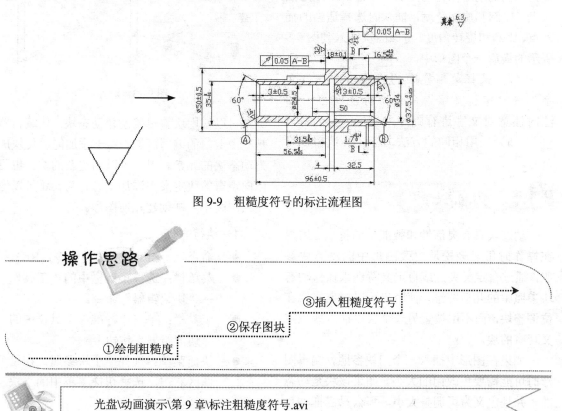

图 9-9　粗糙度符号的标注流程图

操作思路

①绘制粗糙度　②保存图块　③插入粗糙度符号

光盘\动画演示\第 9 章\标注粗糙度符号.avi

01 chapter
02 chapter
03 chapter
04 chapter
05 chapter
06 chapter
07 chapter
08 chapter
09 chapter
10 chapter
11 chapter
12 chapter
13 chapter

操作步骤

（1）单击"绘图"工具栏中的"直线"按钮 ✏，绘制如图 9-10 所示的粗糙度符号。

（2）在命令行中输入"WBLOCK"命令，按<Enter>键，打开"写块"对话框。单击"拾取点"按钮 🔲，选择图形的下尖点为基点，单击"选择对象"按钮 🔲，选择上面的图形为对象，输入图块名称并指定路径保存图块，单击"确定"按钮退出。

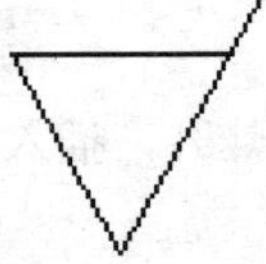

图 9-10　绘制粗糙度符号

（3）单击"绘图"工具栏中的"插入块"按钮 🔲，打开"插入"对话框。单击"浏览"按钮，找到刚才保存的图块，在绘图区指定插入点、比例和旋转角度，插入时选择适当的插入点、比例和旋转角度，将该图块插入到图 9-9 所示的最后一个图形中。

（4）选择菜单栏中的"绘图"→"文字"→"单行文字"命令，标注文字，标注时注意对文字进行旋转。

（5）采用相同的方法，标注其他粗糙度符号。

9.1.6　动态块

动态块具有灵活性和智能性的特点。用户在操作时可以轻松地更改图形中的动态块参照，通过自定义夹点或自定义特性来操作动态块参照中的几何图形，使用户可以根据需要在位调整块，而不用搜索另一个块以插入或重定义现有的块。

如果在图形中插入一个门块参照，编辑图形时可能需要更改门的大小。如果该块是动态的，并且定义为可调整大小，那么只需拖动自定义夹点或在"特性"选项板中指定不同的大

小就可以修改门的大小，如图 9-11 所示。用户可能还需要修改门的打开角度，如图 9-12 所示。该门块还可能会包含对齐夹点，使用对齐夹点可以轻松地将门块参照与图形中的其他几何图形对齐，如图 9-13 所示。

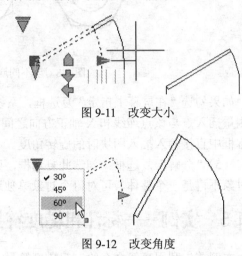

图 9-11　改变大小

图 9-12　改变角度

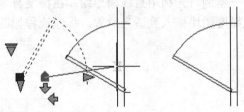

图 9-13　对齐

可以使用块编辑器创建动态块。块编辑器是一个专门的编写区域，用于添加能够使块成为动态块的元素。用户可以创建新的块，也可以向现有的块定义中添加动态行为，还可以像在绘图区中一样创建几何图形。

1．执行方式

● 命令行：BEDIT（快捷命令：BE）。

● 菜单栏：选择菜单栏中的"工具"→"块编辑器"命令。

● 工具栏：单击"标准"工具栏中的"块编辑器"按钮 🔲。

● 快捷菜单：选择一个块参照，在绘图区右击，选择快捷菜单中的"块编辑器"命令。

执行上述命令后，系统打开"编辑块定义"对话框，如图 9-14 所示，在"要创建或编辑的块"文本框中输入图块名或在列表框中选择已定义的块或当前图形。确认后，系统打开块编写选项板和"块编辑器"工具栏，如图 9-15 所示。

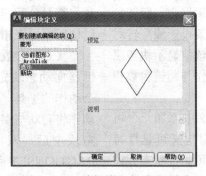

图 9-14　"编辑块定义"对话框

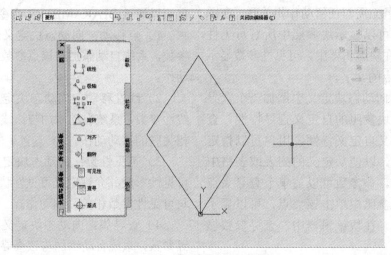

图 9-15　块编辑状态绘图平面

2. 选项说明

块编写选项板中各个选项含义如下。

（1）"参数"选项卡：提供用于向块编辑器的动态块定义中添加参数的工具。参数用于指定几何图形在块参照中的位置、距离和角度。将参数添加到动态块定义中时，该参数将定义块的一个或多个自定义特性。此选项卡也可以通过 BPARAMETER 命令打开。

1）点：向当前动态块定义中添加点参数，并定义块参照的自定义 X 和 Y 特性。可以将移动或拉伸动作与点参数相关联。

2）线性：向当前动态块定义中添加线性参数，并定义块参照的自定义距离特性。可以将移动、缩放、拉伸或阵列动作与线性参数相关联。

3）极轴：向当前的动态块定义中添加极轴参数，并定义块参照的自定义距离和角度特性。可以将移动、缩放、拉伸、极轴拉伸或阵列动作与极轴参数相关联。

4）XY：向当前动态块定义中添加 XY 参数，并定义块参照的自定义水平距离和垂直距离特性。可以将移动、缩放、拉伸或阵列动作与 XY 参数相关联。

5）旋转：向当前动态块定义中添加旋转参数，并定义块参照的自定义角度特性。只能将一个旋转动作与一个旋转参数相关联。

6）对齐：向当前的动态块定义中添加对齐参数。因为对齐参数影响整个块，所以不需

01 chapter
02 chapter
03 chapter
04 chapter
05 chapter
06 chapter
07 chapter
08 chapter
09 chapter
10 chapter
11 chapter
12 chapter
13 chapter

201

要（或不可能）将动作与对齐参数相关联。

7）翻转：向当前的动态块定义中添加翻转参数，并定义块参照的自定义翻转特性。翻转参数用于翻转对象。在块编辑器中，翻转参数显示为投影线，可以围绕这条投影线翻转对象。翻转参数将显示一个值，该值显示块参照是否已被翻转。可以将翻转动作与翻转参数相关联。

8）可见性：向动态块定义中添加一个可见性参数，并定义块参照的自定义可见性特性。可见性参数允许用户创建可见性状态并控制对象在块中的可见性。可见性参数总是应用于整个块，并且无需与任何动作相关联。在图形中单击夹点可以显示块参照中所有可见性状态的列表。在块编辑器中，可见性参数显示为带有关联夹点的文字。

9）查寻：向动态块定义中添加一个查寻参数，并定义块参照的自定义查寻特性。查寻参数用于定义自定义特性，用户可以指定或设置该特性，以便从定义的列表或表格中计算出某个值。该参数可以与单个查寻夹点相关联，在块参照中单击该夹点，可以显示可用值的列表。在块编辑器中，查寻参数显示为文字。

10）基点：向动态块定义中添加一个基点参数。基点参数用于定义动态块参照相对于块中几何图形的基点。点参数无法与任何动作相关联，但可以属于某个动作的选择集。在块编辑器中，基点参数显示为带有十字光标的圆。

（2）"动作"选项卡：提供用于向块编辑器的动态块定义中添加动作的工具。动作定义了在图形中操作块参照的自定义特性时，动态块参照的几何图形将如何移动或变化。应将动作与参数相关联。此选项卡也可以通过 BACTIONTOOL 命令打开。

1）移动：在用户将移动动作与点参数、线性参数、极轴参数或 XY 参数关联时，将该动作添加到动态块定义中。移动动作类似于 MOVE 命令。在动态块参照中，移动动作将使对象移动指定的距离和角度。

2）查寻：向动态块定义中添加一个查寻动作。将查寻动作添加到动态块定义中，并将其与查寻参数相关联时，创建一个查寻表。可以使用查寻表指定动态块的自定义特性和值。

（3）"参数集"选项卡：提供用于在块编辑器向动态块定义中添加一个参数和至少一个动作的工具。将参数集添加到动态块中时，动作将自动与参数相关联。将参数集添加到动态块中后，双击黄色警示图标 （或使用 BACTIONSET 命令），然后按照命令行中的提示将动作与几何图形选择集相关联。此选项卡也可以通过 BPARAMETER 命令打开。

1）点移动：向动态块定义中添加一个点参数，系统自动添加与该点参数相关联的移动动作。

2）线性移动：向动态块定义中添加一个线性参数，系统自动添加与该线性参数的端点相关联的移动动作。

3）可见性集：向动态块定义中添加一个可见性参数并允许定义可见性状态，无需添加与可见性参数相关联的动作。

4）查寻集：向动态块定义中添加一个查寻参数，系统自动添加与该查寻参数相关联的查寻动作。

（4）"约束"选项卡：可将几何对象关联在一起，或指定固定的位置或角度。

1）水平：使直线或点对位于与当前坐标系 X 轴平行的位置，默认选择类型为对象。

2）竖直：使直线或点对位于与当前坐标系 Y 轴平行的位置。

3）垂直：使选定的直线位于彼此垂直的位置。垂直约束在两个对象之间应用。

4）平行：使选定的直线位于彼此平行的位置。平行约束在两个对象之间应用。

5）相切：将两条曲线约束为保持彼此相切或其延长线保持彼此相切的状态。相切约束在两个对象之间应用。圆可以与直线相切，即使该圆与该直线不相交。

6）平滑：将样条曲线约束为连续，并与其他样条曲线、直线、圆弧或多段线保持连续性。

7）重合：约束两个点使其重合，或约束一个点使其位于曲线（或曲线的延长线）上。可以使对象上的约束点与某个对象重合，也可以使其与另一对象上的约束点重合。

8）同心：将两个圆弧、圆或椭圆约束到同一个中心点，与将重合约束应用于曲线的中心点所产生的效果相同。

9）共线：使两条或多条直线段沿同一直线方向。

10）对称：使选定对象受对称约束，相对于选定直线对称。

11）相等：将选定圆弧和圆的尺寸重新调整为半径相同，或将选定直线的尺寸重新调整为长度相等。

12）固定：将点和曲线锁定在位。

"块编辑器"工具栏中各个选项含义如下。

（1）"编辑或创建块定义"按钮 ：单击该按钮，打开"编辑块定义"对话框。

（2）"保存块定义"按钮 ：保存当前块定义。

（3）"将块另存为"按钮 ：单击该按钮，打开"将块另存为"对话框，可以在其中用一个新名称保存当前块定义的副本。

（4）"块定义的名称"按钮：显示当前块定义的名称。

（5）"测试块"按钮 ：运行 BTESTBLOCK 命令，可从块编辑器中打开一个外部窗口以测试动态块。

（6）"自动约束对象"按钮 ：运行 AUTOCONSTRAIN 命令，可根据对象相对于彼此的方向将几何约束应用于对象的选择集。

（7）"应用几何约束"按钮 ：运行 GEOMCONSTRAINT 命令，可在对象或对象上的点之间应用几何关系。

（8）"显示/隐藏约束栏"按钮 ：运行 CONSTRAINTBAR 命令，可显示或隐藏对象

上的可用几何约束。

（9）"参数约束"按钮 ：运行 BCPARAMETER 命令，可将约束参数应用于选定的对象，或将标注约束转换为参数约束。

（10）"块表"按钮 ：运行 BTABLE 命令，可打开一个对话框以定义块的变量。

（11）"参数"按钮 ：运行 BPARAMETER 命令，可向动态块定义中添加参数。

（12）"动作"按钮 ：运行 BACTION 命令，可向动态块定义中添加动作。

（13）"定义属性"按钮 ：单击该按钮，打开"属性定义"对话框，从中可以定义模式、属性标记、提示、值、插入点和属性的文字选项。

（14）"编写选项板"按钮 ：编写选项板处于未激活状态时执行 BAUTHORPALETTE 命令；否则，将执行 BAUTHORPALETTECLOSE 命令。

（15）"参数管理器"按钮 ：参数管理器处于未激活状态时执行 PARAMETERS 命令；否则，将执行 PARAMETERSCLOSE 命令。

（16）"了解动态块"按钮 ：显示"新功能专题研习"中创建动态块的演示。

（17）"关闭块编辑器"按钮：运行 BCLOSE 命令，可关闭块编辑器，并提示用户保存或放弃对当前块定义所做的任何更改。

（18）"可见性模式"按钮 ：设置 BVMODE 系统变量，可以使当前可见性状态下不可见的对象变暗或隐藏。

（19）"使可见"按钮 ：运行 BVSHOW 命令，可以使对象在当前可见性状态或所有可见性状态下均可见。

（20）"使不可见"按钮 ：运行 BVHIDE 命令，可以使对象在当前可见性状态或所有可见性状态下均不可见。

（21）"管理可见性状态"按钮 ：单击该按钮，打开"可见性状态"对话框，从中可以创建、删除、重命名和设置当前可见性状态。在列表框中选择一种状态，右击并选择快捷菜

01 chapter
02 chapter
03 chapter
04 chapter
05 chapter
06 chapter
07 chapter
08 chapter
09 chapter
10 chapter
11 chapter
12 chapter
13 chapter

单中"新状态"命令,打开"新建可见性状态"对话框,可以设置可见性状态。

(22)"可见性状态"按钮:指定显示在块编辑器中的当前可见性状态。

教你一招

在动态块中,由于属性的位置包括在动作的选择集中,因此必须将其锁定。

9.1.7 实例——利用动态块功能标注粗糙度符号

本例利用动态块功能标注图 9-9 所示图形中的粗糙度符号。

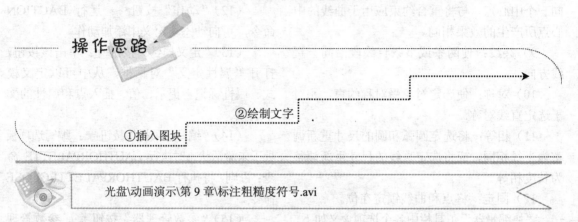

操作思路

②绘制文字

①插入图块

光盘\动画演示\第 9 章\标注粗糙度符号.avi

操作步骤

(1)单击"绘图"工具栏中的"插入块"按钮,在屏幕上指定设置插入点和比例,旋转角度为固定的任意值。单击"浏览"按钮,找到保存的粗糙度图块,在绘图区指定插入点和比例,将该图块插入到如图 9-16 所示的图形中。

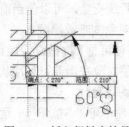

图 9-16 插入粗糙度符号

(2)在当前图形中选择插入的图块,系统显示图块的动态旋转标记,选中该标记,按住鼠标左键拖动,直到图块旋转到满意的位置为止,如图 9-17 所示。

(3)选择菜单栏中的"绘图"→"文

字"→"多行文字"命令进行文字标注,标注时注意对文字进行旋转。

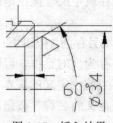

图 9-17 插入结果

(4)同样利用插入图块的方法标注其他粗糙度。

9.2 图块属性

图块除了包含图形对象以外,还可以具有非图形信息,例如把一个椅子的图形定义为图块后,还可把椅子的号码、材料、重量、价格以及说明等文本信息一并加入到图块当中。图块的这些非图形信息,叫做图块的属性,它是图块的一个组成部分,与图形对象一起构成一个整体，在插入图块时 AutoCAD 把图形对象连同属性一起插入到图形中。

9.2.1　定义图块属性

1. 执行方式

- 命令行：ATTDEF（快捷命令：ATT）。
- 菜单栏：选择菜单栏中的"绘图"→"块"→"定义属性"命令。

执行上述命令后，打开"属性定义"对话框，如图 9-18 所示。

图 9-18　"属性定义"对话框

2. 选项说明

（1）"模式"选项组：用于确定属性的模式。

1）"不可见"复选框：勾选此复选框，属性为不可见显示方式，即插入图块并输入属性值后，属性值在图中并不显示出来。

2）"固定"复选框：勾选此复选框，属性值为常量，即属性值在属性定义时给定，在插入图块时系统不再提示输入属性值。

3）"验证"复选框：勾选此复选框，当插入图块时，系统重新显示属性值提示用户验证该值是否正确。

4）"预设"复选框：勾选此复选框，当插入图块时，系统自动把事先设置好的默认值赋予属性，而不再提示输入属性值。

5）"锁定位置"复选框：锁定块参照中属性的位置。解锁后，属性可以相对于使用夹点编辑块的其他部分移动，并且可以调整多行文

字属性的大小。

6）"多行"复选框：勾选此复选框，可以指定属性值包含多行文字，可以指定属性的边界宽度。

（2）"属性"选项组：用于设置属性值。在每个文本框中，AutoCAD 允许输入不超过 256 个字符。

1）"标记"文本框：输入属性标签。属性标签可由除空格和感叹号以外的所有字符组成，系统自动把小写字母改为大写字母。

2）"提示"文本框：输入属性提示。属性提示是插入图块时系统要求输入属性值的提示，如果不在此文本框中输入文字，则以属性标签作为提示。如果在"模式"选项组中勾选"固定"复选框，即设置属性为常量，则不需设置属性提示。

3）"默认"文本框：设置默认的属性值。可把使用次数较多的属性值作为默认值，也可不设默认值。

（3）"插入点"选项组：用于确定属性文本的位置。可以在插入时由用户在图形中确定属性文本的位置，也可在 X、Y、Z 文本框中直接输入属性文本的位置坐标。

（4）"文字设置"选项组：用于设置属性文本的对齐方式、文本样式、字高和倾斜角度。

（5）"在上一个属性定义下对齐"复选框：勾选此复选框表示把属性标签直接放在前一个属性的下面，而且该属性继承前一个属性的文本样式、字高和倾斜角度等特性。

9.2.2　修改属性的定义

在定义图块之前，可以对属性的定义加以修改，不仅可以修改属性标签，还可以修改属性提示和属性默认值。修改属性定义的方式有以下几种。

- 命令行：DDEDIT（快捷命令：ED）。
- 菜单栏：选择菜单栏中的"修改"→"对象"→"文字"→"编辑"命令。

01 chapter
02 chapter
03 chapter
04 chapter
05 chapter
06 chapter
07 chapter
08 chapter
09 chapter
10 chapter
11 chapter
12 chapter
13 chapter

205

执行上述命令后，打开"编辑属性定义"对话框，如图 9-19 所示。该对话框表示要修改属性的标记为"文字"，提示为"数值"，无默认值，可在各文本框中对各项进行修改。

图 9-19   "编辑属性定义"对话框

9.2.3   图块属性编辑

当属性被定义到图块当中，甚至图块被插入到图形当中之后，用户还可以对图块属性进行编辑。利用 ATTEDIT 命令可以通过对话框对指定图块的属性值进行修改，利用 ATTEDIT 命令不仅可以修改属性值，而且可以对属性的位置、文本等其他设置进行编辑。

1. 执行方式

● 命令行：ATTEDIT（快捷命令：ATE）。
● 菜单栏：选择菜单栏中的"修改" → "对象" → "属性" → "单个"命令。
● 工具栏：单击"修改 II"工具栏中的"编辑属性"按钮 。

2. 操作步骤

命令行提示与操作如下。

命令：ATTEDIT✓
选择块参照：

执行上述命令后，光标变为拾取框，选择要修改属性的图块，系统打开如图 9-20 所示的"编辑属性"对话框。对话框中显示出所选图块中包含的前 8 个属性的值，用户可对这些属性值进行修改。如果该图块中还有其他的属性，可单击"上一个"和"下一个"按钮对它们进行观察和修改。

当用户通过菜单栏或工具栏执行上述命令时，系统打开"增强属性编辑器"对话框，如图 9-21 所示。该对话框不仅可以编辑属性

值，还可以编辑属性的文字选项和图层、线型、颜色等特性值。

图 9-20   "编辑属性"对话框 1

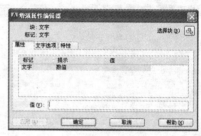

图 9-21   "增强属性编辑器"对话框

另外，还可以通过"块属性管理器"对话框来编辑属性。选择菜单栏中的"修改" → "对象" → "属性" → "块属性管理器"命令，系统打开"块属性管理器"对话框，如图 9-22 所示。单击"编辑"按钮，系统打开"编辑属性"对话框，如图 9-23 所示，可以通过该对话框编辑属性。

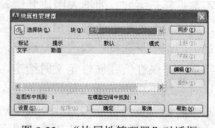

图 9-22   "块属性管理器"对话框

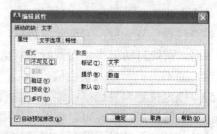

图 9-23   "编辑属性"对话框 2

9.2.4　实例——将粗糙度数值设置成图块并重新标注

本例首先利用直线命令绘制粗糙度符号，然后定义粗糙度属性，将其保存为图块，最后利用插入块命令将图块插入到适当位置。

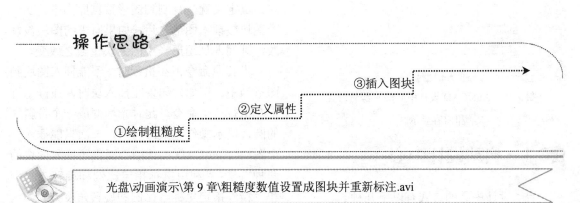

操作思路

③插入图块
②定义属性
①绘制粗糙度

光盘\动画演示\第 9 章\粗糙度数值设置成图块并重新标注.avi

　操作步骤

（1）单击"绘图"工具栏中的"直线"按钮，绘制粗糙度符号。

（2）选择菜单栏中的"绘图"→"块"→"定义属性"命令，系统打开"属性定义"对话框，进行如图 9-24 所示的设置，其中插入点为粗糙度符号水平线的中点，单击"确定"按钮退出。

图 9-24　"属性定义"对话框

（3）在命令行中输入"WBLOCK"命令，按<Enter>键，打开"写块"对话框。单击"拾取点"按钮，选择图形的下尖点为基点，单击"选择对象"按钮，选择上面的图形为对象，输入图块名称并指定路径保存图块，单击"确定"按钮退出。

（4）单击"绘图"工具栏中的"插入块"按钮，打开"插入"对话框。单击"浏览"按钮，找到保存的粗糙度图块，在绘图区指定插入点、比例和旋转角度，将该图块插入到绘图区的任意位置，这时，命令行会提示输入属性，并要求验证属性值，此时输入粗糙度数值 1.6，就完成了一个粗糙度的标注。

（5）继续插入粗糙度图块，输入不同属性值作为粗糙度数值，直到完成所有粗糙度标注。

9.3　设计中心

使用 AutoCAD 设计中心可以很容易地组织设计内容，并把它们拖动到自己的图形中。可以使用 AutoCAD 设计中心窗口的内容显示框，来观察用 AutoCAD 设计中心资源管理器所浏览资源的细目，如图 9-25 所示。在该图中，左侧方框为 AutoCAD 设计中心的资源管理器，右侧方框为 AutoCAD 设计中心的内容显示框。其中上面窗口为文件显示框，中间窗口为图形预览显示框，下面窗口为说明文本显示框。

01 chapter
02 chapter
03 chapter
04 chapter
05 chapter
06 chapter
07 chapter
08 chapter
09 chapter
10 chapter
11 chapter
12 chapter
13 chapter

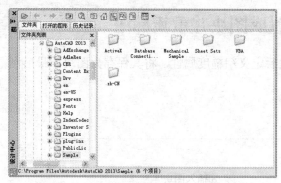

图 9-25　AutoCAD 设计中心的资源管理器

和内容显示区

9.3.1　启动设计中心

启动设计中心的方式有以下几种。

● 命令行：ADCENTER（快捷命令：ADC）。

● 菜单栏：选择菜单栏中的"工具"→"选项板"→"设计中心"命令。

● 工具栏：单击"标准"工具栏中的"设计中心"按钮██。

● 快捷键：按<Ctrl>＋<2>键。

执行上述命令后，系统打开"设计中心"选项板。第一次启动设计中心时，默认打开的选项卡为"文件夹"选项卡。内容显示区采用大图标显示，左边的资源管理器采用树状显示方式显示系统的树形结构，浏览资源的同时，在内容显示区显示所浏览资源的有关细目或内容，如图 9-25 所示。

可以利用鼠标拖动边框的方法来改变AutoCAD 设计中心资源管理器和内容显示区以及 AutoCAD 绘图区的大小，但内容显示区的最小尺寸应能显示两列大图标。

如果要改变 AutoCAD 设计中心的位置，可以按住鼠标左键拖动它，松开鼠标左键后，AutoCAD 设计中心便处于当前位置，到新位置后，仍可用鼠标改变各窗口的大小。也可以通过设计中心边框左上方的"自动隐藏"按钮██来自动隐藏设计中心。

9.3.2　插入图块

在利用 AutoCAD 绘制图形时，可以将图块插入到图形当中。将一个图块插入到图形中时，块定义就被复制到图形数据库当中。在一个图块被插入图形之后，如果原来的图块被修改，则插入到图形当中的图块也随之改变。

当其他命令正在执行时，不能插入图块到图形当中。例如，如果在插入块时，在提示行正在执行一个命令，此时光标变成一个带斜线的圆，提示操作无效。另外，一次只能插入一个图块。AutoCAD 设计中心提供了插入图块的两种方法："利用鼠标指定比例和旋转方式"和"精确指定坐标、比例和旋转角度方式"。

1.　利用鼠标指定比例和旋转方式插入图块

系统根据光标拉出的线段长度、角度确定比例与旋转角度，插入图块的步骤如下。

（1）从文件夹列表或查找结果列表中选择要插入的图块，按住鼠标左键，将其拖动到打开的图形中。松开鼠标左键，此时选择的对象被插入到当前被打开的图形当中。利用当前设置的捕捉方式，可以将对象插入到任何存在的图形当中。

（2）在绘图区单击指定一点作为插入点，移动鼠标，光标位置点与插入点之间距离为缩放比例，单击确定比例。采用同样的方法移动鼠标，光标指定位置和插入点的连线与水平线的夹角为旋转角度。被选择的对象就根据光标指定的比例和角度插入到图形当中。

2.　精确指定坐标、比例和旋转角度方式插入图块

利用该方法可以设置插入图块的参数，插入图块的步骤如下。

（1）从文件夹列表或查找结果列表框中选择要插入的对象，拖动对象到打开的图形中。

（2）右击，可以选择快捷菜单中的"缩放"、"旋转"等命令，如图 9-26 所示。

（3）在相应的命令行提示下输入比例和旋转角度等数值，被选择的对象根据指定的参数插入到图形当中。

图 9-26　快捷菜单

9.3.3　图形复制

1．在图形之间复制图块

利用 AutoCAD 设计中心可以浏览和装载需要复制的图块，然后将图块复制到剪贴板中，再利用剪贴板将图块粘贴到图形当中，具体方法如下。

（1）在"设计中心"选项板选择需要复制的图块，右击并选择快捷菜单中的"复制"命令。

（2）将图块复制到剪贴板上，然后通过"粘贴"命令粘贴到当前图形上。

2．在图形之间复制图层

利用 AutoCAD 设计中心可以将任何一个图形的图层复制到其他图形。如果已经绘制了一个包括设计所需的所有图层的图形，在绘制新图形的时候，可以新建一个图形，并通过AutoCAD 设计中心将已有的图层复制到新的图形当中，这样可以节省时间，并保证图形间的一致性。现对图形之间复制图层的两种方法介绍如下。

（1）拖动图层到已打开的图形。确认要复制图层的目标图形文件被打开，并且是当前的图形文件。在"设计中心"选项板中选择要复制的一个或多个图层，按住鼠标左键拖动图层到打开的图形文件，松开鼠标后被选择的图层即被复制到打开的图形当中。

（2）复制或粘贴图层到打开的图形。确认要复制图层的图形文件被打开，并且是当前的图形文件。在"设计中心"选项板中选择要复制的一个或多个图层，右击并选择快捷菜单中的"复制"命令。如果要粘贴图层，确认粘贴的目标图形文件被打开，并为当前文件。

9.4　工具选项板

"工具选项板"中的选项卡提供了组织、共享和放置块及填充图案的有效方法。"工具选项板"还可以包含由第三方开发人员提供的自定义工具。

9.4.1　打开工具选项板

打开工具选项板的方式有以下几种。
- 命令行：TOOLPALETTES（快捷命令：TP）。
- 菜单栏：选择菜单栏中的"工具"→"选项板"→"工具选项板"命令。
- 工具栏：单击"标准"工具栏中的"工具选项板窗口"按钮。
- 快捷键：按<Ctrl>＋<3>键。

执行上述命令后，系统自动打开工具选项板，如图 9-27 所示。

图 9-27　工具选项板

在工具选项板中,系统设置了一些常用图形选项卡,这些常用图形可以方便用户绘图。

教你一招

在绘图中还可以将常用命令添加到工具选项板中。"自定义"对话框打开后,就可以将工具按钮从工具栏拖到工具选项板中,或将工具从"自定义用户界面(CUI)"编辑器拖到工具选项板中。

9.4.2 新建工具选项板

用户可以创建新的工具选项板,这样有利于个性化作图,也能够满足特殊作图需要。新建工具选项板的方式有以几种。

● 命令行:CUSTOMIZE。

● 菜单栏:选择菜单栏中的"工具"→"自定义"→"工具选项板"命令。

● 工具选项板:右击"工具选项板"中的"特性"按钮,在打开的快捷菜单中选择"自定义选项板"命令。

执行上述命令后,系统打开"自定义"对话框,如图 9-28 所示。在"选项板"列表框中右击,打开快捷菜单,如图 9-29 所示,选择"新建选项板"命令,在"选项板"列表框中出现一个"新建选项板",可以为新建的工具选项板命名,确定后,工具选项板中就增加了一个新的选项卡,如图 9-30 所示。

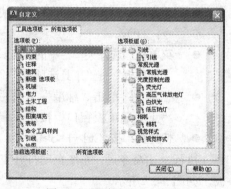

图 9-28 "自定义"对话框

图 9-29 选择"新建选项板"命令

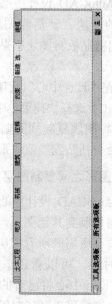

图 9-30 新建选项卡

9.4.3 向工具选项板中添加内容

将图形、块和图案填充从设计中心拖动到工具选项板中。

例如,在 Designcenter 文件夹上右击,系统打开快捷菜单,选择"创建块的工具选项板"命令,如图 9-31(a)所示。设计中心中储存的图元就出现在工具选项板中新建的 Designcenter

選項卡上，如圖 9-31（b）所示，這樣就可以將設計中心與工具選項板結合起來，創建一個快捷方便的工具選項板。將工具選項板中的圖形拖動到另一個圖形中時，圖形將作為塊插入。

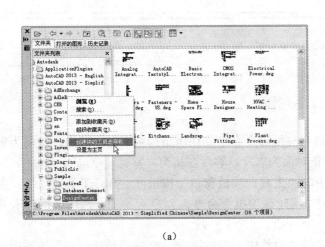

（a）　　　　　　　　　　　　（b）

图 9-31　将储存图元创建成"设计中心"工具选项板

9.4.4　实例——绘制居室布置平面图

本例首先在工具选项板中建立新的选项板"住房"，然后将设计中心用到的图块拖到"住房"选项板中，最后将图块拖到居室布置平面图中，如图 9-32 所示。

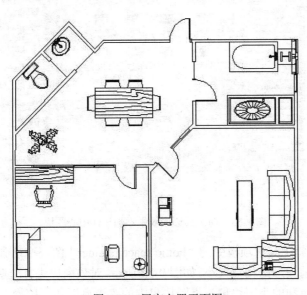

图 9-32　居室布置平面图

211

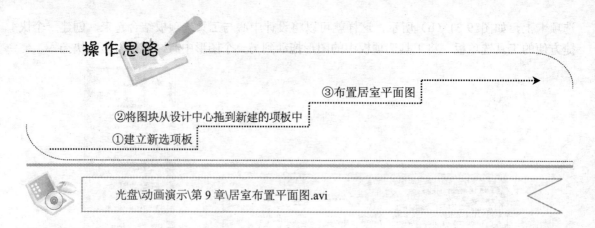

操作思路

③布置居室平面图

②将图块从设计中心拖到新建的项板中

①建立新选项板

光盘\动画演示\第9章\居室布置平面图.avi

操作步骤

（1）利用前面学过的绘图命令与编辑命令绘制住房结构截面图。其中，进门为餐厅，左手边为厨房，右手边为卫生间，正对面为客厅，客厅左边为寝室。

（2）单击"标准"工具栏中的"工具选项板窗口"按钮▤，打开工具选项板。在工具选项板中右击，选择快捷菜单中的"新建选项板"命令，创建新的工具选项板选项卡并命名为"住房"。

（3）单击"标准"工具栏中的"设计中心"按钮▦，打开"设计中心"选项板，将设计中心中的"kitchens"、"house designer"、"home space planner"图块拖动到工具选项板的"住房"选项卡中，如图9-33所示。

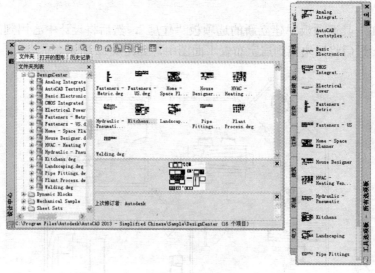

图9-33　向工具选项板中添加设计中心图块

（4）布置餐厅。将工具选项板中的"home space planner"图块拖动到当前图形中，利用缩放命令调整图块与当前图形的相对大小，如图9-34所示。对该图块进行分解操作，将"home space planner"图块分解成单独的小图块集。将图块集中的"饭桌"和"植物"图块拖动到餐厅适当的位置，如图9-35所示。

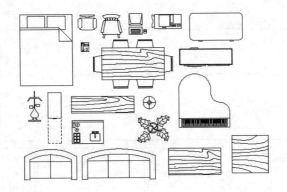

图 9-34 将 "home space planner" 图块拖动到当前图形

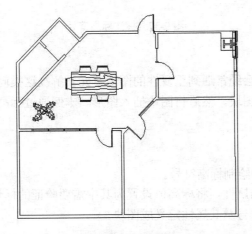

图 9-35 布置餐厅

（5）采用相同的方法，布置居室其他房间。结果如图 9-36 所示。

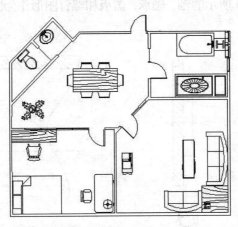

图 9-36 居室布置平面图

9.5 上机操作

【实例 1】标注如图 9-37 所示穹顶展览馆立面图形的标高符号。

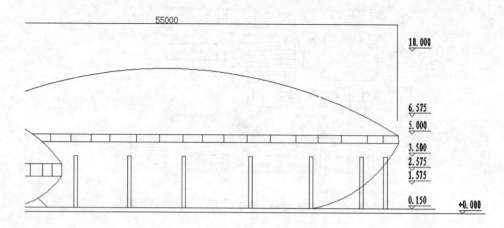

图 9-37　标注标高符号

1．目的要求

在实际绘图过程中，会经常遇到重复性的图形单元。解决这类问题最简单快捷的办法是将重复性的图形单元制作成图块，然后将图块插入图形。本例通过标高符号的标注，使读者掌握图块相关的操作。

2．操作提示

（1）利用"直线"命令绘制标高符号。

（2）定义标高符号的属性，将标高值设置为其中需要验证的标记。

（3）将绘制的标高符号及其属性定义成图块。

（4）保存图块。

（5）在建筑图形中插入标高图块，每次插入时输入不同的标高值作为属性值。

【实例2】将如图 9-38（a）所示的轴、轴承、盖板和螺钉图形作为图块插入到图 9-38（b）中，完成箱体组装图。

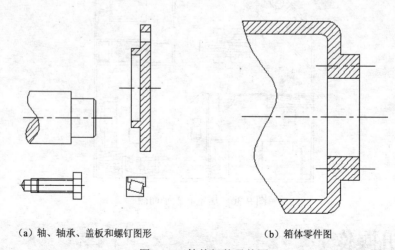

（a）轴、轴承、盖板和螺钉图形　　　　　　　　（b）箱体零件图

图 9-38　箱体组装零件图

1．目的要求

组装图是机械制图中最重要也是最复杂的图形。为了保持零件图与组装图的一致性，同时减少一些常用零件的重复绘制，经常采用图块插入的形式。本例通过组装零件图，使读者掌握图块相关命令的使用方法与技巧。

2．操作提示

（1）将图 9-38（a）中的盖板零件图定义为图块并保存。

（2）打开绘制好的箱体零件图，如图 9-38（b）所示。

（3）利用"插入块"命令，将步骤（1）中定义好的图块设置相关参数，插入到箱体零件图中。最终形成的组装图如图 9-39 所示。

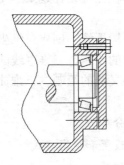

图 9-39　箱体组装图

【实例 3】利用工具选项板绘制如图 9-40 所示的图形。

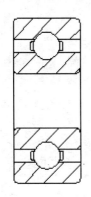

图 9-40　绘制图形

1．目的要求

工具选项板最大的优点是简捷、方便、集中，读者可以在某个专门工具选项板上组织需要的素材，快速简便地绘制图形。通过本例图形的绘制，使读者掌握怎样灵活利用工具选项板进行快速绘图。

2．操作提示

（1）打开工具选项板，在工具选项板的"机械"选项卡中选择"滚珠轴承"图块，插入到新建空白图形，通过快捷菜单进行缩放。

（2）利用"图案填充"命令对图形剖面进行填充。

【实例 4】利用设计中心创建一个常用机械零件工具选项板，并利用该选项板绘制如图 9-41 所示的盘盖组装图。

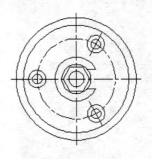

图 9-41　盘盖组装图

1．目的要求

设计中心与工具选项板的优点是能够建立一个完整的图形库，并且能够快速简洁地绘制图形。通过本例组装图形的绘制，使读者掌握利用设计中心创建工具选项板的方法。

2．操作提示

（1）打开设计中心与工具选项板。

（2）创建一个新的工具选项板选项卡。

（3）在设计中心查找已经绘制好的常用机械零件图。

（4）将查找到的常用机械零件图拖入到新创建的工具选项板选项卡中。

（5）打开一个新图形文件。

（6）将需要的图形文件模块从工具选项板上拖入到当前图形中，并进行适当的缩放、移动、旋转等操作，最终完成如图 9-41 所示的图形。

01 chapter
02 chapter
03 chapter
04 chapter
05 chapter
06 chapter
07 chapter
08 chapter
09 chapter
10 chapter
11 chapter
12 chapter
13 chapter

215

第 10 章

绘制与编辑三维表面

随着 AutoCAD 技术的普及，越来越多的工程技术人员在使用 AutoCAD 进行工程设计。虽然在工程设计中，通常都使用二维图形来描述三维实体，但是由于三维图形的逼真效果，可以通过三维立体图直接得到透视图或平面效果图。因此，计算机三维设计越来越受到工程技术人员的青睐。

本章主要介绍三维坐标系统、创建三维坐标系、动态观察三维图形、三维点的绘制、三维直线的绘制、三维构造线的绘制、三维多义线的绘制、三维曲面的绘制等知识。

- ◆ 了解三维模型的分类
- ◆ 学习视图的显示设置和观察模式
- ◆ 学习三维曲面的编辑
- ◆ 熟练掌握三维点、面和三维面的绘制

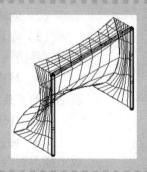
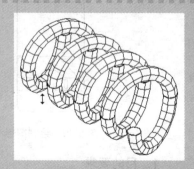

10.1　三维坐标系统

AutoCAD 2013 使用的是笛卡儿坐标系。其使用的直角坐标系有两种类型，一种是世界坐标系（WCS），另一种是用户坐标系（UCS）。绘制二维图形时，常用的坐标系，即世界坐标系（WCS），由系统默认提供。世界坐标系又称通用坐标系或绝对坐标系，对于二维绘图来说，世界坐标系足以满足要求。为了方便创建三维模型，AutoCAD 2013 允许用户根据自己的需要设定坐标系，即用户坐标系（UCS），合理地创建 UCS，可以方便地创建三维模型。

10.1.1　坐标系设置

1．执行方式

- 命令行：UCSMAN（快捷命令：UC）。
- 菜单栏：选择菜单栏中的"工具"→"命名 UCS"命令。
- 工具栏：单击"UCS II"工具栏中的"命名 UCS"按钮 。

执行上述命令后，系统打开如图 10-1 所示的"UCS"对话框。

图 10-1　"UCS"对话框

2．选项说明

（1）"命名 UCS"选项卡：该选项卡用于显示已有的 UCS、设置当前坐标系，如图 10-1 所示。

在"命名 UCS"选项卡中，用户可以将世界坐标系、上一次使用的 UCS 或某一命名的 UCS 设置为当前坐标。其具体方法是：从列表框中选择某一坐标系，单击"置为当前"按钮。还可以利用选项卡中的"详细信息"按钮，了解指定坐标系相对于某一坐标系的详细信息。其具体步骤是：单击"详细信息"按钮，系统打开如图 10-2 所示的"UCS 详细信息"对话框，该对话框详细说明了用户所选坐标系的原点及 X、Y 和 Z 轴的方向。

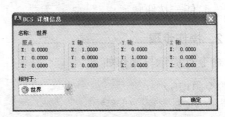

图 10-2　"UCS 详细信息"对话框

（2）"正交 UCS"选项卡：该选项卡用于将 UCS 设置成某一正交模式，如图 10-3 所示。其中，"深度"列用来定义用户坐标系 XY 平面上的正投影与通过用户坐标系原点平行平面之间的距离。

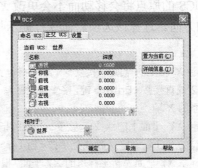

图 10-3　"正交 UCS"选项卡

（3）"设置"选项卡：该选项卡用于设置 UCS 图标的显示形式、应用范围等，如图 10-4 所示。

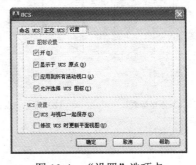

图 10-4　"设置"选项卡

01 chapter
02 chapter
03 chapter
04 chapter
05 chapter
06 chapter
07 chapter
08 chapter
09 chapter
10 chapter
11 chapter
12 chapter
13 chapter

217

10.1.2 创建坐标系

1．执行方式

- 命令行：UCS。
- 菜单栏：选择菜单栏中的"工具"→"新建 UCS"命令。
- 工具栏：单击"UCS"工具栏中的任一按钮。

2．操作步骤

命令行提示与操作如下。

命令：UCS✓
当前 UCS 名称：*世界*
指定 UCS 的原点或 [面(F)/命名(NA)/对象(OB)/上一个(P)/视图(V)/世界(W)/X/Y/Z/Z 轴(ZA)] <世界>：

3．选项说明

（1）指定 UCS 的原点：使用一点、两点或三点定义一个新的 UCS。如果指定单个点 1，当前 UCS 的原点将会移动而不会更改 X、Y 和 Z 轴的方向。选择该选项，命令行提示与操作如下。

指定 X 轴上的点或 <接受>：继续指定 X 轴通过的点 2 或直接按<Enter>键，接受原坐标系 X 轴为新坐标系的 X 轴
指定 XY 平面上的点或 <接受>：继续指定 XY 平面通过的点 3 以确定 Y 轴或直接按<Enter>键，接受原坐标系 XY 平面为新坐标系的 XY 平面，根据右手法则，相应的 Z 轴也同时确定

示意图如图 10-5 所示。

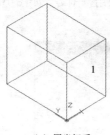
（a）原坐标系

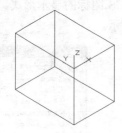
（b）指定一点

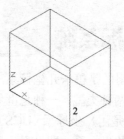
（c）指定两点

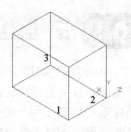
（d）指定三点

图 10-5　指定原点

（2）面（F）：将 UCS 与三维实体的选定面对齐。要选择一个面，请在此面的边界内或面的边上单击，被选中的面将亮显，UCS 的 X 轴将与找到的第一个面上最近的边对齐。选择该选项，命令行提示与操作如下。

选择实体对象的面：选择面
输入选项 [下一个(N)/X 轴反向(X)/Y 轴反向(Y)] <接受>：✓（结果如图 10-6 所示）

如果选择"下一个"选项，系统将 UCS 定位于邻接的面或选定边的后向面。

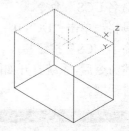

图 10-6　选择面确定坐标系

（3）对象（OB）：根据选定三维对象定义新的坐标系，如图 10-7 所示。新建 UCS 的拉伸方向（Z 轴正方向）与选定对象的拉伸方向相同。选择该选项，命令行提示与操作如下。

选择对齐 UCS 的对象：选择对象

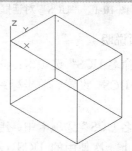

图 10-7　选择对象确定坐标系

对于大多数对象，新 UCS 的原点位于离选定对象最近的顶点处，并且 X 轴与一条边对齐或相切。对于平面对象，UCS 的 XY 平面与该对象所在的平面对齐。对于复杂对象，将重新定位原点，但是轴的当前方向保持不变。

（4）视图（V）：以垂直于观察方向（平行于屏幕）的平面为 XY 平面，创建新的坐标系，UCS 原点保持不变。

（5）世界（W）：将当前用户坐标系设置为世界坐标系。WCS 是所有用户坐标系的基准，不能被重新定义。

（6）X、Y、Z：绕指定轴旋转当前 UCS。

（7）Z 轴（ZA）：利用指定的 Z 轴正半轴定义 UCS。

教你一招

世界（W）选项不能用于下列对象：三维多段线、三维网格和构造线。

10.1.3　动态坐标系

打开动态坐标系的具体操作方法是按下状态栏中的"允许/禁止动态 UCS"按钮。可以使用动态 UCS 在三维实体的平整面上创建对象，而无需手动更改 UCS 方向。在执行命令的过程中，当将光标移动到面上方时，动态 UCS 会临时将 UCS 的 XY 平面与三维实体的平整面对齐，如图 10-8 所示。

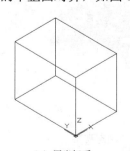
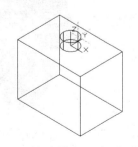

（a）原坐标系　　　（b）绘制圆柱体时的动态坐标系

图 10-8　动态 UCS

动态 UCS 激活后，指定的点和绘图工具（如极轴追踪和栅格）都将与动态 UCS 建立的临时 UCS 相关联。

10.2　观察模式

10.2.1　动态观察

AutoCAD 2013 提供了具有交互控制功能的三维动态观测器，利用三维动态观测器用户可以实时地控制和改变当前视口中创建的三维视图，以得到期望的效果。动态观察分为三类，分别是受约束的动态观察、自由动态观察和连续动态观察，具体介绍如下。

1. 受约束的动态观察

执行方式有以下 4 种。

- 命令行：3DORBIT（快捷命令：3DO）。
- 菜单栏：选择菜单栏中的"视图"→"动态观察"→"受约束的动态观察"命令。
- 快捷菜单：启用交互式三维视图后，在视口中右击，打开快捷菜单，如图 10-9 所示，选择"受约束的动态观察"命令。

```
退出 (X)

当前模式：受约束的动态观察
其他导航模式 (O)                    受约束的动态观察 (C)    1
                                    自由动态观察 (F)       2
✓ 启用动态观察自动目标 (T)            连续动态观察 (O)       3

动画设置 (A)...                       调整视距 (4)         4
                                    回旋 (5)            5
缩放窗口 (W)
范围缩放 (E)                         漫游 (6)            6
缩放上一个                           飞行 (L)            7

✓ 平行模式 (A)                       缩放 (Z)            8
  透视模式 (P)                       平移 (P)            9

重置视图 (R)
预设视图 (S)                ▶
命名视图 (N)                ▶

视觉样式 (V)                ▶
视觉辅助工具 (U)             ▶
```

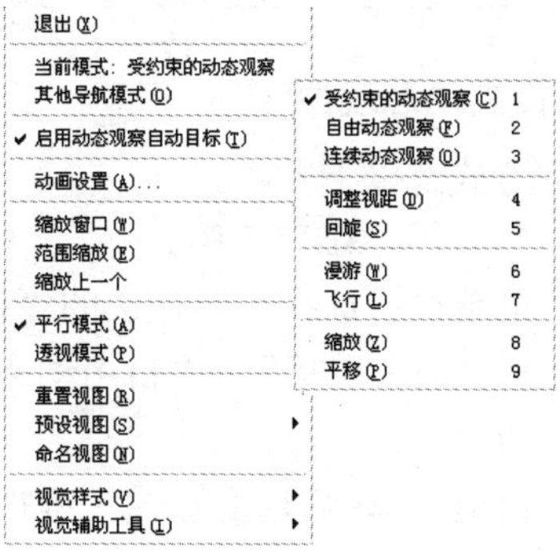

图 10-9　快捷菜单

- 工具栏：单击"动态观察"工具栏中的"受约束的动态观察"按钮或"三维导航"工具栏中的"受约束的动态观察"按钮，如图 10-10 所示。

图 10-10　"动态观察"和"三维导航"工具栏

执行上述命令后，视图的目标将保持静止，而视点将围绕目标移动。但是，从用户的视点看起来就像三维模型正在随着光标的移动而旋转，用户可以以此方式指定模型的任意视图。

系统显示三维动态观察光标图标。如果水平拖动鼠标，相机将平行于世界坐标系（WCS）的 XY 平面移动。如果垂直拖动鼠标，相机将沿 Z 轴移动，如图 10-11 所示。

（a）原始图形 　　　　（b）拖动鼠标

图 10-11　受约束的三维动态观察

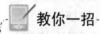教你一招

　　3DORBIT 命令处于活动状态时，无法编辑对象。

2．自由动态观察

执行方式有以下 4 种。

● 命令行：3DFORBIT。
● 菜单栏：选择菜单栏中的"视图"→"动态观察"→"自由动态观察"命令。
● 快捷菜单：启用交互式三维视图后，在视口中右击，打开快捷菜单，如图 10-9 所示，选择"自由动态观察"命令。
● 工具栏：单击"动态观察"工具栏中的"自由动态观察"按钮 或"三维导航"工具栏中的"自由动态观察"按钮 。

执行上述命令后，在当前视口出现一个绿色的大圆，在大圆上有 4 个绿色的小圆，如图

10-12 所示。此时通过拖动鼠标就可以对视图进行旋转观察。

在三维动态观测器中，查看目标的点被固定，用户可以利用鼠标控制相机位置绕观察对象得到动态的观测效果。当光标在绿色大圆的不同位置进行拖动时，光标的表现形式是不同的，视图的旋转方向也不同。视图的旋转由光标的表现形式和其位置决定，光标在不同位置有 几种表现形式，可分别对对象进行不同形式的旋转。

3．连续动态观察

执行方式有以下 4 种。

● 命令行：3DCORBIT。
● 菜单栏：选择菜单栏中的"视图"→"动态观察"→"连续动态观察"命令。
● 快捷菜单：启用交互式三维视图后，在视口中右击，打开快捷菜单，如图 10-9 所示，选择"连续动态观察"命令。
● 工具栏：单击"动态观察"工具栏中的"连续动态观察"按钮 或"三维导航"工具栏中的"连续动态观察"按钮 。

图 10-12　自由动态观察

执行上述命令后，绘图区出现动态观察图标，按住鼠标左键拖动，图形按鼠标拖动的方向旋转，旋转速度为鼠标拖动的速度，如图 10-13 所示。

图 10-13　连续动态观察

教你一招

如果设置了相对于当前 UCS 的平面视图，就可以在当前视图用绘制二维图形的方法在三维对象的相应面上绘制图形。

10.2.2　视图控制器

使用视图控制器功能，可以方便地转换方向视图。

1．执行方式

● 命令行：NAVVCUBE。

2．操作步骤

命令行提示与操作如下。

命令:NAVVCUBE✓
输入选项 [开(ON)/关(OFF)/设置(S)] <ON>:

上述命令控制视图控制器的打开与关闭，

当打开该功能时，绘图区的右上角自动显示视图控制器，如图 10-14 所示。

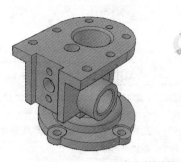

图 10-14　显示视图控制器

单击控制器的显示面或指示箭头，界面图形就自动转换到相应的方向视图。如图 10-15 所示为单击控制器"上"面后，系统转换到上视图的情形。单击控制器上的按钮 ，系统回到西南等轴测视图。

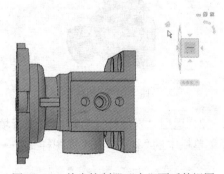

图 10-15　单击控制器"上"面后的视图

10.2.3　实例——观察阀体三维模型

本例首先打开"阀体"文件，然后将坐标系原点设置到阀体的上端顶面中心点上，接着设置视点，最后利用"自由动态观察"命令，使用鼠标移动视图，将阀体移动到合适的位置。绘制流程如图 10-16 所示。

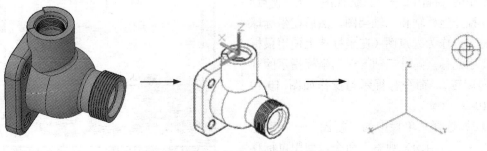

图 10-16　观察阀体三维模型的流程图

操作思路

③设置视点观察

②移动坐标系

①打开阀体

光盘\动画演示\第 10 章\观察阀体三维模型.avi

 操作步骤

（1）打开本书配套光盘中的"源文件/10/10.2.3
阀体三维模型.dwg"文件，如图 10-17 所示。

图 10-17　阀体

（2）运用"视图样式"对图案进行填充，
选择菜单栏中的"视图"→"视图样式"→"消
隐"命令。

（3）选择菜单栏中的"视图"→"显示"
→"UCS 图标"→"开"命令，即屏幕显示图
标，否则隐藏图标；使用 UCS 命令将坐标系
原点设置到阀体的上端顶面中心点上，命令行
提示与操作如图 10-18 所示。

（4）利用 VPOINT 设置三维视点。选择
菜单栏中的"视图"→"三维视图"→"视点"
命令，打开坐标轴和三轴架图，然后在坐标球
上选择一点作为视点图（在坐标球上使用鼠标
移动十字光标，同时三轴架根据坐标指示的观
察方向旋转）。命令行提示与操作如图 10-19
和图 10-20 所示。

（5）选择菜单栏中的"视图"→"动态
观察"→"自由动态观察"命令，使用鼠标移
动视图，将阀体移动到合适的位置。

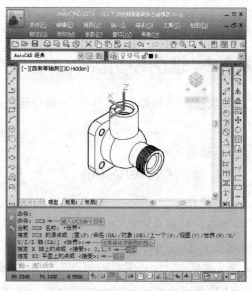

图 10-18　UCS 移到顶面结果

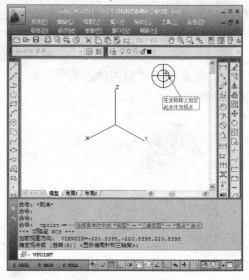

图 10-19　指定视点

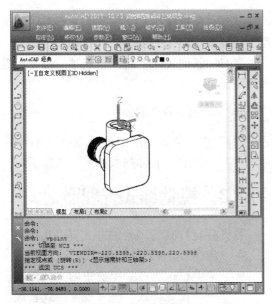

图 10-20　结果图

10.3　显示形式

在 AutoCAD 中，三维实体有多种显示形式，包括二维线框、三维线框、三维消隐、真实、概念、消隐显示等。

10.3.1　消隐

消隐实体的方式有以几种。

- 命令行：HIDE（快捷命令：HI）。
- 菜单栏：选择菜单栏中的"视图"→"消隐"命令。
- 工具栏：单击"渲染"工具栏中的"隐藏"按钮。

执行上述命令后，系统将被其他对象挡住的图线隐藏起来，以增强三维视觉效果，效果如图 10-21 所示。

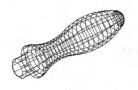 

（a）消隐前　　　　　（b）消隐后

图 10-21　消隐效果

10.3.2　视觉样式

1．执行方式

- 命令行：VSCURRENT。
- 菜单栏：选择菜单栏中的"视图"→"视觉样式"→"二维线框"命令。
- 工具栏：单击"视觉样式"工具栏中的"二维线框"按钮。

2．操作步骤

命令行提示与操作如下。

命令：VSCURRENT↙
输入选项 [二维线框(2)/线框(w)/隐藏(H)/真实(R)/概念(C)/着色(S)/带边缘着色(E)/灰度(G)/勾画（SK）/X 射线（X）/其他(O)] <二维线框>：

3．选项说明

（1）二维线框（2）：用直线和曲线表示对象的边界。光栅和 OLE 对象、线型和线宽都是可见的。即使将 COMPASS 系统变量的值设置为 1，它也不会出现在二维线框视图中。如图 10-22 所示为 UCS 坐标和手柄的二维线框图。

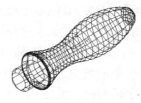

图 10-22　UCS 坐标和手柄的二维线框图

（2）线框（W）：显示对象时利用直线和曲线表示边界，显示一个已着色的三维 UCS 图标。光栅和 OLE 对象、线型及线宽不可见。可将 COMPASS 系统变量设置为 1 来查看坐标球，将显示应用到对象的材质颜色。如图 10-23 所示为 UCS 坐标和手柄的三维线框图。

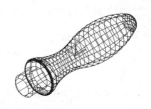

图 10-23　UCS 坐标和手柄的三维线框图

（3）消隐（H）：显示用三维线框表示的对象并隐藏表示后向面的直线。如图 10-24 所示为 UCS 坐标和手柄的消隐图。

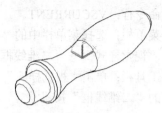

图 10-24　UCS 坐标和手柄的消隐图

（4）真实（R）：着色多边形平面间的对象，并使对象的边平滑化。如果已为对象附着材质，将显示已附着到对象的材质。如图 10-25 所示为 UCS 坐标和手柄的真实图。

图 10-25　UCS 坐标和手柄的真实图

（5）概念（C）：着色多边形平面间的对象，并使对象的边平滑化。着色使用冷色和暖色之间的过渡，效果缺乏真实感，但是可以更方便地查看模型的细节。如图 10-26 所示为 UCS 坐标和手柄的概念图。

图 10-26　UCS 坐标和手柄的概念图

（6）着色（S）：产生平滑的着色模型。

（7）带边缘着色（E）：产生平滑、带有可见边的着色模型。

（8）灰度（G）：使用单色面颜色模式可以产生灰色效果。

（9）勾画（SK）：使用外伸和抖动产生手绘效果。

（10）X 射线（X）：更改面的不透明度使整个场景变成部分透明。

（11）其他（O）：选择该选项，命令行提示如下。

输入视觉样式名称 [?]:

可以输入当前图形中的视觉样式名称或输入"?"，以显示名称列表并重复该提示。

10.3.3　视觉样式管理器

打开视觉样式管理器的方式有以几种。

● 命令行：VISUALSTYLES。
● 菜单栏：选择菜单栏中的"视图"→"视觉样式"→"视觉样式管理器"命令或"工具"→"选项板"→"视觉样式"命令。
● 工具栏：单击"视觉样式"工具栏中的"管理视觉样式"按钮 。

执行上述命令后，系统打开"视觉样式管理器"选项板，可以对视觉样式的各参数进行设置，如图 10-27 所示。如图 10-28 所示为按图 10-27 所示进行设置的概念图显示结果，读者可以与图 10-25 进行比较，感觉它们之间的差别。

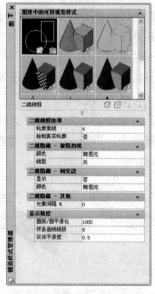

图 10-27　"视觉样式管理器"选项板

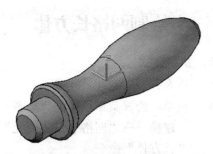

图 10-28 显示结果

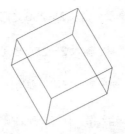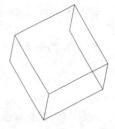

(a) 可见边   (b) 不可见边

图 10-29 "不可见"命令选项视图比较

10.4 三维绘制

10.4.1 绘制三维面

1. 执行方式

- 命令行：3DFACE（快捷命令：3F）。
- 菜单栏：选择菜单栏中的"绘图"→"建模"→"网格"→"三维面"命令。

2. 操作步骤

命令行提示与操作如下。

命令：3DFACE↙
指定第一点或 [不可见(I)]：指定某一点或输入 I

3. 选项说明

（1）指定第一点：输入某一点的坐标或用鼠标确定某一点，以定义三维面的起点。在输入第一点后，可按顺时针或逆时针方向输入其余的点，以创建普通三维面。如果在输入 4 点后按<Enter>键，则以指定第 4 点生成一个空间的三维平面。如果在提示下继续输入第二个平面上的第 3 点和第 4 点坐标，则生成第二个平面。该平面以第一个平面的第 3 点和第 4 点作为第二个平面的第一点和的二点，创建第二个三维平面。继续输入点可以创建用户要创建的平面，按<Enter>键结束。

（2）不可见（I）：控制三维面各边的可见性，以便创建有孔对象的正确模型。如果在输入某一边之前输入"I"，则可以使该边不可见。如图 10-29 所示为创建一长方体时某一边使用 I 命令和不使用 I 命令的视图比较。

10.4.2 绘制多边网格面

1. 执行方式

- 命令行：PFACE。

2. 操作步骤

命令行提示与操作如下。

命令：PFACE↙
为顶点 1 指定位置：输入点 1 的坐标或指定一点
为顶点 2 或 <定义面>指定位置：输入点 2 的坐标或指定一点
……
为顶点 n 或 <定义面>指定位置：输入点 N 的坐标或指定一点

在输入最后一个顶点的坐标后，按<Enter>键，命令行提示与操作如下。

输入顶点编号或 [颜色(C)/图层(L)]：输入顶点编号或输入选项

输入平面上顶点的编号后，根据指定的顶点序号，AutoCAD 会生成一平面。当确定了一个平面上的所有顶点之后，在提示状态下按<Enter>键，AutoCAD 则指定另外一个平面上的顶点。

10.4.3 绘制三维网格

1. 执行方式

- 命令行：3DMESH。

2. 操作步骤

命令行提示与操作如下。

命令：3DMESH↙

01 chapter
02 chapter
03 chapter
04 chapter
05 chapter
06 chapter
07 chapter
08 chapter
09 chapter
10 chapter
11 chapter
12 chapter
13 chapter

225

输入 M 方向上的网格数量：输入 2~256 之间的值

输入 N 方向上的网格数量：输入 2~256 之间的值

为顶点(0,0)指定位置：输入第一行第一列的顶点坐标

为顶点(0,1)指定位置：输入第一行第二列的顶点坐标

为顶点(0,2)指定位置：输入第一行第三列的顶点坐标

……

为顶点(0,N-1)指定位置：输入第一行第 N 列的顶点坐标

为顶点(1,0)指定位置：输入第二行第一列的顶点坐标

为顶点(1,1)指定位置：输入第二行第二列的顶点坐标

……

为顶点(1,N-1)指定位置：输入第二行第 N 列的顶点坐标

……

为顶点(M-1,N-1)指定位置：输入第 M 行第 N 列的顶点坐标

如图 10-30 所示为绘制的三维网格表面。

图 10-30　三维网格表面

10.5　绘制基本三维网格

三维基本图元与三维基本形体表面类似，有长方体表面、圆柱体表面、棱锥面、楔体表面、球面、圆锥面、圆环面等。

10.5.2　实例——足球门的绘制

利用前面学过的三维网格绘制的各种基本方法，绘制足球门。本例首先利用直线、圆弧命令，绘制框架，再利用边界网格完成球门的实体。绘制流程如图 10-31 所示。

10.5.1　绘制网格长方体

1. 执行方式

- 命令行：MESH
- 菜单：选择菜单栏中的"绘图"→"建模"→"网格"→"图元"→"长方体"命令。
- 工具栏：单击"平滑网格图元"工具栏中的"网络长方体"按钮

2. 操作步骤

命令行提示与操作如下。

命令：MESH
当前平滑度设置为：0
输入选项 [长方体(B)/圆锥体(C)/圆柱体(CY)/棱锥体(P)/球体(S)/楔体(W)/圆环体(T)/设置(SE)] <长方体>：BOX
指定第一个角点或 [中心(C)]：给出长方体角点
指定其他角点或 [立方体(C)/长度(L)]：给出长方体其他角点
指定高度或 [两点(2P)]：给出长方体的高度

3. 选项说明

（1）指定第一个角点：设置网格长方体的第一个角点。

（2）中心（C）：设置网格长方体的中心。

（3）立方体（C）：将长方体的所有边设置为长度相等。

（4）长度（L）：设置网格长方体沿 Y 轴的宽度。

（5）高度：设置网格长方体沿 Z 轴的高度。

（6）两点（2P）：基于两点之间的距离设置高度。

其他基本三维网格的绘制方法与长方体网格类似，这里不再赘述。

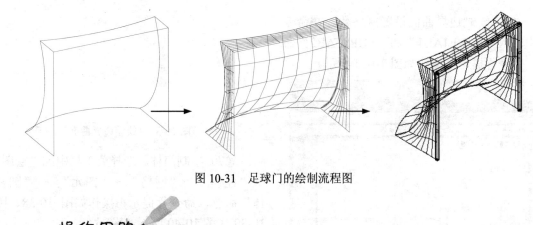

图 10-31　足球门的绘制流程图

操作思路

③绘制圆柱体

②绘制边界曲面

①绘制框架

光盘\动画演示\第 10 章\足球门.avi

操作步骤

（1）利用视图控制器调节绘图界面到合适的位置。

（2）绘制直线。单击"绘图"工具栏中的"直线"按钮，绘制一系列直线，坐标分别为{(150, 0, 0)，(@-150, 0, 0)，(@0, 0, 260)，(@0, 300, 0)，(@0, 0, -260)，(@150, 0, 0)}；在命令行中再次输入"直线"命令，绘制直线，坐标分别为{(0, 0, 260)，(@70, 0, 0)}；再次利用"直线"命令绘制直线，坐标分别为{(0, 300, 260)，(@70, 0, 0)}，绘制结果如图10-32 所示。

（3）绘制圆弧。单击"绘图"工具栏中的"圆弧"按钮，以点(150, 0, 0)为起点、点(200, 150)为第二点、点(150, 300)为端点绘制圆弧；重复"圆弧"命令，以点(70, 0, 260)为起点、点(50, 150)为第二点、点(70, 300)为端点绘制圆弧，结果如图 10-33 所示；调整当前坐标系，选择菜单栏中的"工具"→"新建 UCS"→"X"命令，将当前坐标系绕 X 轴旋转90°；单击"绘图"工具栏中的"圆弧"按钮，以点(150, 0, 0)为起点、点(50, 130)为第二点、点(70, 260)为端点绘制圆弧；重复"圆弧"命令，以点(150, 0, -300)为起点、点(50, 130)为第二点、点(70, 260)为端点绘制圆弧，结果如图 10-34 所示。

图 10-32　绘制直线

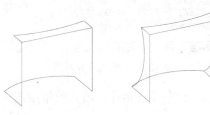

图 10-33　绘制圆弧　　图 10-34　绘制圆弧

（4）绘制边界曲面设置网格数。在命令行中输入"SURFTAB1"和"SUPFTAB2"命令，命令行提示与操作如图 10-35 所示。

图 10-35　设置网格数

（5）选择菜单栏中的"绘图"→"建模"→"网格"→"边界网格"命令，命令行提示与操作如图 10-36 所示。

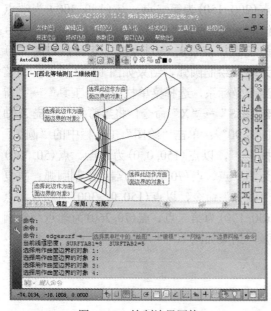

图 10-36　绘制边界网格

（6）重复上述命令，填充效果如图 10-37 所示。

图 10-37　绘制边界曲面

（7）绘制门柱。选择菜单栏中的"绘图"→"建模"→"网格"→"图元"→"圆柱体"命令，命令行提示与操作如图 10-38、图 10-39 和图 10-40 所示。

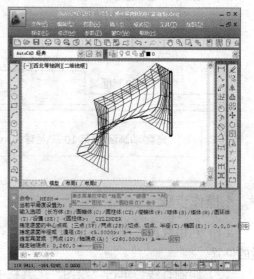

图 10-38　绘制左侧圆柱体

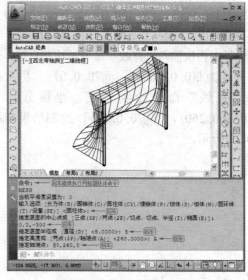

图 10-39　绘制右侧圆柱体

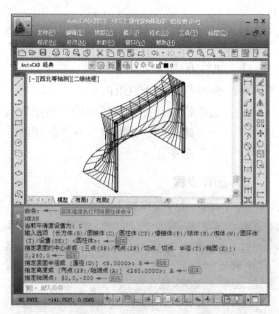

图 10-40　绘制上侧圆柱体

10.6　绘制三维网格曲面

10.6.1　直纹曲面

1. 执行方式

- 命令行：RULESURF。
- 菜单栏：选择菜单栏中的"绘图"→"建模"→"网格"→"直纹网格"命令。

2. 操作步骤

命令行提示与操作如下。

命令：RULESURF↙
当前线框密度：SURFTAB1=当前值
选择第一条定义曲线：指定第一条曲线
选择第二条定义曲线：指定第二条曲线

下面生成一个简单的直纹曲面。首先选择菜单栏中的"视图"→"三维视图"→"西南等轴测"命令，将视图转换为"西南等轴测"，然后绘制如图 10-41 (a) 所示的两个圆作为草图，执行直纹曲面命令 RULESURF，分别选择绘制的两个圆作为第一条和第二条定义曲线，最后生成的直纹曲面，如图 10-41 (b) 所示。

（a）作为草图的圆图　（b）生成的直纹曲面

图 10-41　绘制直纹曲面

10.6.2　平移曲面

1. 执行方式

- 命令行：TABSURF。
- 菜单栏：选择菜单栏中的"绘图"→"建模"→"网格"→"平移网格"命令。

2. 操作步骤

命令行提示与操作如下。

命令：TABSURF↙
当前线框密度：SURFTAB1=6
选择用作轮廓曲线的对象：选择一个已经存在的轮廓曲线
选择用作方向矢量的对象：选择一个方向线

3. 选项说明

（1）轮廓曲线：可以是直线、圆弧、圆、椭圆、二维或三维多段线。AutoCAD 默认从轮廓曲线上离选定点最近的点开始绘制曲面。

（2）方向矢量：指出形状的拉伸方向和长度。在多段线或直线上选定的端点决定拉伸的方向。

如图 10-41 所示，选择图 10-42 (a) 中六边形为轮廓曲线对象，以图 10-42 (a) 中所绘制的直线为方向矢量绘制的图形，平移后的曲面图形如图 10-42 (b) 所示。

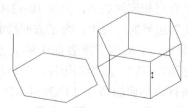

（a）六边形和方向（b）平移后的曲面

图 10-42　平移曲面

10.6.3 边界曲面

1. 执行方式

- 命令行：EDGESURF。
- 菜单栏：选择菜单栏中的"绘图"
  →"建模"→"网格"→"边界网
  格"命令。

2. 操作步骤

命令行提示与操作如下。

命令：EDGESURF↙
当前线框密度：SURFTAB1=6 SURFTAB2=6
选择用作曲面边界的对象 1：选择第一条边界线
选择用作曲面边界的对象 2：选择第二条边界线
选择用作曲面边界的对象 3：选择第三条边界线
选择用作曲面边界的对象 4：选择第四条边界线

3. 选项说明

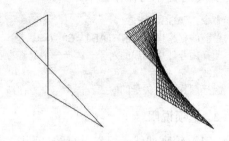

(a) 边界曲线　　(b) 生成的边界曲面

图 10-43　边界曲面

系统变量 SURFTAB1 和 SURFTAB2 分别控制 M、N 方向的网格分段数。可通过在命令行输入 SURFTAB1 改变 M 方向的默认值，在命令行输入 SURFTAB2 改变 N 方向的默认值。

下面生成一个简单的边界曲面。首先选择菜单栏中的"视图"→"三维视图"→"西南等轴测"命令，将视图转换为"西南等轴测"，绘制 4 条首尾相连的边界，如图 10-43（a）所示。在绘制边界的过程中，为了方便绘制，可以首先绘制一个基本三维表面中的立方体作为辅助立体，在它上面绘制边界，然后再将其删除。执行边界曲面命令 EDGESURF，分别选择绘制的 4 条边界，则得到如图 10-43（b）所示的边界曲面。

10.6.4 旋转曲面

1. 执行方式

- 命令行：REVSURF。
- 菜单栏：选择菜单栏中的"绘图"
  →"建模"→"网格"→"旋转网
  格"命令。

2. 操作步骤

命令行提示与操作如下。

命令：REVSURF↙
当前线框密度：SURFTAB1=6　SURFTAB2=6
选择要旋转的对象：选择已绘制好的直线、圆弧、圆或二维、三维多段线
选择定义旋转轴的对象：选择已绘制好用作旋转轴的直线或是开放的二维、三维多段线
指定起点角度<0>：输入值或直接按<Enter>键接受默认值
指定包含角度（+=逆时针，－=顺时针）<360>：输入值或直接按<Enter>键接受默认值

3. 选项说明

（1）起点角度：如果设置为非零值，平面将从生成路径曲线位置的某个偏移处开始旋转。

（2）包含角度：用来指定绕旋转轴旋转的角度。

（3）系统变量 SURFTAB1 和 SURFTAB2：用来控制生成网格的密度。SURFTAB1 指定在旋转方向上绘制的网格线数目；SURFTAB2 指定绘制的网格线数目进行等分。

如图 10-44 所示为利用 REVSURF 命令绘制的花瓶。

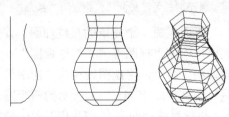

(a) 轴线和回转轮廓线　(b) 回转面　(c) 调整视角

图 10-44　绘制花瓶

10.6.5 实例——弹簧的绘制

本例首先利用多段线命令绘制多段线，再利用圆命令绘制圆，接着利用复制命令复制圆，然后利用直线命令绘制直线，最后旋转网格。绘制流程如图 10-45 所示。

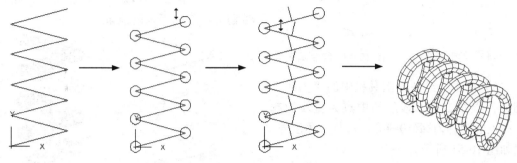

图 10-45 弹簧的绘制流程图

操作思路

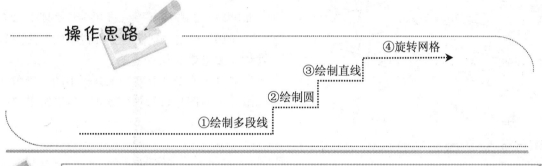

④旋转网格
③绘制直线
②绘制圆
①绘制多段线

光盘\动画演示\第 10 章\弹簧.avi

操作步骤

（1）在命令行直接输入 UCS 命令，将坐标系移动到 (200, 200, 0) 处。

（2）单击"绘图"工具栏中的"多段线"按钮，以 (0, 0, 0) 为起点，以 (@200<15) 和 (@200<165) 为下一点，继续输入以 (@200<15) 和 (@200<165) 为下一点，共输入五次，绘制多段线，结果如图 10-46 所示。

（3）单击"绘图"工具栏中的"圆"按钮，指定多段线的起点为圆心，半径为 20，绘制如图 10-47 所示的圆。

（4）单击"修改"工具栏中的"复制"按钮，复制圆，结果如图 10-48 所示。重复上述步骤，结果如图 10-49 所示。

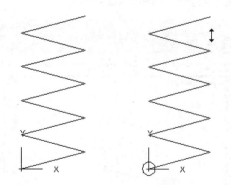

图 10-46 绘制多段线   图 10-47 绘制圆 1

（5）单击"绘图"工具栏中的"直线"按钮，以第一条多段线的中点为直线的起点，终点的坐标为 (@50<105)，重复上述步骤，结果如图 10-50 所示。

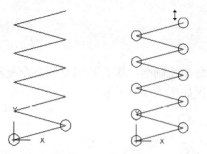

图 10-48 绘制圆 2   图 10-49 绘制圆 3

（6）单击"绘图"工具栏中的"直线"按钮 ，以第二条多段线的中点为直线的起点，终点的坐标为（@50<75），重复上述步骤，结果如图 10-51 所示。

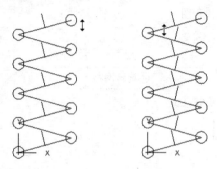

图 10-50 绘制直线 1   图 10-51 绘制直线 2

（7）在命令行直接输入"SURFTAB1"和"SURFTAB2"命令，修改线条密度，命令行提示与操作如图 10-52 所示，

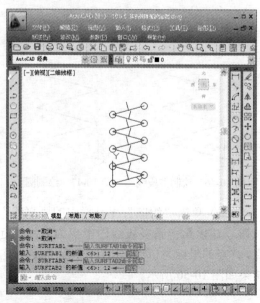

图 10-52 设置线条密度

（8）选择菜单栏中的"绘图"→"建模"→"网格"→"旋转网格"命令，旋转角度为 -180°，绘制效果如图 10-53 所示。重复上述步骤，结果如图 10-54 所示。

（9）单击"修改"工具栏中的"删除"按钮 ，删除多余的线条。

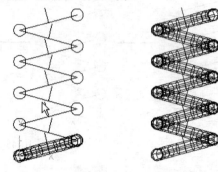

图 10-53 绘制网格 1   图 10-54 绘制网格 2

（10）单击"视图"工具栏中的"西南等轴测"按钮 ，切换视图。

（11）单击"渲染"工具栏中的"隐藏"按钮 ，对图形进行消隐处理，最终结果如图 10-55 所示。

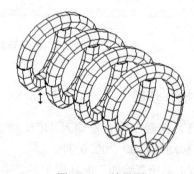

图 10-55 结果图

10.6.6 平面曲面

1. 执行方式

● 命令行：PLANESURF。

● 菜单栏：选择菜单栏中的"绘图"→"建模"→"曲面"→"平面"命令。

2. 操作步骤

命令行提示与操作如下。

```
命令: PLANESURF↙
指定第一个角点或 [对象(O)] <对象>:
```

3．选项说明

（1）指定第一个角点：通过指定两个角点来创建矩形形状的平面曲面，如图 10-56 所示。

图 10-56　矩形形状的平面曲面

（2）对象（O）：通过指定平面对象创建平面曲面，如图 10-57 所示。

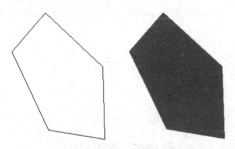

图 10-57　指定平面对象创建平面曲面

10.7　网格编辑

AutoCAD 2013 大大加强了在网格编辑方面的功能，本节简要介绍这些新功能。

10.7.1　提高（降低）平滑度

利用 AutoCAD 2013 提供的新功能，可以提高（降低）网格曲面的平滑度。

1．执行方式

● 命令行：MESHSMOOTHMORE（MESHSMOOTHLESS）。
● 菜单栏：选择菜单栏中的"修改"→"网格编辑"→"提高平滑度"（或"降低平滑度"）命令。

● 工具栏：单击"平滑网格"工具栏中的"提高网格平滑度"按钮 （或"降低网格平滑度"按钮 ）。

2．操作步骤

命令行提示与操作如下。

```
命令: MESHSMOOTHMORE↙
选择要提高平滑度的网格对象: 选择网格对象
选择要提高平滑度的网格对象: ↙
```

选择对象后，系统就将对象网格提高平滑度，如图 10-58 和图 10-59 所示为提高网格平滑度前后的对比效果。

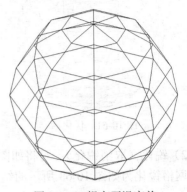

图 10-58　提高平滑度前

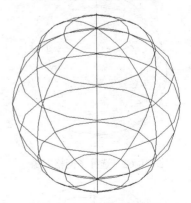

图 10-59　提高平滑度后

10.7.2　其他网格编辑命令

AutoCAD 2013 菜单栏中的"修改"菜单下的"网格编辑"子菜单还提供了以下几个菜单命令。

（1）优化网格：可将如图 10-60 所示网格优化为如图 10-61 所示的结果。

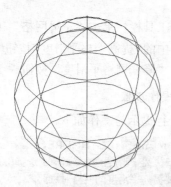

图 10-60　优化前

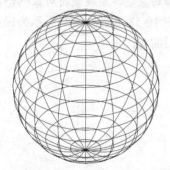

图 10-61　优化后

（2）锐化（取消锐化）：可将如图 10-62 所示子网格锐化为如图 10-63 所示的结果。

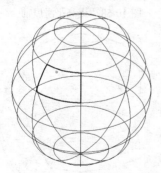

图 10-62　选择子网格对象

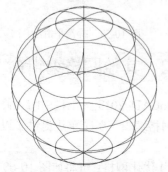

图 10-63　锐化结果

（3）分割面：可将如图 10-64 所示子网格按图 10-65 指定分割点后分割为如图 10-66 所示的结果。一个网格面被以指定的分割线为界线分割成两个网格面，并且生成的新网格面与原来的整个网格系统匹配。

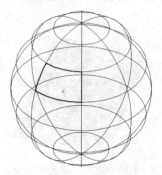

图 10-64　选择网格面

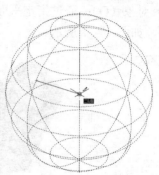

图 10-65　指定分割点

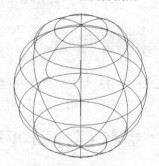

图 10-66　分割结果

（4）拉伸面：通过将指定的面拉伸到三维空间中来延伸该面。与三维实体拉伸不同，网格拉伸并不创建独立的对象。

（5）合并面：合并两个或两个以上的面以创建单个面。

（6）旋转三角面：旋转相邻三角面的共用边来改变面的形状和方向。

（7）闭合孔：通过选择周围的边来闭合面之间的间隙。网格对象中的孔可能会防止用户将网格对象转换为实体对象。

（8）收拢面或边：合并周围的面的相邻顶点以形成单个点。将删除选定的面。

（9）转换为具有镶嵌面的实体：可将如图 10-67 所示的网格转换为如图 10-68 所示的具有镶嵌面的实体。

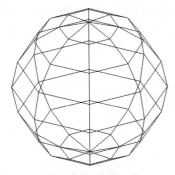

图 10-67　网格

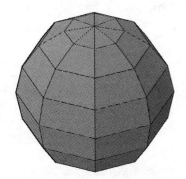

图 10-68　具有镶嵌面的实体

（10）转换为具有镶嵌面的曲面：可将如图 10-67 所示的网格转换为如图 10-69 所示的具有镶嵌面的曲面。

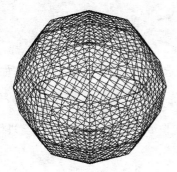

图 10-69　具有镶嵌面的曲面

（11）转换为平滑实体：可将如图 10-67 所示的网格转换为如图 10-70 所示的平滑实体。

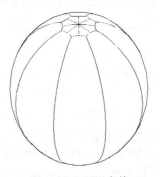

图 10-70　平滑实体

（12）转换为平滑曲面：可将如图 10-67 所示的网格转换为如图 10-71 所示的平滑曲面。

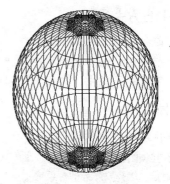

图 10-71　平滑曲面

10.8　编辑三维曲面

10.8.1　三维镜像

1. 执行方式

● 命令行：MIRROR3D。

● 菜单栏：选择菜单栏中的"修改"→"三维操作"→"三维镜像"命令。

2. 操作步骤

命令行提示与操作如下。

命令：MIRROR3D✓
选择对象：选择要镜像的对象
选择对象：选择下一个对象或按<Enter>键

指定镜像平面（三点）的第一个点或 [对象(O)/最近的(L)/Z 轴(Z)/视图(V)/XY 平面(XY)/YZ 平面(YZ)/ZX 平面(ZX)/三点(3)] <三点>：

3. 选项说明

（1）点：输入镜像平面上点的坐标。该选项通过三个点确定镜像平面，是系统的默认选项。

（2）最近的（L）：相对于最后定义的镜像平面对选定的对象进行镜像处理。

（3）Z 轴（Z）：利用指定的平面作为镜像平面。选择该选项后，命令行提示与操作如下。

在镜像平面上指定点：输入镜像平面上一点的坐标

在镜像平面的 Z 轴(法向)上指定点：输入与镜像平面垂直的任意一条直线上任意一点的坐标

是否删除源对象？[是(Y)/否(N)]：根据需要确定是否删除源对象

（4）视图（V）：指定一个平行于当前视图的平面作为镜像平面。

（5）XY（YZ、ZX）平面：指定一个平行于当前坐标系的 *XY*（*YZ*、*ZX*）平面作为镜像平面。

10.8.2　三维阵列

1. 执行方式

● 命令行：3DARRAY。
● 菜单栏：选择菜单栏中的"修改"→"三维操作"→"三维阵列"命令。
● 工具栏：单击"建模"工具栏中的"三维阵列"按钮⊞。

2. 操作步骤

命令行提示与操作如下。

命令：3DARRAY✓
选择对象：选择要阵列的对象
选择对象：选择下一个对象或按<Enter>键
输入阵列类型[矩形(R)/环形(P)]<矩形>：

3. 选项说明

（1）矩形（R）：对图形进行矩形阵列复制，是系统的默认选项。选择该选项后，命令行提示与操作如下。

输入行数（---）<1>：输入行数
输入列数（|||）<1>：输入列数
输入层数（…）<1>：输入层数
指定行间距（---）：输入行间距
指定列间距（|||）：输入列间距
指定层间距（…）：输入层间距

（2）环形（P）：对图形进行环形阵列复制。选择该选项后，命令行提示与操作如下。

输入阵列中的项目数目：输入阵列的数目
指定要填充的角度（+=逆时针，−=顺时针）<360>：输入环形阵列的圆心角
旋转阵列对象？[是（Y）/否(N)]<是>：确定阵列上的每一个图形是否根据旋转轴线的位置进行旋转
指定阵列的中心点：输入旋转轴线上一点的坐标
指定旋转轴上的第二点：输入旋转轴线上另一点的坐标

如图 10-72 所示为 3 层 3 行 3 列间距分别为 300 的圆柱的矩形阵列，如图 10-73 所示为圆

柱的环形阵列。

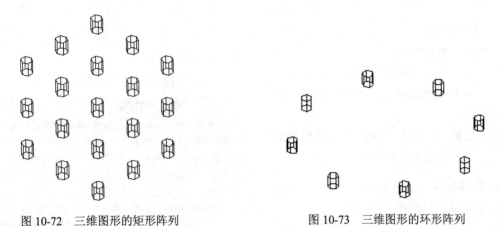

图 10-72　三维图形的矩形阵列　　　　　　　　图 10-73　三维图形的环形阵列

10.8.3　对齐对象

1．执行方式

● 命令行：ALIGN（快捷命令：AL）。
● 菜单栏：选择菜单栏中的"修改"→"三维操作"→"对齐"命令。

2．操作步骤

命令行提示与操作如下。

命令：ALIGN✓
选择对象：选择要对齐的对象
选择对象：选择下一个对象或按<Enter>键

指定一对、两对或三对点，将选定对象对齐。

指定第一个源点：选择点 1
指定第一个目标点：选择点 2
指定第二个源点：✓

对齐结果如图 10-74 所示。两对点和三对点与一对点的情形类似。

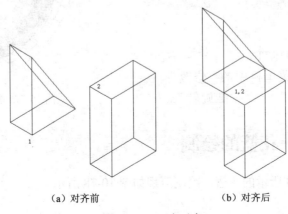

（a）对齐前　　　　　　（b）对齐后

图 10-74　一点对齐

10.8.4 三维移动

1. 执行方式

命令行：3DMOVE。

- 菜单栏：选择菜单栏中的"修改"→"三维操作"→"三维移动"命令。
- 工具栏：单击"建模"工具栏中的"三维移动"按钮⊕。

2. 操作步骤

命令行提示与操作如下。

> 命令：3DMOVE✓
> 选择对象：选择要移动的对象
> 选择对象：✓
> 指定基点或 [位移(D)] <位移>：指定基点
> 指定第二个点或 <使用第一个点作为位移>：指定第二点

其操作方法与二维移动命令类似。如图10-75所示为将滚珠从轴承中移出的情形。

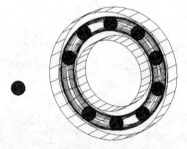

图 10-75 三维移动

10.8.5 三维旋转

1. 执行方式

- 命令行：3DROTATE。
- 菜单栏：选择菜单栏中的"修改"→"三维操作"→"三维旋转"命令。
- 工具栏：单击"建模"工具栏中的"三维旋转"按钮⊚。

2. 操作步骤

命令行提示与操作如下。

> 命令：3DROTATE✓
> UCS 当前的正角方向：ANGDIR=逆时针 ANGBASE=0
> 选择对象：选择一个滚珠
> 选择对象：✓
> 指定基点：指定圆心位置
> 拾取旋转轴：选择如图10-76所示的轴
> 指定角的起点或键入角度：选择如图10-76所示的中心点
> 指定角的端点：指定另一点

旋转结果如图10-77所示。

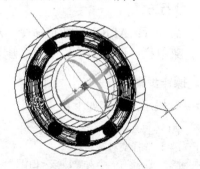

图 10-76 指定参数

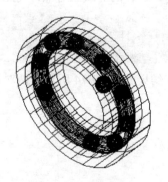

图 10-77 旋转结果

10.8.6 实例——花篮的绘制

本例绘制如图10-78所示的花篮。绘制流程如图10-78所示。

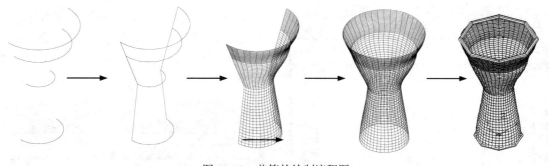

图 10-78 花篮的绘制流程图

 操作思路

③绘制圆环体

②镜像花篮体

①绘制花蓝体

光盘\动画演示\第 10 章\花篮.avi

操作步骤

（1）单击"绘图"工具栏中的"圆弧"按钮，以"起点，第二点，端点"方式绘制 4 段圆弧，坐标分别为{(-6, 0, 0)，(0, -6)、(6, 0)}，{(-4, 0, 15)，(0, -4)，(4, 0)}，{(-8, 0, 25)，(0, -8)，(8, 0)}，{(-10, 0, 30)，(0, -10)，(10, 0)}，绘制结果如图 10-79 所示。

图 10-79 绘制圆弧

（2）单击"视图"工具栏中的"西南等轴测"按钮，将当前视图设为西南等轴测视图，结果如图 10-80 所示。

（3）绘制直线。单击"绘图"工具栏中的"直线"按钮，指定坐标为{(-6, 0, 0)，(-4, 0, 15)，(-8, 0, 25)，(-10, 0, 30)}，{(6, 0, 0)，(4, 0, 15)，(8, 0, 25)，(10, 0, 30)}，绘制结果如

图 10-81 所示。

图 10-80 西南等轴测视图

图 10-81 绘制直线

（4）设置网格数。在命令行中输入"SURFTAB1"、"SURFTAB2"命令，命令行提示与操作如图 10-82 所示。

01 chapter

02 chapter

03 chapter

04 chapter

05 chapter

06 chapter

07 chapter

08 chapter

09 chapter

10 chapter

11 chapter

12 chapter

13 chapter

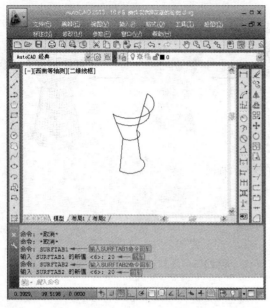

图 10-82 设置网格数

（5）边界网格。选择菜单栏中的"绘图"→"建模"→"网格"→"边界网格"命令，选择围成曲面的四条边，将曲面内部填充线条，效果如图 10-83 所示。重复上述命令，填充图形的边界曲面，结果如图 10-84 所示。

图 10-83 填充边界曲面 1

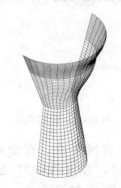

图 10-84 填充边界曲面 2

（6）三维镜像。选择菜单栏中的"修改"→"三维操作"→"三维镜像"命令，命令行提示与操作如图 10-85、图 10-86、图 10-87 和图 10-88 所示。

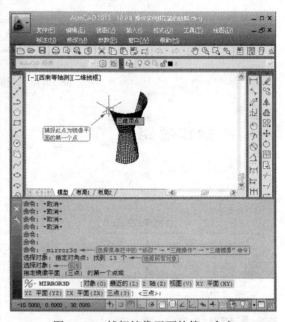

图 10-85 捕捉镜像平面的第一个点

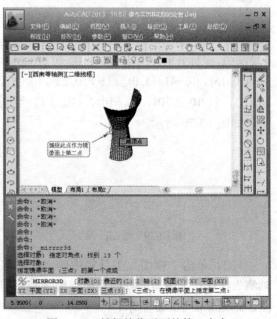

图 10-86 捕捉镜像平面的第二个点

（7）绘制圆环体。单击"建模"工具栏中的"圆环体"按钮◎，命令行提示与操作如图 10-89 所示。

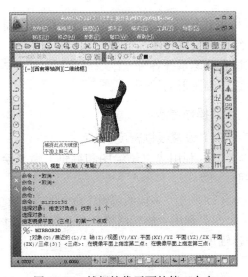

图 10-87　捕捉镜像平面的第三个点

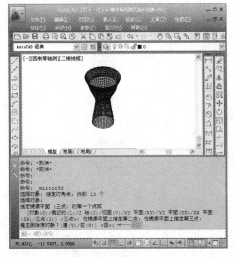

图 10-88　镜像结果

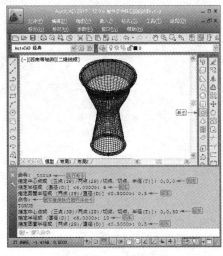

图 10-89　绘制圆环体

（8）单击"渲染"工具栏中的"隐藏"按钮，对实体进行消隐，结果如图 10-90 所示。

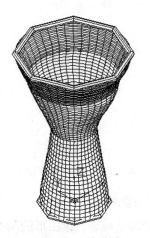

图 10-90　结果图

10.9　上机操作

【实例 1】利用三维动态观察器观察如图 10-91 所示的泵盖图形。

图 10-91　泵盖

1．目的要求

为了更清楚地观察三维图形，了解三维图形各部分各方位的结构特征，需要从不同视角观察三维图形，利用三维动态观察器能够方便地对三维图形进行多方位观察。通过本例，要求读者掌握从不同视角观察物体的方法。

2．操作提示

（1）打开三维动态观察器。

（2）灵活利用三维动态观察器的各种工具进行动态观察。

【实例 2】绘制如图 10-92 所示的圆柱滚子轴承。

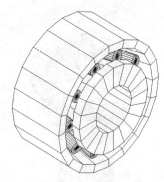

图 10-92　圆柱滚子轴承

1．目的要求

三维表面是构成三维图形的基本单元，灵活利用各种基本三维表面构建三维图形是三维绘图的关键技术与能力要求。通过本例，要求读者熟练掌握各种三维表面绘制方法，体会构建三维图形的技巧。

2．操作提示

（1）设置线框密度。

（2）利用"二维绘图和编辑"命令绘制截面。

（3）利用"多段线编辑"命令生成多段线。

（4）利用"旋转网格"命令旋转多段线，创建轴承内外圈和滚动体。

（5）切换到左视图。

（6）利用"环形阵列"命令阵列滚动体。

（7）删除轴线。

第11章

实体造型

实体建模是 AutoCAD 三维建模中比较重要的一部分。实体模型是能够完整描述对象的 3D 模型，比三维线框、三维曲面更能表达实物。利用三维实体模型，可以分析实体的质量特性，如体积、惯量、重心等。本章主要介绍基本三维实体的创建、二维图形生成三维实体、三维实体的布尔运算、三维实体的编辑、三维实体的颜色处理等知识。

◆ 了解基本三维实体的创建方法
◆ 学习三维实体的特征操作
◆ 熟练掌握实体编辑、渲染操作
◆ 了解特殊视图

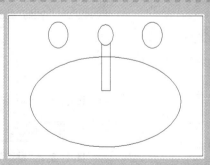

11.1 渲染实体

渲染是对三维图形对象加上颜色和材质因素，或灯光、背景、场景等因素的操作，能够更真实地表达图形的外观和纹理。渲染是输出图形前的关键步骤，尤其是在效果图的设计中。

11.1.1 贴图

贴图的功能是在实体附着带纹理的材质后，调整实体或面上纹理贴图的方向。当材质被映射后，调整材质以适应对象的形状，将合适的材质贴图类型应用到对象中，可以使之更加适合于对象。

1. 执行方式

- 命令行：MATERIALMAP。
- 菜单栏：选择菜单栏中的"视图"→"渲染"→"贴图"命令（如图 11-1 所示）。

图 11-1　"贴图"子菜单

- 工具栏：单击"渲染"工具栏中的"贴图"按钮（如图 11-2 所示）或"贴图"工具栏中的按钮（如图 11-3 所示）。

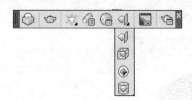

图 11-2　"渲染"工具栏

图 11-3　"贴图"工具栏

2. 操作步骤

命令行提示与操作如下。

命令：MATERIALMAP↙
选择选项[长方体(B)/平面(P)/球面(S)/柱面(C)/复制贴图至(Y)/重置贴图(R)]<长方体>：

3. 选项说明

（1）长方体（B）：将图像映射到类似长方体的实体上。该图像将在对象的每个面上重复使用。

（2）平面（P）：将图像映射到对象上，就像将其从幻灯片投影器投影到二维曲面上一样，图像不会失真，但是会被缩放以适应对象。该贴图最常用于面。

（3）球面（S）：在水平和垂直两个方向上同时使图像弯曲。纹理贴图的顶边在球体的"北极"压缩为一个点；同样，底边在"南极"压缩为一个点。

（4）柱面（C）：将图像映射到圆柱形对象上，水平边将一起弯曲，但顶边和底边不会弯曲。图像的高度将沿圆柱体的轴进行缩放。

（5）复制贴图至（Y）：将贴图从原始对象或面应用到选定对象。

（6）重置贴图（R）：将 UV 坐标重置为贴图的默认坐标。

如图 11-4 所示是球面贴图实例。

（a）贴图前　　　　　　　（b）贴图后

图 11-4　球面贴图

11.1.2 材质

1. 附着材质

AutoCAD 2013 将常用的材质都集成到工具选项板中。具体附着材质的步骤如下。

（1）选择菜单栏中的"视图"→"渲染"→"材质浏览器"命令，打开"材质浏览器"选项板，如图 11-5 所示。

图 11-5 "材质浏览器"选项板

（2）选择需要的材质类型，直接拖动到对象上，如图 11-6 所示，这样材质就附着了。当将视觉样式转换成"真实"时，显示出附着材质后的图形，如图 11-7 所示。

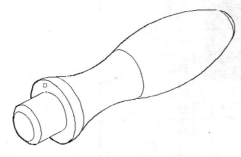

图 11-6 指定对象

图 11-7 附着材质后

2．设置材质

执行方式有以下 3 种。

● 命令行：MATEDITOROPEN。

● 菜单栏：选择菜单栏中的"视图"→
"渲染"→"材质编辑器"命令。

● 工具栏：单击"渲染"工具栏中的"材
质编辑器"按钮 。

执行上述命令后，系统打开如图 11-8 所示的"材质编辑器"选项板。通过该选项板，可以对材质的有关参数进行设置。

图 11-8 "材质编辑器"选项板

11.1.3 渲染

1．高级渲染设置

执行方式有以下 3 种。

● 命令行：RPREF（快捷命令：RPR）。

● 菜单栏：选择菜单栏中的"视图"→
"渲染"→"高级渲染设置"命令。

● 工具栏：单击"渲染"工具栏中的"高
级渲染设置"按钮 。

执行上述命令后，系统打开如图 11-9 所示的"高级渲染设置"选项板。通过该选项板，可以对渲染的有关参数进行设置。

2．渲染

执行方式有以下 3 种。

● 命令行：RENDER（快捷命令：RR）。

● 菜单栏：选择菜单栏中的"视图"→
"渲染"→"渲染"命令。

● 工具栏：单击"渲染"工具栏中的"渲染"按钮 。

执行上述命令后，系统打开如图 11-10 所示的"渲染"对话框，显示渲染结果和相关参数。

图 11-9 "高级渲染设置"选项板

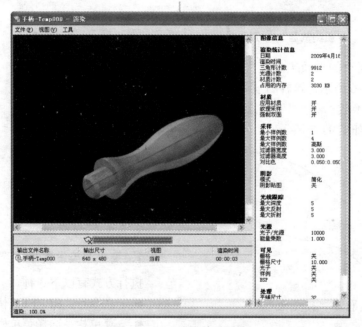

图 11-10 "渲染"对话框

教你一招

在 AutoCAD 2013 中，渲染代替了传统的建筑、机械和工程图形使用水彩、有色蜡笔和油墨等生成最终演示的渲染效果图。渲染图形的过程一般分为以下 4 步。

（1）准备渲染模型：包括遵从正确的绘图技术，删除消隐面，创建光滑的着色网格和设置视图的分辨率。

（2）创建和放置光源以及创建阴影。

（3）定义材质并建立材质与可见表面间的联系。

（4）进行渲染，包括检验渲染对象的材质、照明和颜色的中间步骤。

11.2 创建基本三维实体

11.2.1 创建长方体

1．执行方式

- 命令行：BOX。
- 菜单栏：选择菜单栏中的"绘图"→"建模"→"长方体"命令。
- 工具栏：单击"建模"工具栏中的"长方体"按钮 □ 。

2．操作步骤

命令行提示与操作如下。

命令：BOX✓

指定第一个角点或 [中心(C)] <0,0,0>：指定第一点或按<Enter>键表示原点是长方体的角点，或输入"C"表示中心点

3．选项说明

（1）指定第一个角点：用于确定长方体的一个顶点位置。选择该选项后，命令行提示与操作如下。

指定其他角点或 [立方体(C)/长度(L)]：指定第二点或输入选项

1）指定其他角点：用于指定长方体的其他角点。输入另一角点的数值，即可确定该长方体。如果输入的是正值，则沿着当前 UCS 的 *X*、*Y* 和 *Z* 轴的正向绘制长度；如果输入的是负值，则沿着 *X*、*Y* 和 *Z* 轴的负向绘制长度。如图 11-11 所示为利用角点命令创建的长方体。

2）立方体（C）：用于创建一个长、宽、高相等的长方体。如图 11-12 所示为利用立方体命令创建的长方体。

3）长度（L）：按要求输入长、宽、高的值。如图 11-13 所示为利用长、宽和高命令创建的长方体。

（2）中心点：利用指定的中心点创建长方体。如图 11-14 所示为利用中心点命令创建

的长方体。

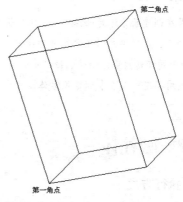

图 11-11 利用角点命令创建的长方体

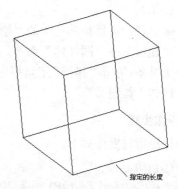

图 11-12 利用立方体命令创建的长方体

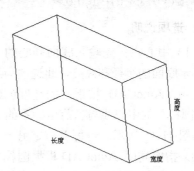

图 11-13 利用长、宽和高命令创建的长方体

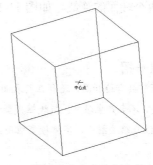

图 11-14 利用中心点命令创建的长方体

教你一招

如果在创建长方体时选择"立方体"或"长度"选项，则还可以在单击以指定长度时指定长方体在 XY 平面中的旋转角度；如果选择"中心点"选项，则可以利用指定中心点来创建长方体。

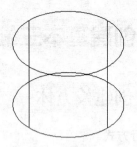

图 11-15　按指定高度创建圆柱体

11.2.2　圆柱体

1. 执行方式

- 命令行：CYLINDER（快捷命令：CYL）。
- 菜单栏：选择菜单栏中的"绘图"→"建模"→"圆柱体"命令。
- 工具条：单击"建模"工具栏中的"圆柱体"按钮 ⬚。

2. 操作步骤

命令行提示与操作如下。

命令: CYLINDER✓
指定底面的中心点或[三点(3P)/两点(2P)/切点、切点、半径(T)/椭圆(E)]<0,0,0>:

3. 选项说明

（1）中心点：先输入底面圆心的坐标，然后指定底面的半径和高度，此选项为系统的默认选项。AutoCAD 按指定的高度创建圆柱体，且圆柱体的中心线与当前坐标系的 Z 轴平行，如图 11-15 所示。也可以指定另一个端面的圆心来指定高度，AutoCAD 根据圆柱体两个端面的中心位置来创建圆柱体，该圆柱体的中心线就是两个端面的连线，如图 11-16 所示。

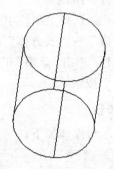

图 11-16　指定圆柱体另一个端面的中心位置

（2）椭圆（E）：创建椭圆柱体。椭圆端面的绘制方法与平面椭圆一样，创建的椭圆柱体如图 11-17 所示。

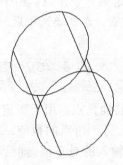

图 11-17　椭圆柱体

其他的基本实体，如楔体、圆锥体、球体、圆环体等的创建方法与长方体和圆柱体类似，在此不再赘述。

教你一招

实体模型具有边和面，还有在其表面内由计算机确定的质量。实体模型是最容易使用的三维模型，它的信息最完整，不会产生歧义。与线框模型和曲面模型相比，实体模型的信息最完整、创建方式最直接，所以，在 AutoCAD 三维绘图中，实体模型应用最为广泛。

11.3 布尔运算

11.3.1 布尔运算简介

布尔运算在数学的集合运算中得到广泛应用，AutoCAD 也将该运算应用到了实体的创建过程中。用户可以对三维实体对象进行并集、交集、差集的运算。三维实体的布尔运算与平面图形类似。如图 11-18 所示为 3 个圆柱体进行交集运算后的图形。

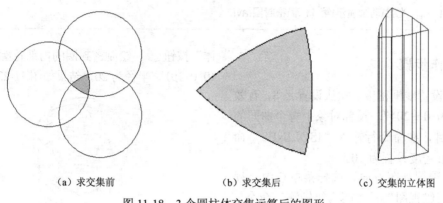

(a) 求交集前　　　　　　　(b) 求交集后　　　　　　　(c) 交集的立体图

图 11-18　3 个圆柱体交集运算后的图形

教你一招

如果某些命令第一个字母都相同的话，那么对于比较常用的命令，其快捷命令取第一个字母，其他命令的快捷命令可用前面两个或三个字母表示。例如 "R" 表示 Redraw，"RA" 表示 Redrawall；"L" 表示 Line，"LT" 表示 LineType，"LTS" 表示 LTScale。

11.3.2 实例——绘制密封圈立体图

本例绘制的密封圈主要是对阀芯起密封作用，在实际应用中，其材料一般为填充聚四氟乙烯。首先绘制外形轮廓，接着绘制内部轮廓，最后进行差集处理。绘制流程如图 11-19 所示。

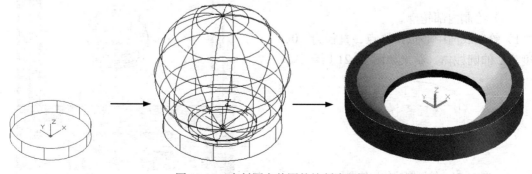

图 11-19　密封圈立体图的绘制流程图

01 chapter
02 chapter
03 chapter
04 chapter
05 chapter
06 chapter
07 chapter
08 chapter
09 chapter
10 chapter
11 chapter
12 chapter
13 chapter

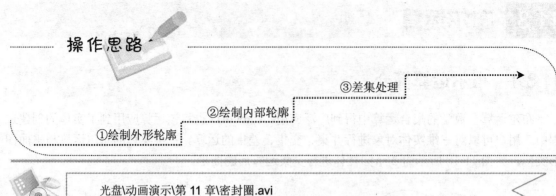

操作思路

③差集处理

②绘制内部轮廓

①绘制外形轮廓

光盘\动画演示\第 11 章\密封圈.avi

  **操作步骤**

（1）设置线框密度。默认设置是 8，有效值的范围为 0～2047。设置对象上每个曲面的轮廓线数目，在命令行输入"ISOLINES"命令，将线框密度设置为 10。

（2）设置视图方向。选择菜单栏中"视图"→"三维视图"→"西南等轴测"命令，将当前视图方向设置为西南等轴测视图。

（3）绘制外形轮廓。单击"建模"工具栏中的"圆柱体"按钮 ，绘制底面中心点在原点、直径为 35、高度为 6 的圆柱体，结果如图 11-20 所示。

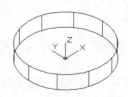

图 11-20　绘制的外形轮廓

（4）绘制内部轮廓。

1）绘制底面中心点在原点、直径为 20、高度为 2 的圆柱体，结果如图 11-21 所示。

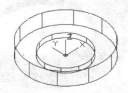

图 11-21　绘制圆柱体后的图形

2）绘制球体。单击"建模"工具栏中的"球

体"按钮 ，绘制密封圈的内部轮廓，球心为 (0, 0, 19)，半径为 20，结果如图 11-22 所示。

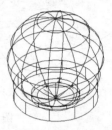

图 11-22　绘制的内部轮廓

（5）差集处理。单击"实体编辑"工具栏中的"差集"按钮 ，将外形轮廓和内部轮廓进行差集处理，命令行提示与操作如图 11-23 所示，这样就从大圆柱体中减去小圆柱体；采用相同的方法，将上一步生成的实体减去球体，结果如图 11-24 所示。

图 11-23　差集处理

图 11-24 差集处理后的图形

11.4 特征操作

11.4.1 拉伸

1. 执行方式

- 命令行：EXTRUDE（快捷命令：EXT）。
- 菜单栏：选择菜单栏中的"绘图"→"建模"→"拉伸"命令。
- 工具栏：单击"建模"工具栏中的"拉伸"按钮⬆。

2. 操作步骤

命令行提示与操作如下。

命令：EXTRUDE✓
当前线框密度：ISOLINES=4，闭合轮廓创建模式=实体
选择要拉伸的对象或[模式(MO)]：选择绘制好的二维对象
选择要拉伸的对象或[模式(MO)]：可继续选择对象或按<Enter>键结束选择
指定拉伸的高度或 [方向(D)/路径(P)/倾斜角(T)/表达式(E)]：

3. 选项说明

（1）拉伸高度：按指定的高度拉伸出三维实体对象。输入高度值后，根据实际需要，指定拉伸的倾斜角度。如果指定的角度为 0，AutoCAD 则把二维对象按指定的高度拉伸成柱体；如果输入角度值,拉伸后实体截面沿拉伸方向按此角度变化,成为一个棱台或圆台体。如图 11-25 所示为不同角度拉伸圆的结果。

 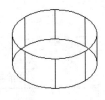 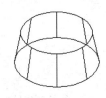 

（a）拉伸前　　（b）拉伸锥角为 0°　　（c）拉伸锥角为 10°　　（d）拉伸锥角为-10°

图 11-25　拉伸圆

（2）路径（P）：以现有的图形对象作为拉伸路径创建三维实体对象。如图 11-26 所示为沿圆弧曲线路径拉伸圆的结果。

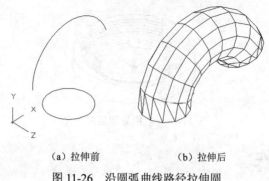

（a）拉伸前　　　　　　　（b）拉伸后

图 11-26　沿圆弧曲线路径拉伸圆

教你一招

可以使用创建圆柱体的"轴端点"命令确定圆柱体的高度和方向。轴端点是圆柱体顶面的中心点，轴端点可以位于三维空间的任意位置。

11.4.2　实例——齿轮立体图

绘制齿轮二维剖切面轮廓线，使用通过旋转操作从二维曲面生成三维实体的方法绘制齿轮基体；绘制渐开线轮齿的二维轮廓线，使用从二维曲面通过拉伸操作生成三维实体的方法绘制齿轮轮齿；利用圆柱体命令、长方体命令和布尔运算求差命令绘制齿轮的键槽和轴孔以及减轻孔；最后利用渲染操作对齿轮进行渲染。绘制流程如图 11-27 所示。

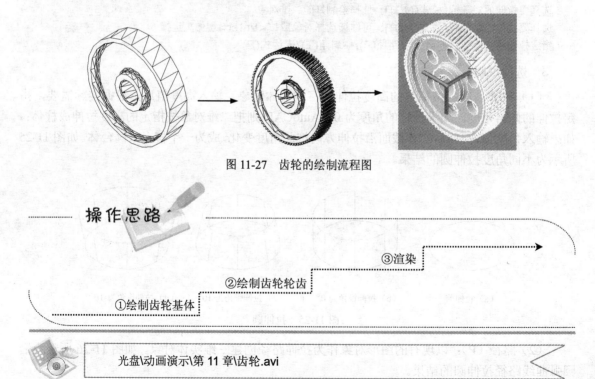

图 11-27　齿轮的绘制流程图

操作思路

③渲染

②绘制齿轮轮齿

①绘制齿轮基体

光盘\动画演示\第 11 章\齿轮.avi

操作步骤

（1）绘制齿轮基体。

1）单击"绘图"工具栏中的"直线"按钮 ，以坐标(0，0)(40，0)绘制一条水平直线，结果如图11-28所示。

图 11-28　绘制水平直线

2）单击"修改"工具栏中的"偏移"按钮 ，将水平直线向上偏移20、32、86、93.5，结果如图11-29所示。

图 11-29　偏移水平直线

3）单击"绘图"工具栏中的"直线"按钮 ，打开"对象捕捉"功能，捕捉第一条直线的中点和最上边直线的中点，绘制一条竖直直线，结果如图11-30所示。

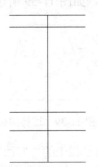

图 11-30　绘制竖直直线

4）单击"修改"工具栏中的"偏移"按钮 ，将上步绘制的竖直直线分别向两侧偏移，偏移距离为6.5、20，结果如图11-31所示。

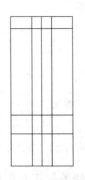

图 11-31　偏移竖直直线

5）单击"修改"工具栏中的"修剪"按钮 ，对图形进行修剪，然后将多余的线段删除，结果如图11-32所示。

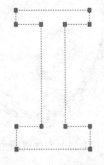

图 11-32　修剪图形

6）选择菜单栏中的"修改"→"对象"→"多段线"命令，将旋转体轮廓线合并为一条多段线，满足"旋转实体"命令的要求，如图11-33所示。

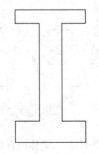

图 11-33　合并齿轮基体轮廓线

7）单击"建模"工具栏中的"旋转"按钮 ，将齿轮基体轮廓线绕 X 轴旋转一周。切换视图为西南等轴测视图，消隐后结果如图11-34所示。

图 11-34 旋转实体

8）单击"修改"工具栏中的"圆角"按钮，在齿轮内凹槽的轮廓线处绘制齿轮的铸造圆角，圆角半径为 5，如图 11-35 所示。

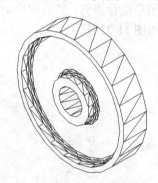

图 11-35 实体倒圆角

9）单击"修改"工具栏中的"倒角"按钮，对轴孔边缘进行倒直角操作，倒角距离为 2，结果如图 11-36 所示。

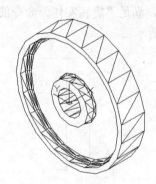

图 11-36 实体倒直角

（2）绘制齿轮轮齿。

1）将当前视角切换为俯视。单击"图层"工具栏中的"图层特性管理器"按钮，打开"图层特性管理器"选项板，单击"新建"按钮，新建图层"图层 1"，将齿轮基体图形对象的图层属性更改为"图层 1"。

2）在"图层特性管理器"选项板中，单击"图层 1"的"打开/关闭"按钮，使之变为黯淡色，关闭并隐藏"图层 1"。

3）单击"绘图"工具栏中的"圆弧"按钮，绘制轮齿圆弧，在点（-1,4.5）和（-2,0）之间绘制半径为 10 的圆弧，如图 11-37 所示。

图 11-37 绘制圆弧

4）单击"修改"工具栏中的"镜像"按钮，将绘制的圆弧以 Y 轴为镜像轴做镜像处理，如图 11-38 所示。

图 11-38 镜像圆弧

5）单击"绘图"工具栏中的"直线"按钮，利用"对象捕捉"功能绘制两段圆弧的端点连接直线，如图 11-39 所示。

图 11-39 连接圆弧

6）选择菜单栏中的"修改"→"对象"→"多段线"命令，将两段圆弧和两段直线合并为一条多段线，满足"拉伸实体"命令的要求。

7）将当前视图切换为西南等轴测视图。

8）利用"UCS"命令，将坐标系绕 X 轴旋转 90°。单击"绘图"工具栏中的"直线"

按钮 ✎，以坐标 (0, 0) (8, 40) 绘制一条直线，作为生成轮齿的拉伸路径，结果如图 11-40 (a) 所示。

9）单击"建模"工具栏中的"拉伸"按钮 🔲，以刚才绘制的直线为路径，将合并的多段线进行拉伸，拉伸结果如图 11-40 (b) 所示。

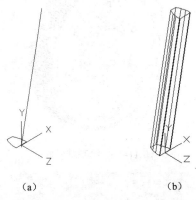

（a）　　　　　　　　（b）

图 11-40　拉伸实体路径及拉伸后图形

10）利用"UCS"命令，将坐标系返回世界坐标系。单击"修改"工具栏中的"移动"按钮 ✛，选择轮齿实体作为"移动对象"，在轮齿实体上任意选择一点作为"移动基点"，"移动第二点"相对坐标为"@0, 93.5, 0"。

11）单击"建模"工具栏中的"三维阵列"按钮 ⊞，将绘制的轮齿绕 Z 轴环形阵列 86 个，命令行提示与操作如图 11-41 所示。

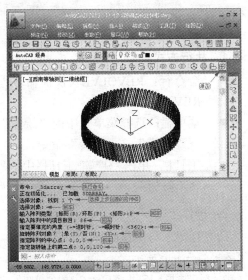

图 11-41　环形阵列轮齿

12）单击"建模"工具栏中的"旋转"按钮 ⊕，将所有轮齿绕 Y 轴旋转-90°。结果如图 11-42 所示。

图 11-42　旋转轮齿

13）单击"图层"工具栏中的"图层特性管理器"按钮 ⊟，打开"图层特性管理器"选项板，单击"图层 1"的"打开/关闭"按钮，使之变为鲜亮色，打开并显示"图层 1"，结果如图 11-43 所示。

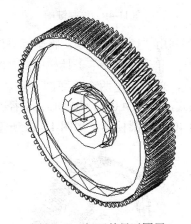

图 11-43　打开并显示图层

14）单击"实体编辑"工具栏中的"并集"按钮 ◉，执行命令后选择图 11-43 中的所有实体，执行并集操作，使之成为一个三维实体。

（3）绘制键槽和减轻孔。

1）单击"建模"工具栏中的"长方体"按钮 ▭，采用两个角点模式绘制长方体，第一个角点为 (-20, 12, -5)，第二个角点为 (@40, 12, 10)，如图 11-44 所示。

01 chapter
02 chapter
03 chapter
04 chapter
05 chapter
06 chapter
07 chapter
08 chapter
09 chapter
10 chapter
11 chapter
12 chapter
13 chapter

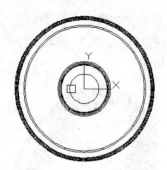

图 11-44　绘制长方体

2）单击"实体编辑"工具栏中的"差集"按钮 ◎ ，执行命令后从齿轮基体中减去长方体，在齿轮轴孔中形成键槽，如图 11-45 所示。

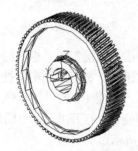

图 11-45　绘制键槽

3）利用"UCS"命令，将坐标系绕 Y 轴旋转 90°。单击"建模"工具栏中的"圆柱体"按钮 □ ，采用指定两个底面圆心点和底面半径的模式，以（54,0,0）为圆心、半径为 13.5、高度为 40 绘制圆柱体，如图 11-46 所示。

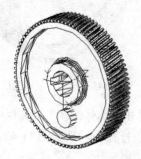

图 11-46　绘制圆柱体

4）单击"建模"工具栏中的"三维阵列"按钮 ，环形阵列圆柱体，绕 Z 轴阵列 6 个。

5）单击"实体编辑"工具栏中的"差集"按钮 ◎ ，执行命令后从齿轮基体中减去 6 个圆

柱体，在齿轮凹槽内形成 6 个减轻孔，如图 11-47 所示。利用"视觉样式"工具栏中的"概念视觉样式"命令，设置显示样式，结果如图 11-48 所示。

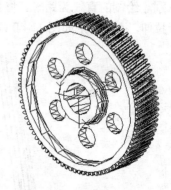

图 11-47　绘制减轻孔

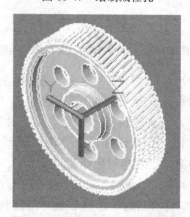

图 11-48　设置显示样式后的图形

11.4.3　旋转

1．执行方式

- 命令行：REVOLVE（快捷命令：REV）。
- 菜单栏：选择菜单栏中的"绘图"→"建模"→"旋转"命令。
- 工具栏：单击"建模"工具栏中的"旋转"按钮 。

2．操作步骤

命令行提示与操作如下。

命令：REVOLVE✓
当前线框密度：ISOLINES=4，闭合轮廓创建模式 = 实体

选择要旋转的对象或[模式(MO)]：选择绘制好的二维对象

选择要旋转的对象或[模式(MO)]：继续选择对象或按<Enter>键结束选择

指定轴起点或根据以下选项之一定义轴 [对象(O)/X/Y/Z]<对象>：

3．选项说明

（1）指定旋转轴的起点：通过两个点来定义旋转轴。AutoCAD 将按指定的角度和旋转

轴旋转二维对象。

（2）对象（O）：选择已经绘制好的直线或用多段线命令绘制的直线段作为旋转轴线。

（3）X（Y）轴：将二维对象绕当前坐标系（UCS）的 X（Y）轴旋转。

如图 11-49 所示为矩形平面绕 X 轴旋转的结果。

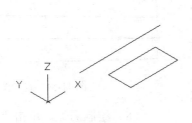
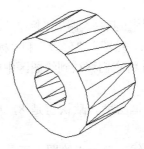

（a）旋转界面 　　　　（b）旋转后的实体

图 11-49　旋转体

11.4.4　实例——销立体图

销为标准件，以销 A10×60 为例。本例首先利用直线、偏移、镜像、圆弧和合并多段线命令绘制销的平面图，然后利用旋转命令旋转图形。绘制流程如图 11-50 所示。

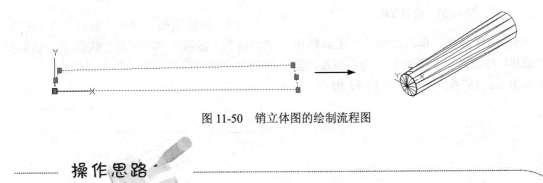

图 11-50　销立体图的绘制流程图

操作思路

③绘制另一端的螺纹

②旋转图形

①绘制销平面图

光盘\动画演示\第 11 章\销立体图.avi

01 chapter
02 chapter
03 chapter
04 chapter
05 chapter
06 chapter
07 chapter
08 chapter
09 chapter
10 chapter
11 chapter
12 chapter
13 chapter

操作步骤

（1）建立新文件。启动 AutoCAD，使用默认设置的绘图环境。单击"标准"工具栏中的 "新建"按钮，打开"选择样板"对话框，单击"打开"按钮右侧的下拉按钮，以"无样板打开－公制"（mm）方式建立新文件；将新文件命名为"销.dwg"并保存。

（2）设置绘图工具栏。调出"标准"、"图层"、"对象特性"、"绘图"、"修改"和"标注"这 6 个工具栏，并将它们移动到绘图区中的适当位置。

（3）设置线框密度。默认值是 8，更改为 10。

（4）绘制直线。单击"绘图"工具栏中的"直线"按钮，以坐标原点为起点绘制长度为 60 的水平直线；重复"直线"命令，以坐标原点为起点绘制长度为 5 的竖直直线，结果如图 11-51 所示。

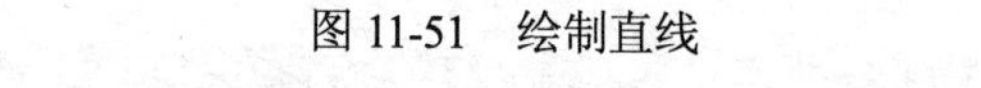

图 11-51　绘制直线

（5）偏移直线。单击"修改"工具栏中的"偏移"按钮，将竖直直线向右偏移，偏移距离为 1.2、57.6、60，如图 11-52 所示。

图 11-52　偏移竖直直线

（6）绘制直线。以最左端的直线端点为起点，绘制坐标点为（@62<1）的直线；单击"修改"工具栏中的"延伸"按钮，将竖直直线延伸至斜直线；单击"修改"工具栏中的"修剪"按钮，将多余的线段修剪，结果如图 11-53 所示。

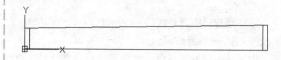

图 11-53　绘制直线

（7）镜像图形。单击"修改"工具栏中的"镜像"按钮，将上步创建的图形，以水平直线为镜像线进行镜像，结果如图 11-54 所示。

图 11-54　镜像图形

（8）绘制圆弧。单击"绘图"工具栏中的"圆弧"按钮，采用三点圆弧的绘制方式，绘制圆弧，结果如图 11-55 所示。

图 11-55　绘制圆弧

（9）整理图形。单击"修改"工具栏中的"修剪"按钮和"删除"按钮，修剪和删除多余的线段，结果如图 11-56 所示。

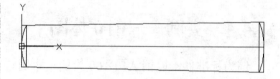

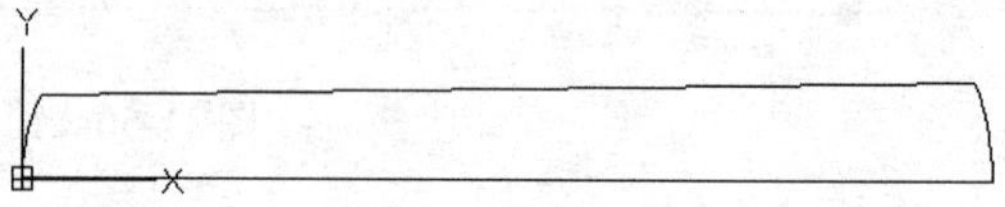

图 11-56　整理图形

（10）合并多段线。选择菜单栏中的"修改"→"对象"→"多段线"命令，将上步创建的销轮廓合并为一条多段线，如图 11-57 所示。

（11）旋转图形。单击"建模"工具栏中的"旋转"按钮，将上步创建的多段线绕 X 轴旋转 360，命令行提示与操作如图 11-58 所示。

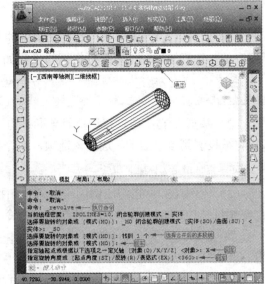

图 11-57 合并多段线

图 11-58 旋转图形

11.4.5 扫掠

1. 执行方式

● 命令行：SWEEP。
● 菜单栏：选择菜单栏中的"绘图"→"建模"→"扫掠"命令。
● 工具栏：单击"建模"工具栏中的"扫掠"按钮 ⬡。

2. 操作步骤

命令行提示与操作如下。

命令：SWEEP✓
当前线框密度：ISOLINES=4，闭合轮廓创建模式=模式
选择要扫掠的对象或[模式（MO）]：选择对象，如图 11-59（a）中的圆
选择要扫掠的对象：✓
选择扫掠路径或 [对齐(A)/基点(B)/比例(S)/扭曲(T)]：选择对象，如图 11-59（a）中的螺旋线

扫掠结果如图 11-59（b）所示。

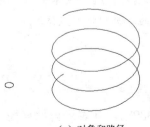

（a）对象和路径

（b）结果

图 11-59 扫掠

3. 选项说明

（1）对齐（A）：指定是否对齐轮廓以使其作为扫掠路径切向的法向，默认情况下，轮廓是对齐的。选择该选项，命令行提示与操作如下。

> 扫掠前对齐垂直于路径的扫掠对象 [是(Y)/否(N)] <是>：输入 "N"，指定轮廓无需对齐；按<Enter>键，指定轮廓将对齐

（2）基点（B）：指定要扫掠对象的基点。如果指定的点不在选定对象所在的平面上，则该点将被投影到该平面上。选择该选项，命令行提示与操作如下。

> 指定基点：指定选择集的基点

（3）比例（S）：指定比例因子以进行扫掠操作。从扫掠路径的开始到结束，比例因子将统一应用到扫掠的对象上。选择该选项，命令行提示与操作如下。

> 输入比例因子或 [参照(R)] <1.0000>：指定比例因子，输入 "R"，调用参照选项；按<Enter>键，选择默认值

其中，"参照（R）"选项表示通过拾取点或输入值来根据参照的长度缩放选定的对象。

（4）扭曲（T）：设置正被扫掠对象的扭曲角度。扭曲角度指定沿扫掠路径全部长度的旋转量。选择该选项，命令行提示与操作如下。

> 输入扭曲角度或允许非平面扫掠路径倾斜 [倾斜(B)] <n>：指定小于360°的角度值，输入 "B"，打开倾斜；按<Enter>键，选择默认角度值

其中，"倾斜（B）"选项指定被扫掠的曲线是否沿三维扫掠路径（三维多线段、三维样条曲线或螺旋线）自然倾斜（旋转）。

如图 11-60 所示为扭曲扫掠示意图。

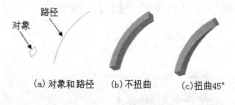

图 11-60　扭曲扫掠

📱 教你一招

使用扫掠命令，可以通过沿开放或闭合的二维或三维路径扫掠开放或闭合的平面曲线（轮廓）来创建新实体或曲面。扫掠命令用于沿指定路径以指定轮廓的形状（扫掠对象）创建实体或曲面。可以扫掠多个对象，但是这些对象必须在同一平面内。如果沿一条路径扫掠闭合的曲线，则生成实体。

11.4.6　实例——双头螺柱立体图

本例绘制的双头螺柱的型号为 AM12×30（GB898），其表示公称直径 $d=12$mm、长度 $L=30$mm、性能等级为 4.8 级、不经表面处理、A 型的双头螺柱，如图 11-61 所示。本例首先绘制牙型截面轮廓，接着利用扫掠命令扫掠形成实体，然后绘制中间的连接圆柱体，最后绘制另一端的螺纹。

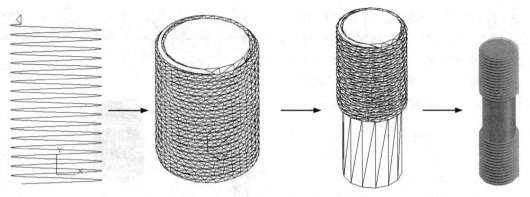

图 11-61　双头螺柱立体图的绘制流程图

操作思路

③绘制另一端的螺纹

②绘制中间的连接圆柱体

①绘制牙型截面轮廓并扫掠形成实体

光盘\动画演示\第 11 章\双头螺柱.avi

操作步骤

（1）启动 AutoCAD 2013，使用默认设置的绘图环境。

（2）建立新文件。单击"标准"工具栏中的"新建"按钮🗋，弹出"选择样板"对话框，单击"打开"按钮右侧的下拉按钮▾，以"无样板打开－公制"（mm）方式建立新文件，将新文件命名为"双头螺柱立体图.dwg"并保存。

（3）设置线框密度。线框密度默认设置为 8，有效值范围为 0～2047，现设置线框密度值为 10。

（4）设置视图方向。选择菜单栏中的"视图"→"三维视图"→"西南等轴测"命令，将当前视图方向设置为西南等轴测视图。

（5）创建螺纹。

1）绘制螺旋线。单击"建模"工具栏中的"螺旋"按钮🗲，绘制螺纹轮廓，命令行提

示与操作如图 11-62 所示。

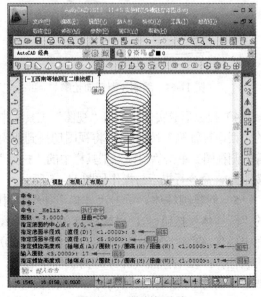

图 11-62　绘制螺纹线

2）切换视图方向。单击"视图"工具栏中的"前视"按钮🗔，将视图切换到前视方向。

3）绘制牙型截面轮廓。单击"绘图"工具栏中的"直线"按钮 ，捕捉螺旋线的上端点绘制牙型截面轮廓，尺寸参照如图 11-63 所示；单击"绘图"工具栏中的"面域"按钮 ，将其创建成面域，结果如图 11-64 所示。

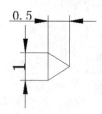

图 11-63　牙型尺寸

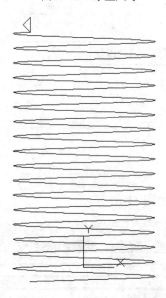

图 11-64　绘制牙型截面轮廓

4）扫掠形成实体。单击"视图"工具栏中的"西南等轴测"按钮 ，将视图切换到西南等轴测视图。单击"建模"工具栏中的"扫掠"按钮 ，命令行提示与操作如图 11-65 所示。

5）创建圆柱体。单击"建模"工具栏中的"圆柱体"按钮 ，以坐标点 (0, 0, 0) 为底面中心点，创建半径为 5、轴端点为 (@0, 15, 0) 的圆柱体；以坐标点 (0, 0, 0) 为底面中心点，创建半径为 6、轴端点为 (@0, -3, 0) 的圆柱体；以坐标点 (0, 15, 0) 为底面中心点，创建半径为 6、轴端点为 (@0, 3, 0) 的圆柱体，结果如图 11-66 所示。

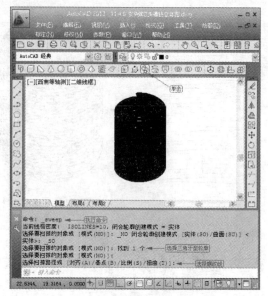

图 11-65　扫掠形成实体

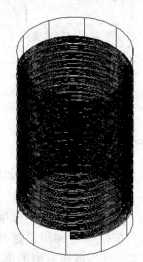

图 11-66　创建圆柱体

6）布尔运算处理。单击"实体编辑"工具栏中的"并集"按钮 ，将螺纹与半径为 5 的圆柱体进行并集处理；然后单击"实体编辑"工具栏中的"差集"按钮 ，从主体中减去半径为 6 的两个圆柱体；单击"渲染"工具栏中的"隐藏"按钮 ，消隐后结果如图 11-67 所示。

（6）绘制中间柱体。单击"建模"工具栏中的"圆柱体"按钮 ，绘制底面中心点在 (0, 0, 0)、半径为 5、顶圆中心点为 (@0, -14, 0) 的圆柱体，消隐后结果如图 11-68

所示。

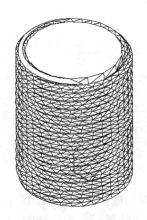

图 11-67　消隐结果

图 11-68　绘制圆柱体后的图形

（7）绘制另一端螺纹。

1）复制螺纹。单击"修改"工具栏中的"复制"按钮，将最下面的一个螺纹从 $(0, 15, 0)$ 复制到 $(0, -14, 0)$，结果如图 11-69 所示。

2）并集处理。单击"实体编辑"工具栏

中的"并集"按钮，将所绘制的图形作并集处理，消隐后结果如图 11-70 所示。

图 11-69　复制螺纹后的图形

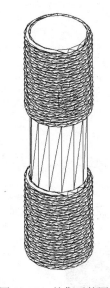

图 11-70　并集后的图形

11.4.7　放样

1．执行方式

- 命令行：LOFT。
- 菜单栏：选择菜单栏中的"绘图"→"建模"→"放样"命令。
- 工具栏：单击"建模"工具栏中的"放样"按钮。

2．操作步骤

命令行提示与操作如下。

```
命令：LOFT✓
当前线框密度：ISOLINES=4，闭合轮廓创建模式 = 实体
按放样次序选择横截面或[点(PO)/合并多条边(J)/模式(MO)]：依次选择如图 11-71 所示的 3 个截面
按放样次序选择横截面或[点(PO)/合并多条边(J)/模式(MO)]：
按放样次序选择横截面或[点(PO)/合并多条边(J)/模式(MO)]：
按放样次序选择横截面或[点(PO)/合并多条边(J)/模式(MO)]：✓
输入选项 [导向(G)/路径(P)/仅横截面(C)/设置(S)] <仅横截面>：
```

3．选项说明

（1）设置（S）：选择该选项，系统打开"放样设置"对话框，如图 11-72 所示。其中有 4 个单选钮，如图 11-73（a）所示为点选"直纹"单选钮的放样结果示意图；如图 11-73（b）所示为点选"平滑拟合"单选钮的放样结果示意图；如图 11-73（c）所示为点选"法线指向"单选钮并选择"所有横截面"选项的放样结果示意图；如图 11-73（d）所示为点选"拔模斜度"单选钮并设置"起点角度"为 45°、"起点幅值"为 10、"端点角度"为 60°、"端点幅值"为 10 的放样结果示意图。

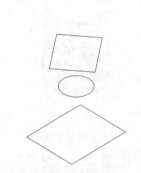

图 11-71　选择截面　　　　　　　　图 11-72　"放样设置"对话框

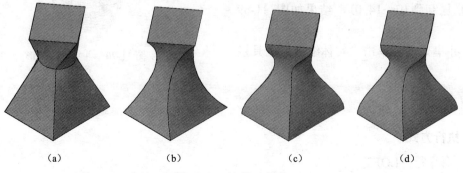

（a）　　　　　（b）　　　　　（c）　　　　　（d）

图 11-73　放样示意图

（2）导向（G）：指定控制放样实体或曲面形状的导向曲线。导向曲线是直线或曲线，可通过将其他线框信息添加至对象来进一步定义实体或曲面的形状，如图 11-74 所示。选择该选

项，命令行提示与操作如下。

选择导向曲线：选择放样实体或曲面的导向曲线，然后按<Enter>键

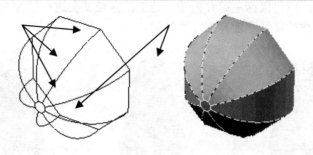

图 11-74　导向放样

 教你一招

每条导向曲线必须满足以下条件才能正常工作。

（1）与每个横截面相交。

（2）从第一个横截面开始。

（3）到最后一个横截面结束。

可以为放样曲面或实体选择任意数量的导向曲线

（3）路径（P）：指定放样实体或曲面的单一路径，如图 11-75 所示。选择该选项，命令行提示与操作如下。

选择路径：指定放样实体或曲面的单一路径

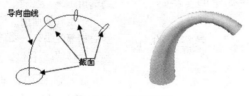

图 11-75　路径放样

 教你一招

路径曲线必须与横截面的所有平面相交。

11.4.8　拖拽

1．执行方式

● 命令行：PRESSPULL。

● 工具栏：单击"建模"工具栏中的"按住并拖动"按钮。

2．操作步骤

命令行提示与操作如下。

01 chapter
02 chapter
03 chapter
04 chapter
05 chapter
06 chapter
07 chapter
08 chapter
09 chapter
10 chapter
11 chapter
12 chapter
13 chapter

265

命令: PRESSPULL↙
单击有限区域以进行按住或拖动操作

选择有限区域后，按住鼠标左键并拖动，相应的区域就会进行拉伸变形。如图 11-76 所示为选择圆台上表面，按住鼠标左键并拖动的结果。

（a）圆台   （b）向下拖动   （c）向上拖动

图 11-76   按住鼠标左键并拖动

11.5   实体三维操作

11.5.1   倒角

1．执行方式

● 命令行：CHAMFER（快捷命令：CHA）。
● 菜单栏：选择菜单栏中的"修改"→"倒角"命令。
● 工具栏：单击"修改"工具栏中的"倒角"按钮 ◻。

2．操作步骤

命令行提示与操作如下。

命令: CHAMFER↙
（"修剪"模式）当前倒角距离 1 = 0.0000, 距离 2 = 0.0000
选择第一条直线或 [放弃(U)/多段线(P)/距离(D)/角度(A)/修剪(T)/方式(E)/多个(M)]:

3．选项说明

（1）选择第一条直线：选择实体的一条边，此选项为系统的默认选项。选择某一条边以后，与此边相邻的两个面中的一个面的边框就变成虚线。选择实体上要倒直角的边后，命令行提示如下。

基面选择：↙
输入曲面选择选项 [下一个(N)/当前(OK)] <当前>:

该提示要求选择基面，默认选项是当前，即以虚线表示的面作为基面。如果选择"下一个（N）"选项，则以与所选边相邻的另一个面作为基面。

选择好基面后，命令行提示如下。

指定基面的倒角距离 <2.0000>: 输入基面上的倒角距离
指定其他曲面的倒角距离 <2.0000>: 输入与基面相邻的另外一个面上的倒角距离
选择边或 [环(L)]:

1）选择边：确定需要进行倒角的边，此项为系统的默认选项。选择基面的某一边后，命令行提示如下。

选择边或 [环(L)]:

在此提示下，按<Enter>键对选择好的边进行倒直角，也可以继续选择其他需要倒直角的边。

2）选择环：对基面上所有的边都进行倒直角。

（2）其他选项：与二维斜角类似，此处不再赘述。

如图 11-77 所示为对长方体倒角的结果。

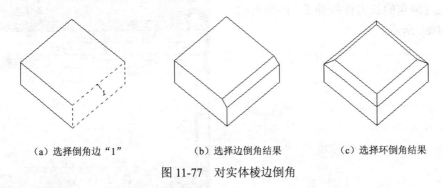

（a）选择倒角边"1"　　　　（b）选择边倒角结果　　　　（c）选择环倒角结果

图 11-77　对实体棱边倒角

11.5.2　实例——平键立体图

本例首先绘制二维轮廓线，再通过拉伸命令生成三维实体，然后利用倒角命令对平键实体进行倒直角，最后对平键底面倒直角。绘制流程如图 11-78 所示。

图 11-78　平键立体图的绘制流程图

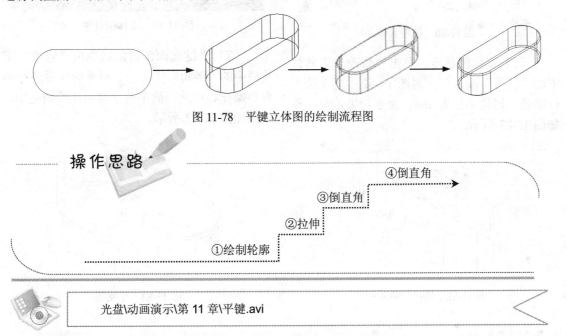

光盘\动画演示\第 11 章\平键.avi

操作步骤

（1）建立新文件。启动 AutoCAD，使用默认设置的绘图环境。单击"标准"工具栏中的"新建"按钮，打开"选择样板"对话框，单击"打开"按钮右侧的下拉按钮，以"无样板打开－公制"（mm）方式建立新文件；将新文件命名为"平键.dwg"并保存。

（2）设置绘图工具栏。调出"标准"、"图层"、"对象特性"、"绘图"、"修改"和"标注"

这 6 个工具栏，并将它们移动到绘图区的适当位置。

（3）设置线框密度。默认值为 8，现更改为 10。

（4）绘制轮廓线。单击"绘图"工具栏中的"矩形"按钮，指定矩形圆角半径为 6，两个角点坐标为{（0,0），（32,12）}，结果如图 11-79 所示。

（5）拉伸实体。将视图切换到西南等轴测视图；单击"建模"工具栏中的"拉伸"按

01 chapter
02 chapter
03 chapter
04 chapter
05 chapter
06 chapter
07 chapter
08 chapter
09 chapter
10 chapter
11 chapter
12 chapter
13 chapter

钮 ⬆，将倒过圆角的长方体拉伸 8，消隐后的
效果如图 11-80 所示。

图 11-79　绘制轮廓线

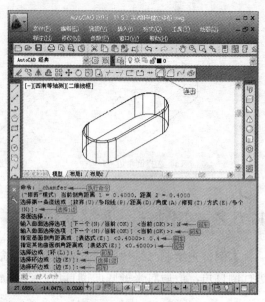

图 11-82　实体倒直角

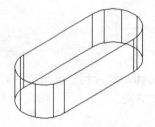

图 11-80　拉伸实体

（6）实体倒直角。单击"修改"工具栏
中的"倒角"按钮 ⬜，对图 11-81 中的 1 边进
行倒角，倒角半径为 0.4，命令行提示与操作
如图 11-82 所示。

（7）平键底面倒直角。单击"修改"工
具栏中的"倒角"按钮 ⬜，对平键底面进行倒
直角操作。至此，简单的平键实体绘制完毕，
结果如图 11-83 所示。

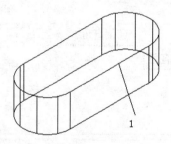

图 11-81　选择倒角基面

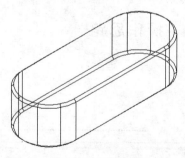

图 11-83　结果图

11.5.3　圆角

1．执行方式

- 命令行：FILLET（快捷命令：F）。
- 菜单栏：选择菜单栏中的"修改"→"圆角"命令。
- 工具栏：单击"修改"工具栏中的"圆角"按钮 ⬜。

2．操作步骤

命令行提示与操作如下。

命令：FILLET✓
当前设置：模式 = 修剪，半径 = 0.0000

选择第一个对象或 [放弃(U)/多段线(P)/半径(R)/修剪(T)/多个(M)]：选择实体上的一条边
输入圆角半径或[表达式(E)]：输入圆角半径↙
选择边或 [链(C)/环(L)/半径(R)]：

3．选项说明

选择"链（C）"选项，表示与此边相邻的边都被选中，并进行倒圆角的操作。如图 11-84 所示为对长方体倒圆角的结果。

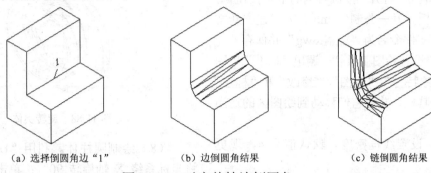

（a）选择倒圆角边"1"　　　（b）边倒圆角结果　　　（c）链倒圆角结果

图 11-84　对实体棱边倒圆角

11.5.4　实例——端盖立体图

本例首先绘制端盖平面图并将其整理，接着利用面域命令将端盖平面图创建面域，再利用旋转命令旋转实体，然后绘制孔，最后绘制凹槽。绘制流程如图 11-85 所示。

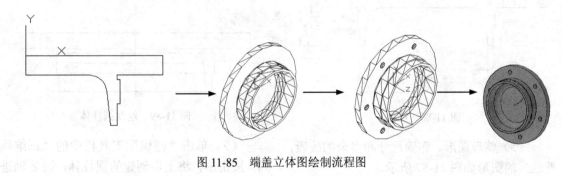

图 11-85　端盖立体图绘制流程图

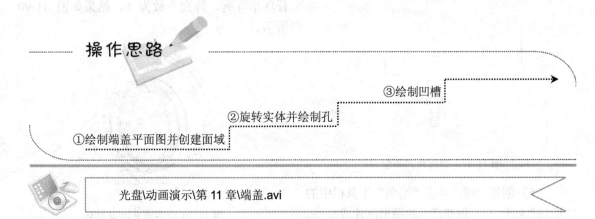

操作思路

③绘制凹槽

②旋转实体并绘制孔

①绘制端盖平面图并创建面域

光盘\动画演示\第 11 章\端盖.avi

01 chapter
02 chapter
03 chapter
04 chapter
05 chapter
06 chapter
07 chapter
08 chapter
09 chapter
10 chapter
11 chapter
12 chapter
13 chapter

操作步骤

（1）建立新文件。启动 AutoCAD 2013，使用默认设置的绘图环境。单击"标准"工具栏中的"新建"按钮，打开"选择样板"对话框，单击"打开"按钮右侧的下拉按钮，以"无样板打开一公制"（mm）方式建立新文件；将新文件命名为"端盖.dwg"并保存。

（2）设置绘图工具栏。调出"标准"、"图层"、"对象特性"、"绘图"、"修改"和"标注"这 6 个工具栏，并将它们移动到绘图区的适当位置。

（3）设置线框密度。默认值为 4，现更改为 10。

（4）打开本书配套光盘中的"源文件\11\11.5.4 端盖.dwg"，如图 11-86 所示。

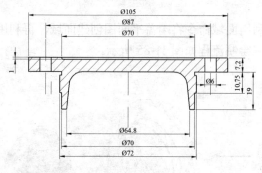

图 11-86　端盖

（5）整理图形。删除尺寸和多余的线段，整理后的图形如图 11-87 所示。

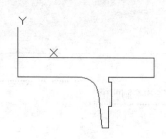

图 11-87　整理后的图形

（6）创建面域。单击"绘图"工具栏中的"面域"按钮，将整理后的图形创建成面域。

（7）旋转实体。将视图切换到西南等轴

测视图；单击"建模"工具栏中的"旋转"按钮，将左侧轮廓线绕 Y 轴旋转一周，结果如图 11-88 所示。

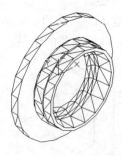

图 11-88　旋转实体

（8）绘制圆柱体。利用"UCS"命令，将坐标系绕 X 轴旋转 90°；单击"建模"工具栏中的"圆柱体"按钮，采用指定两个底面圆心点和底面半径的模式，绘制圆心为（43.5, 0, 0）、半径为 3、高度为 7.2 的圆柱体，结果如图 11-89 所示。

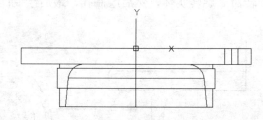

图 11-89　绘制圆柱体

（9）单击"建模"工具栏中的"三维阵列"按钮，将上步创建的圆柱体，绕 Z 轴进行环形阵列，阵列个数为 6，结果如图 11-90 所示。

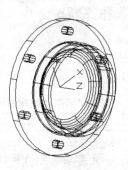

图 11-90　三维阵列圆柱体

（10）单击"实体编辑"工具栏中的"差集"按钮⊙，从端盖中减去 6 个圆柱体，消隐后结果如图 11-91 所示。

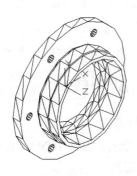

图 11-91 差集后的图形

（11）绘制端盖凹槽。单击"建模"工具栏中的"圆柱体"按钮⬜，以坐标原点为圆心，绘制半径为 35、高度为 1 的圆柱体；单击"实体编辑"工具栏中的"差集"按钮⊙，将端盖与圆柱体进行求差操作。

（12）单击"修改"工具栏中的"圆角"按钮⬜，对差集后的凹槽底边进行圆角处理，圆角半径为 0.5。命令行提示与操作如图 11-92 所示。

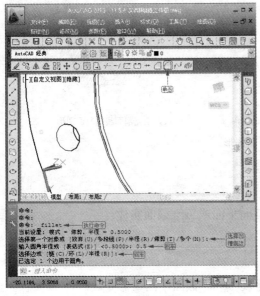

图 11-92 圆角处理

（13）利用自由动态观察器，调整到适当位置，消隐后结果如图 11-93 所示。

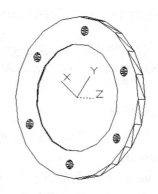

图 11-93 消隐结果

（14）利用"视觉样式"工具栏中的"概念视觉样式"命令渲染图形，效果如图 11-94 所示。

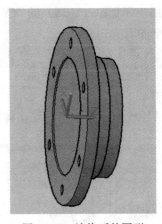

图 11-94 渲染后的图形

11.6 特殊视图

11.6.1 剖切

1. 执行方式

● 命令行：SLICE（快捷命令：SL）。
● 菜单栏：选择菜单栏中的"修改"→"三维操作"→"剖切"命令。

2. 操作步骤

命令行提示与操作如下。

命令：SLICE↙
选择要剖切的对象：选择要剖切的实体

选择要剖切的对象:继续选择或按<Enter>键结束选择

指定切面的起点或 [平面对象(O)/曲面(S)/Z 轴(Z)/视图(V)/XY(XY)/YZ(YZ)/ZX(ZX)/三点(3)] <三点>:

3．选项说明

（1）平面对象（O）：将所选对象的所在平面作为剖切面。

（2）曲面（S）：将剪切平面与曲面对齐。

（3）Z 轴（Z）：通过平面指定一点与在平面的 Z 轴（法线）上指定另一点来定义剖切平面。

（4）视图（V）：以平行于当前视图的平面作为剖切面。

（5）XY(XY)/YZ(YZ)/ZX(ZX)：将剖切平面与当前用户坐标系（UCS）的 XY 平面/YZ 平面/ZX 平面对齐。

（6）三点（3）：根据空间的 3 个点确定的平面作为剖切面。确定剖切面后，系统会提示保留一侧或两侧。

如图 11-95 所示为剖切三维实体图。

（a）剖切前的三维实体　　　（b）剖切后的三维实体

图 11-95　剖切三维实体

11.6.2　剖切截面

1．执行方式

● 命令行：SECTION（快捷命令：SEC）。

2．操作步骤

命令行提示与操作如下。

命令: SECTION↙
选择对象: 选择要剖切的实体
指定截面上的第一个点, 依照 [对象(O)/Z 轴(Z)/视图(V)/XY/YZ/ZX/三点(3)] <三点>: 指定一点或输入一个选项

如图 11-96 所示为断面图形。

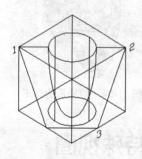  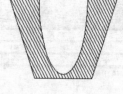

（a）剖切平面与断面　　　　（b）移出的断面图形　　　　（c）填充剖面线的断面图形

图 11-96　断面图形

11.6.3　截面平面

通过截面平面功能可以创建实体对象的二维截面平面或三维截面实体。

1．执行方式

● 命令行：SECTIONPLANE。
● 菜单栏：选择菜单栏中的"绘图"→"建模"→"截面平面"命令。

2．操作步骤

命令行提示与操作如下。

命令: SECTIONPLANE↙

选择面或任意点以定位截面线或 [绘制截面(D)/正交(O)]:

3．选项说明

（1）选择面或任意点以定位截面线。

1）选择绘图区的任意点（不在面上）可以创建独立于实体的截面对象。第一点可创建截面对象旋转所围绕的点，第二点可创建截面对象。如图 11-97 所示为在手柄主视图上指定两点创建一个截面平面，如图 11-98 所示为转换到西南等轴测视图的情形，图中半透明的平面为活动截面，实线为截面控制线。

图 11-97　创建截面

图 11-98　西南等轴测视图

单击活动截面平面，显示编辑夹点，如图 11-99 所示，其功能分别介绍如下。

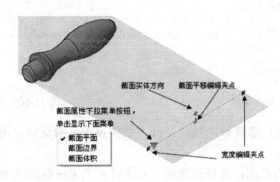

图 11-99　截面编辑夹点

（a）截面实体方向箭头：表示生成截面实体时所要保留的一侧，单击该箭头，则反向。

（b）截面平移编辑夹点：选中并拖动该夹点，截面沿其法向平移。

（c）宽度编辑夹点：选中并拖动该夹点，可以调节截面宽度。

（d）截面属性下拉菜单按钮：单击该按钮，显示当前截面的属性，包括截面平面（如图 11-99 所示）、截面边界（如图 11-100 所示）、截面体积（如图 11-101 所示）3 种，分别显示截面平面相关操作的作用范围，调节相关夹点，可以调整范围。

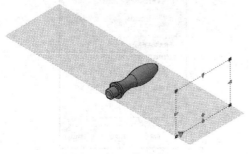

图 11-100　截面边界

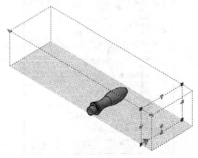

图 11-101　截面体积

01 chapter
02 chapter
03 chapter
04 chapter
05 chapter
06 chapter
07 chapter
08 chapter
09 chapter
10 chapter
11 chapter
12 chapter
13 chapter

2）选择实体或面域上的面可以产生与该面重合的截面对象。

3）快捷菜单。在截面平面编辑状态下右击，系统打开快捷菜单，如图 11-102 所示。其中几个主要选项介绍如下。

（a）激活活动截面：选择该选项，活动截面被激活，可以对其进行编辑，同时原对象不可见，如图 11-103 所示。

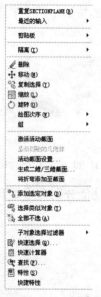

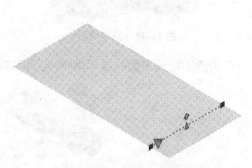

图 11-102　快捷菜单　　　　　图 11-103　编辑活动截面

（b）活动截面设置：选择该选项，打开"截面设置"对话框，可以设置截面各参数，如图 11-104 所示。

（c）生成二维/三维截面：选择该选项，系统打开"生成截面/立面"对话框，如图 11-105 所示。设置相关参数后，单击"创建"按钮，即可创建相应的图块或文件。在如图 11-106 所示的截面平面位置创建的三维截面如图 11-107 所示，如图 11-108 所示为对应的二维截面。

图 11-104　"截面设置"对话框　　　　　图 11-105　"生成截面/立面"对话框

图 11-106　截面平面位置

图 11-107　三维截面

（d）将折弯添加至截面：选择该选项，系统提示添加折弯到截面的一端，并可以编辑折弯的位置和高度。在图 11-106 所示的基础上添加折弯后的截面平面如图 11-109 所示。

图 11-108　二维截面

图 11-109　折弯后的截面平面

（2）绘制截面（D）。定义具有多个点的截面对象以创建带有折弯的截面线。选择该选项，命令行提示与操作如下。

```
指定起点: 指定点 1
指定下一点: 指定点 2
指定下一点或按 ENTER 键完成: 指定点 3 或按
<Enter>键
  指定截面视图方向上的下一点: 指定点以指示剪
切平面的方向
```

该选项将创建处于"截面边界"状态的截面对象，并且活动截面会关闭，该截面线可以带有折弯，如图 11-110 所示。

如图 11-111 所示为按图 11-110 设置截面生成的三维截面对象，如图 11-112 所示为对应的二维截面。

图 11-110　折弯截面

图 11-111　三维截面

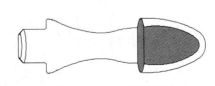

图 11-112　二维截面

（3）正交（O）。将截面对象与相对于 UCS 的正交方向对齐。选择该选项，命令行提示如下。

将截面对齐至 [前(F)/后(A)/顶部(T)/底部(B)/左(L)/右(R)]:

选择该选项后，将以相对于 UCS（不是当前视图）的指定方向创建截面对象，并且该对象将包含所有三维对象。该选项将创建处于"截面边界"状态的截面对象，并且活动截面会打开。

选择该选项，可以很方便地创建工程制图中的剖视图。UCS 处于如图 11-113 所示的位置，如图 11-114 所示为对应的左向截面。

图 11-113　UCS 位置

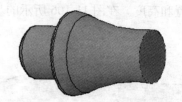

图 11-114　左向截面

11.6.4　实例——减速器箱体立体图

减速器箱体的绘制过程可以说是三维图形制作中比较经典的实例，从绘图环境的设置、多种三维实体绘制命令、用户坐标系的建立到剖切实体都得到了充分的使用，是系统使用 AutoCAD 2013 三维绘图功能的综合实例。本实例的制作思路是：首先绘制减速器箱体的主体部分，从底向上依次绘制减速器箱体底板、中间腔体和顶板，绘制箱体的轴承通孔、螺栓肋板和侧面肋板，；利用布尔运算完成箱体主体设计和绘制；然后绘制箱体底板和顶板上的螺纹、销等孔系；最后绘制箱体上的耳片实体和油标尺插孔实体，对实体进行渲染得到最终的箱体三维立体图，如图 11-115 所示。

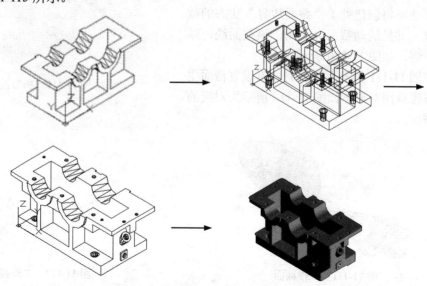

图 11-115　减速器箱体立体图的绘制流程图

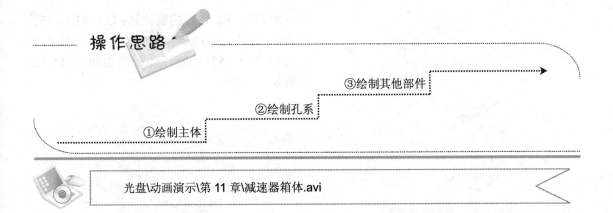

操作思路

③绘制其他部件

②绘制孔系

①绘制主体

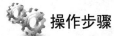

光盘\动画演示\第 11 章\减速器箱体.avi

操作步骤

（1）建立新文件。启动 AutoCAD 2013，使用默认设置的绘图环境；单击"标准"工具栏中的"新建"按钮，打开"选择样板"对话框，单击"打开"按钮右侧的下拉按钮，以"无样板打开－公制"（mm）方式建立新文件；将新文件命名为"减速器箱体.dwg"并保存。

（2）设置绘图工具栏。调出"标准"、"图层"、"对象特性"、"绘图"、"修改"和"标注"这 6 个工具栏，并将它们移动到绘图区的适当位置。

（3）设置线框密度。默认值为 8，现更改为 10。

（4）设置视图方向。将当前视图方向设置为西南等轴测视图。

（5）绘制箱体主体。

1）绘制底板、中间膛体和顶面。单击"建模"工具栏中的"长方体"按钮，采用角点和长宽高模式绘制 3 个长方体：以(0, 0, 0)为角点，绘制长度为 310、宽度为 170、高度为 30 的长方体；以(0, 45, 30)为角点，绘制长度为 310、宽度为 80、高度为 110 的长方体；以(−35, 5, 140)为角点，绘制长度为 380、宽度为 160、高度为 12 的长方体，结果如图 11-116 所示。

2）绘制轴承支座。单击"建模"工具栏中的"圆柱体"按钮，采用指定两个底面

圆心点和底面半径的模式，绘制两个圆柱体：以(77, 0, 152)为底面中心点、半径为 45、轴端点为(77, 170, 152)的圆柱体；以(197, 0, 152)为底面中心点、半径为 53.5、轴端点为(197, 170, 152)的圆柱体，结果如图 11-117 所示。

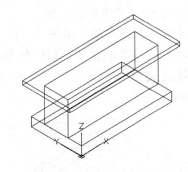

图 11-116　绘制底板、中间膛体和顶面

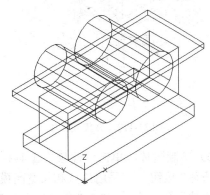

图 11-117　绘制轴承支座

3）绘制螺栓筋板。单击"建模"工具栏中的"长方体"按钮，采用角点和长宽高模式绘制长方体，角点为(10, 5, 114)、长度为 264、宽度为 160、高度为 38，结果如图 11-118 所示。

点为(77, 170, 152)的圆柱体；以(197, 0, 152)为底面中心点，半径为 36、轴端点为(197, 170, 152)的圆柱体，结果如图 11-121 所示。

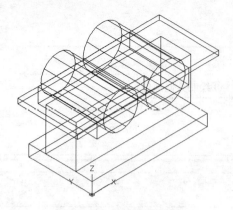

图 11-118　绘制螺栓筋板

4）绘制肋板。单击"建模"工具栏中的"长方体"按钮，采用角点和长宽高模式绘制两个长方体：以(70, 0, 30)为角点，绘制长度为 14、宽度为 160、高度为 80 的长方体；以(190, 0, 30)为角点，绘制长度为 14、宽度为 160、高度为 80 的长方体。

5）布尔运算求并集。单击"实体编辑"工具栏中的"并集"按钮，将现有的所有实体合并使之成为一个三维实体，结果如图 11-119 所示。

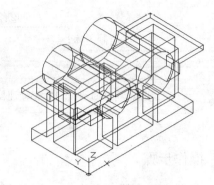

图 11-120　绘制膛体

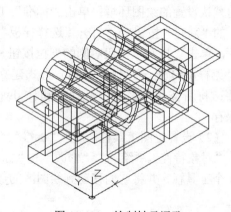

图 11-121　绘制轴承通孔

8）布尔运算求差集。单击"实体编辑"工具栏中的"差集"按钮，从箱体主体中减去膛体长方体和两个轴承通孔，消隐后结果如图 11-122 所示。

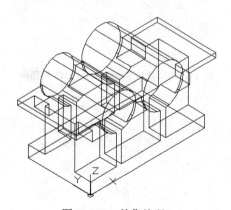

图 11-119　并集处理 1

6）绘制膛体。单击"建模"工具栏中的"长方体"按钮，采用角点和长宽高模式绘制长方体，角点为(8, 47.5, 20)、长度为 294、宽度为 65、高度为 152，结果如图 11-120 所示。

7）绘制轴承通孔。单击"建模"工具栏中的"圆柱体"按钮，采用指定两个底面圆心点和底面半径的模式绘制两个圆柱体：以(77, 0, 152)为底面中心点，半径为 27.5、轴端

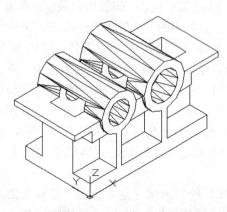

图 11-122　差集处理 1

9）剖切实体。选择菜单栏中的"修改"→"三维操作"→"剖切"命令，从箱体主体中剖切掉顶面上多余的实体，沿由点(0, 0, 152)、(100, 0, 152)、(0, 100, 152)组成的平面将图形剖切开，保留箱体下方。命令行提示与操作如图 11-123 所示。

图 11-123 剖切实体

（6）绘制箱体孔系。

1）绘制底座沉孔。单击"建模"工具栏中的"圆柱体"按钮，采用指定底面圆心点、底面半径和圆柱高度的模式，绘制中心点为(40, 25, 0)、半径为8.5、高度为40的圆柱体。

2）单击"建模"工具栏中的"圆柱体"按钮，绘制另一圆柱体，底面圆心为(40, 25, 28.4)，半径为12、高度为10，如图 11-124 所示。

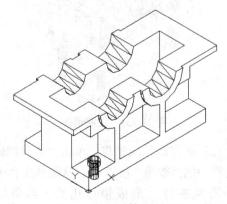

图 11-124 绘制底座沉孔

3）矩形阵列图形。单击"建模"工具栏中的"三维阵列"按钮，将上一步绘制的两个圆柱体，阵列 2 行 2 列，行间距为 120，列间距为 221，结果如图 11-125 所示。

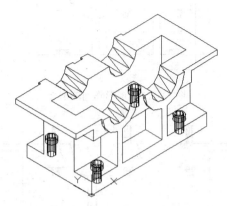

图 11-125 矩形阵列图形 1

4）绘制螺栓通孔。单击"建模"工具栏中的"圆柱体"按钮，采用指定底面圆心点、底面半径和圆柱高度的模式，绘制两个圆柱体：底面中心点为(34.5, 25, 100)，半径为5.5、高度为80；底面中心点为(34.5, 25, 110)，半径为9、高度为5，结果如图 11-126 所示。

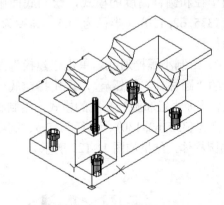

图 11-126 绘制螺栓通孔

5）矩形阵列图形。单击"建模"工具栏中的"三维阵列"按钮，将上一步绘制的两个圆柱体阵列 2 行 2 列，行间距为 120，列间距为 103，结果如图 11-127 所示。

6）三维镜像图形。选择菜单栏中的"修改"→"三维操作"→"三维镜像"命令，将上步创建的中间四个圆柱体进行镜像处理，镜

像的平面为由 (197, 0, 152)、(197, 100, 152)、(197, 50, 50)组成的平面，结果如图 11-128 所示。

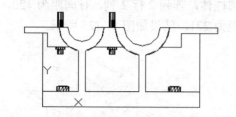

图 11-127　矩形阵列图形 2

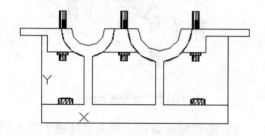

图 11-128　三维镜像图形 1

7）绘制小螺栓通孔。利用"UCS"命令返回世界坐标系；单击"建模"工具栏中的"圆柱体"按钮，采用指定底面圆心点、底面半径和圆柱高度的模式，绘制底面中心点为 (335, 62, 120)、半径为 4.5、高度为 40 的圆柱体。

8）绘制小螺栓通孔。单击"建模"工具栏中的"圆柱体"按钮，采用指定底面圆心点、底面半径和圆柱高度的模式，绘制底面中心点为 (335, 62, 130)、半径为 7.5、高度为 11 的圆柱体，结果如图 11-129 所示。

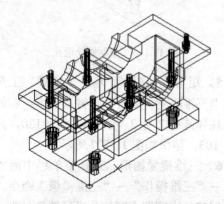

图 11-129　绘制小螺栓通孔

9）三维镜像图形。选择菜单栏中的"修改"→"三维操作"→"三维镜像"命令，镜像对象为刚绘制的两个圆柱体，镜像平面上三点是{(0, 85, 0)、(100, 85, 0)、(0, 85, 100)}，切换到东南等轴测视图，三维镜像结果如图 11-130 所示。

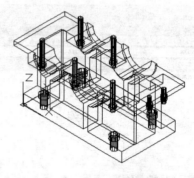

图 11-130　三维镜像图形 2

10）绘制销孔。单击"建模"工具栏中的"圆柱体"按钮，采用指定底面圆心点、底面半径和圆柱高度的模式，绘制底面中心点为 (288, 25, 130)、半径为 4、高度为 30 的圆柱体。

11）单击"建模"工具栏中的"圆柱体"按钮，绘制另一圆柱体，底面圆心点为 (-17, 112, 130)、底面半径为 4、圆柱高度为 30。结果如图 11-131 所示，左侧图显示处于箱体右侧顶面的销孔，右侧图显示处于箱体左侧顶面上的销孔。

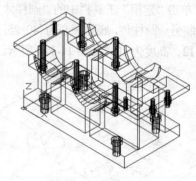

图 11-131　绘制销孔

12）布尔运算求差集。单击"实体编辑"工具栏中的"差集"按钮，从箱体主体中减去所有圆柱体，形成箱体孔系，结果如图 11-132 所示。

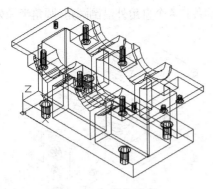

图 11-132　差集处理 2

（7）绘制箱体其他部件。

1）绘制长方体。单击"建模"工具栏中的"长方体"按钮，采用角点和长宽高模式绘制两个长方体：以 (-35, 75, 113) 为角点，长度为 35、宽度为 20、高度为 27 绘制长方体；以 (310, 75, 113) 为角点，长度为 35、宽度为 20、高度为 27 绘制长方体。

2）绘制圆柱体。单击"建模"工具栏中的"圆柱体"按钮，采用指定两个底面圆心点和底面半径的模式绘制两个圆柱体：以 (-11, 75, 113) 为底面圆心，半径为 11、顶圆圆心为 (-11, 95, 113) 绘制圆柱体；以 (321, 75, 113) 为底面圆心，半径为 11、顶圆圆心为 (321, 95, 113) 绘制圆柱体，结果如图 11-133 所示。

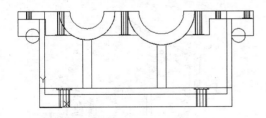

图 11-133　绘制长方体和圆柱体

3）布尔运算求差集。单击"实体编辑"工具栏中的"差集"按钮，从左右两个大长方体中减去圆柱体，形成左右耳片。

4）绘制耳片。单击"实体编辑"工具栏中的"并集"按钮，将现有的左右耳片与箱体主体合并使之成为一个三维实体，结果如图 11-134 所示。

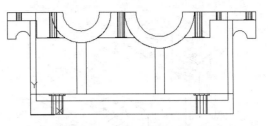

图 11-134　绘制耳片

5）绘制圆柱体。单击"建模"工具栏中的"圆柱体"按钮，采用指定两个底面圆心点和底面半径的模式绘制两个圆柱体：以 (320, 85, -85) 为圆心，半径为 14、顶圆圆心为 (@-50<45) 绘制圆柱体；以 (320, 85, -85) 为圆心，半径为 8、顶圆圆心为 (@-50<45) 绘制圆柱体，结果如图 11-135 所示。

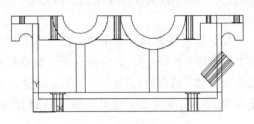

图 11-135　绘制圆柱体

6）剖切圆柱体。选择菜单栏中的"修改"→"三维操作"→"剖切"命令，剖切掉两个圆柱体左侧实体，剖切平面上的 3 点为 (302, 0, 0)、(302, 0, 100)、(302, 100, 0)，保留两个圆柱体右侧，剖切结果如图 11-136 所示。

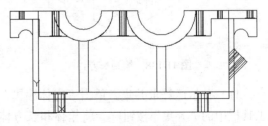

图 11-136　剖切圆柱体

7）布尔运算求并集。单击"实体编辑"工具栏中的"并集"按钮，将箱体和大圆柱体合并为一个整体，结果如图 11-137 所示。

8）绘制油标尺插孔。单击"实体编辑"工具栏中的"差集"按钮，从箱体中减去小圆柱体，形成油标尺插孔。

01 chapter
02 chapter
03 chapter
04 chapter
05 chapter
06 chapter
07 chapter
08 chapter
09 chapter
10 chapter
11 chapter
12 chapter
13 chapter

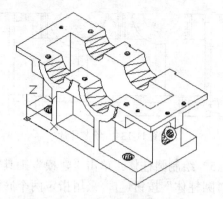

图 11-137　并集处理 2

9）绘制圆柱体。单击"建模"工具栏中的"圆柱体"按钮，采用指定两个底面圆心点和底面半径的模式，以(302, 85, 24)为底面圆心，绘制半径为 7、顶圆圆心为(330, 85, 24)的圆柱体。

10）绘制长方体。单击"建模"工具栏中的"长方体"按钮，采用角点和长宽高模式绘制长方体，角点为(310, 72.5, 13)、长度为 4、宽度为 23、高度为 23，结果如图 11-138 所示。

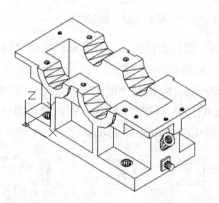

图 11-138　绘制长方体

11）布尔运算求并集。单击"实体编辑"工具栏中的"并集"按钮，将箱体和长方体合并为一个整体。

12）绘制放油孔。单击"实体编辑"工具栏中的"差集"按钮，从箱体中减去大、小圆柱体，结果如图 11-139 所示。

（8）细化箱体。

1）箱体外侧倒圆角。单击"修改"工具栏中的"圆角"按钮，对箱体底板、中间腔体和

顶板的各自 4 个直角外沿倒圆角，圆角半径为 10。

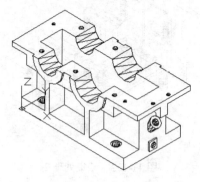

图 11-139　绘制放油孔

2）腔体内壁倒圆角。单击"修改"工具栏中的"圆角"按钮，对箱体腔体 4 个直角内沿倒圆角，圆角半径为 5。

3）肋板倒圆角。单击"修改"工具栏中的"圆角"按钮，对箱体前后肋板的各自直角边沿倒圆角，圆角半径为 3。

4）耳片倒圆角。单击"修改"工具栏中的"圆角"按钮，对箱体左右两个耳片直角边沿倒圆角，圆角半径为 5。

5）螺栓筋板倒圆角。单击"修改"工具栏中的"圆角"按钮，对箱体顶板下方的螺栓筋板的直角边沿倒圆角，圆角半径为 10，结果如图 11-140 所示。

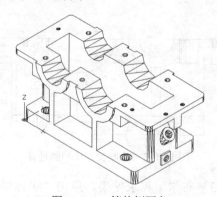

图 11-140　箱体倒圆角

6）绘制底板凹槽。单击"建模"工具栏中的"长方体"按钮，采用角点和长宽高模式绘制长方体，角点为(0, 43, 0)、长度为 310、宽度为 84、高度为 5。

7）布尔运算求差集。单击"实体编辑"

工具栏中的"差集"按钮◎，从箱体中减去长方体。

8）凹槽倒圆角。单击"修改"工具栏中的"圆角"按钮◎，对凹槽的直角内沿倒圆角，圆角半径为 5mm，结果如图 11-141 所示。

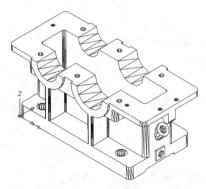

图 11-141 凹槽倒圆角

（9）渲染视图。单击"渲染"工具栏中的"渲染"按钮◎，选择适当的材质对图形进行渲染，渲染后的效果如图 11-142 所示。

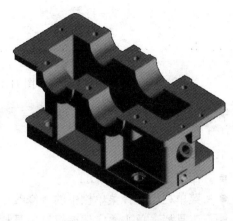

图 11-142 结果图

教你一招

绘制三维实体造型时，如果使用视图的切换功能，例如使用"俯视图"、"东南等轴测视图"等，视图的切换也可能导致空间三维坐标系的暂时旋转，即使没有执行 UCS 命令。长方体的长宽高分别对应 X、Y、Z 方向上的长度，所以坐标系的不同会导致长方体的形状大不相同。因此若采用角点和长宽高模式绘制长方体，一定要注意观察当前所提示的坐标系。

11.7 编辑实体

11.7.1 拉伸面

1. 执行方式

● 命令行：SOLIDEDIT。
● 菜单栏：选择菜单栏中的"修改"→"实体编辑"→"拉伸面"命令。
● 工具栏：单击"实体编辑"工具栏中的"拉伸面"按钮◎。

2. 操作步骤

命令行提示与操作如下。

命令: SOLIDEDIT
实体编辑自动检查: SOLIDCHECK=1

输入实体编辑选项 [面(F)/边(E)/体(B)/放弃(U)/退出(X)] <退出>: F
输入面编辑选项[拉伸(E)/移动(M)/旋转(R)/偏移(O)/倾斜(T)/删除(D)/复制(C)/颜色(L)/材质(A)/放弃(U)/退出(X)] <退出>: E
选择面或 [放弃(U)/删除(R)]: 选择要进行拉伸的面
选择面或 [放弃(U)/删除(R)/全部(ALL)]:
指定拉伸高度或[路径(P)]:

3. 选项说明

（1）指定拉伸高度：按指定的高度值来拉伸面。指定拉伸的倾斜角度后，完成拉伸操作。

（2）路径（P）：沿指定的路径曲线拉伸面。

如图 11-143 所示为拉伸长方体顶面和侧面的结果。

01 chapter
02 chapter
03 chapter
04 chapter
05 chapter
06 chapter
07 chapter
08 chapter
09 chapter
10 chapter
11 chapter
12 chapter
13 chapter

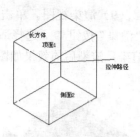

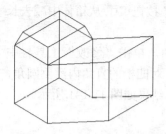

（a）拉伸前的长方体　　　　　　　（b）拉伸后的三维实体

图 11-143　拉伸长方体

11.7.2　复制面

1．执行方式

- 命令行：SOLIDEDIT。
- 菜单栏：选择菜单栏中的"修改"→"实体编辑"→"复制面"命令。
- 工具栏：单击"实体编辑"工具栏中的"复制面"按钮🗍。

2．操作步骤

命令行提示与操作如下。

命令: SOLIDEDIT
实体编辑自动检查: SOLIDCHECK=1
输入实体编辑选项 [面(F)/边(E)/体(B)/放弃(U)/退出(X)] <退出>: F
输入面编辑选项[拉伸(E)/移动(M)/旋转(R)/偏移(O)/倾斜(T)/删除(D)/复制(C)/颜色(L)/材质(A)/放弃(U)/退出(X)] <退出>: C
选择面或 [放弃(U)/删除(R)]:选择要复制的面
选择面或 [放弃(U)/删除(R)/全部(ALL)]:继续选择或按<Enter>键结束选择
指定基点或位移:输入基点的坐标
指定位移的第二点: 输入第二点的坐标

11.7.3　实例——扳手立体图

本例绘制的扳手和阀杆相连，在球阀中通过它对阀杆施力，其通过端部的方孔套和阀杆相连。绘制流程如图 11-144 所示。

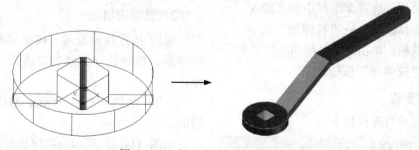

图 11-144　扳手立体图的绘制流程图

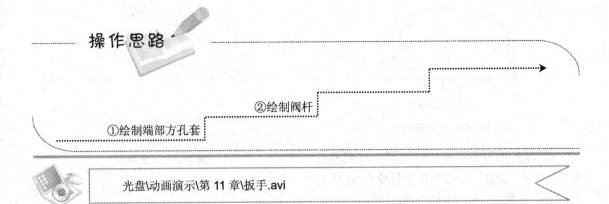

② 绘制阀杆

① 绘制端部方孔套

光盘\动画演示\第 11 章\扳手.avi

操作步骤

（1）设置线框密度。线框密度的默认设置为 8，有效值范围为 0～2047，现将线框密度设置为 10。

（2）设置视图方向。选择菜单栏中"视图"→"三维视图"→"西南等轴测"命令，将当前视图方向设置为西南等轴测视图。

（3）绘制端部。

1）绘制圆柱体。单击"建模"工具栏中的"圆柱体"按钮，绘制底面中心点位于原点，半径为 19、高度为 10 的圆柱体。

2）复制圆柱体底边。单击"实体编辑"工具栏中的"复制边"按钮，选取圆柱底面边线，在原位置进行复制，命令行提示与操作如图 11-145 所示。

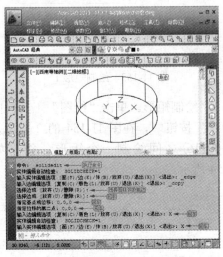

图 11-145 复制圆柱体底边

3）绘制辅助线。单击"绘图"工具栏中的"构造线"按钮，绘制一条过原点的与水平成 135° 的辅助线，结果如图 11-146 所示。

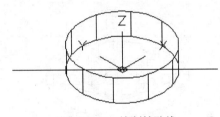

图 11-146 绘制辅助线

4）修剪对象。单击"修改"工具栏中的"修剪"按钮，将图形中相应的部分进行修剪，修剪辅助线内侧的圆柱体底边的部分，以及辅助线在圆柱底边外侧的部分。

5）创建面域。单击"绘图"工具栏中的"面域"按钮，将修剪后的图形创建为面域，结果如图 11-147 所示。

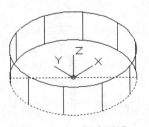

图 11-147 创建面域

6）拉伸面域。单击"建模"工具栏中的"拉伸"按钮，将上一步创建的面域拉伸 3。

7）差集处理。单击"实体编辑"工具栏中的"差集"按钮，将创建的面域拉伸与圆柱体进行差集处理，结果如图 11-148 所示。

01 chapter
02 chapter
03 chapter
04 chapter
05 chapter
06 chapter
07 chapter
08 chapter
09 chapter
10 chapter
11 chapter
12 chapter
13 chapter

285

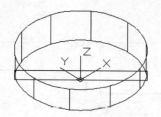

图 11-148　差集处理 1

8）绘制圆柱体。单击"建模"工具栏中的"圆柱体"按钮，绘制以坐标原点(0, 0, 0)为圆心，直径为 14、高 10 的圆柱体。

9）绘制长方体。单击"建模"工具栏中的"长方体"按钮，以(0, 0, 5)为中心点绘制长为 11、宽度为 11、高度为 10 的正方体，结果如图 11-149 所示。

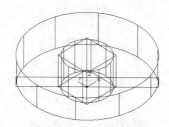

图 11-149　绘制长方体

10）交集处理。单击"实体编辑"工具栏中的"交集"按钮，将上两步绘制的圆柱体和长方体进行交集处理。

11）差集处理。单击"实体编辑"工具栏中的"差集"按钮，将绘制的圆柱体外形轮廓和交集后的图形进行差集处理，结果如图 11-150 所示。

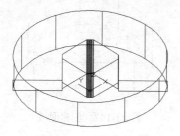

图 11-150　差集处理 2

（4）设置视图方向。将当前视图设置为俯视图方向，结果如图 11-151 所示。

（5）绘制阀杆。

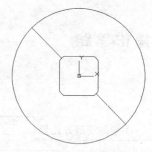

图 11-151　俯视图

1）绘制直线。单击"绘图"工具栏中的"直线"按钮，绘制一条线段，作为辅助线，直线的起点为(0, -8)、终点为(@20, 0)，结果如图 11-152 所示。

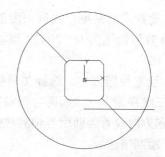

图 11-152　绘制辅助线

2）绘制矩形。单击"绘图"工具栏中的"矩形"按钮，在图 11-153 的 1 点以及点(@60, 16)之间绘制一个矩形，结果如图 11-153 所示。

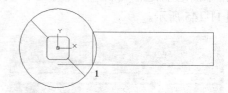

图 11-153　绘制矩形 1

3）绘制矩形。单击"绘图"工具栏中的"矩形"按钮，在图 11-154 的 2 点以及点(@100, 16)之间绘制一个矩形，结果如图 11-154 所示。

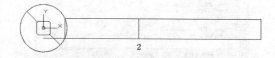

图 11-154　绘制矩形 2

4）删除辅助线。单击"修改"工具栏中的"删除"按钮 ✐，删除作为辅助线的直线。

5）分解图形。单击"修改"工具栏中的"分解"按钮 ⬚，将右边绘制的矩形分解。

6）圆角处理。单击"修改"工具栏中的"圆角"按钮 ◻，将右边矩形的两边进行圆角处理，半径为 8mm。

7）创建面域。单击"绘图"工具栏中的"面域"按钮 ◙，将左、右两个矩形创建为面域，结果如图 11-155 所示。

图 11-155　创建面域

8）拉伸面域。单击"建模"工具栏中的"拉伸"按钮 ◻，分别将两个面域拉伸 6mm。

9）设置视图方向。将当前视图设置为前视图方向，如图 11-156 所示。

图 11-156　前视图

10）三维旋转。单击"建模"工具栏中的"三维旋转"按钮 ◉，将图中矩形绕 Z 上的原点旋转 30°，结果如图 11-157 所示。

图 11-157　三维旋转图形

11）移动矩形。单击"修改"工具栏中的"移动"按钮 ✥，将右边的矩形，从图 11-157 中的点 2 移动到点 1，结果如图 11-158 所示。

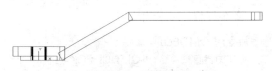

图 11-158　移动矩形

12）并集处理。单击"实体编辑"工具栏中的"并集"按钮 ⬭，将视图中的所用图形并集处理。

13）设置视图方向。将当前视图设置为西南等轴测视图。

14）绘制圆柱体。单击"建模"工具栏中的"圆柱体"按钮 ▯，以右端圆弧圆心为中心点，绘制直径为 8、高为 6 的圆柱体。

15）差集处理。单击"实体编辑"工具栏中的"差集"按钮 ⬭，将实体与圆柱体进行差集运算，结果如图 11-159 所示。

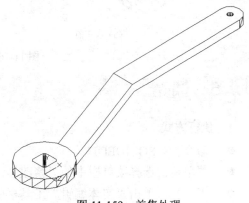

图 11-159　差集处理

📱 **教你一招**

在第（5）步中的 1）中绘制直线，是为下一步绘制矩形做准备，因为矩形的坐标不是整数坐标。这种绘制方法在 AutoCAD 中比较常用。

11.7.4　偏移面

1. 执行方式

● 命令行：SOLIDEDIT。

01 chapter
02 chapter
03 chapter
04 chapter
05 chapter
06 chapter
07 chapter
08 chapter
09 chapter
10 chapter
11 chapter
12 chapter
13 chapter

- 菜单栏：选择菜单栏中的"修改"→"实体编辑"→"偏移面"命令。
- 工具栏：单击"实体编辑"工具栏中的"偏移面"按钮 ▢。

2．操作步骤

命令行提示与操作如下。

> 命令：SOLIDEDIT
> 实体编辑自动检查：SOLIDCHECK=1
> 输入实体编辑选项 [面(F)/边(E)/体(B)/放弃(U)/退出(X)] <退出>：F
> 输入面编辑选项[拉伸(E)/移动(M)/旋转(R)/偏移(O)/倾斜(T)/删除(D)/复制(C)/颜色(L)/材质(A)/放弃(U)/退出(X)] <退出>：O
> 选择面或 [放弃(U)/删除(R)]：选择要进行偏移的面
> 指定偏移距离：输入要偏移的距离值

如图 11-160 所示为通过偏移命令改变哑铃手柄大小的结果。

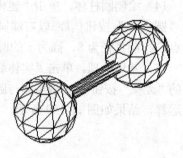
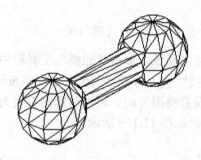

（a）偏移前   （b）偏移后

图 11-160   偏移对象

11.7.5   抽壳

1．执行方式

- 命令行：SOLIDEDIT。
- 菜单栏：选择菜单栏中的"修改"→"实体编辑"→"抽壳"命令。
- 工具栏：单击"实体编辑"工具栏中的"抽壳"按钮 ▢。

2．操作步骤

命令行提示与操作如下。

> 命令：SOLIDEDIT
> 实体编辑自动检查：SOLIDCHECK=1
> 输入实体编辑选项 [面(F)/边(E)/体(B)/放弃(U)/退出(X)] <退出>：B
> 输入体编辑选项[压印(I)/分割实体(P)/抽壳(S)/清除(L)/检查(C)/放弃(U)/退出(X)] <退出>：S
> 选择三维实体：选择三维实体
> 删除面或 [放弃(U)/添加(A)/全部(ALL)]：选择开口面
> 输入抽壳偏移距离：指定壳体的厚度值

如图 11-161 所示为利用抽壳命令创建的花盆。

  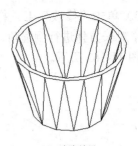

（a）创建初步轮廓　　　（b）完成创建　　　（c）消隐结果

图 11-161　花盆

教你一招

抽壳是用指定的厚度创建一个空的薄层。可以为所有面指定一个固定的薄层厚度，通过选择面可以将这些面排除在壳外。一个三维实体只能有一个壳，通过将现有面偏移出其原位置来创建新的面。

"实体编辑"命令的其他选项功能与上面几项类似，这里不再赘述。

11.7.6　实例——闪盘立体图

本例主要利用长方体、差集、并集、圆柱体、抽壳和多行文字命令绘制闪盘。绘制流程如图 11-162 所示。

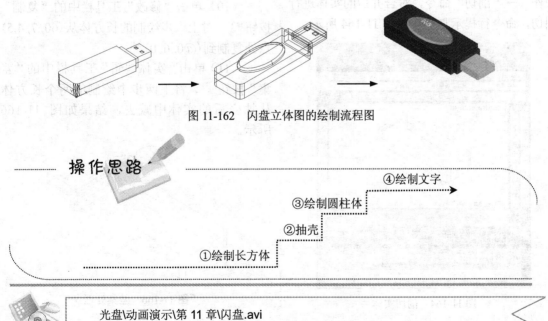

图 11-162　闪盘立体图的绘制流程图

操作思路

④绘制文字
③绘制圆柱体
②抽壳
①绘制长方体

　光盘\动画演示\第 11 章\闪盘.avi

操作步骤

（1）转换视图。选择菜单栏中的"视图"→"三维视图"→"西南等轴测"命令，转换

为西南等轴测视图。

（2）单击"建模"工具栏中的"长方体"按钮，在以原点为角点处绘制长度为 50、宽度为 20、高度为 9 的长方体。

01 chapter
02 chapter
03 chapter
04 chapter
05 chapter
06 chapter
07 chapter
08 chapter
09 chapter
10 chapter
11 chapter
12 chapter
13 chapter

（3）单击"修改"工具栏中的"圆角"按钮，对长方体进行倒圆角，圆角半径为3，结果如图 11-163 所示。

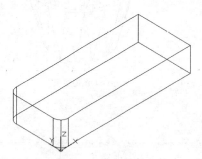

图 11-163　倒圆角处理

（4）单击"建模"工具栏中的"长方体"按钮，以(50, 1.5, 1)为角点绘制长度为 3、宽度为 17、高度为 7 的长方体。

（5）单击"实体编辑"工具栏中的"并集"按钮，将上面绘制的两个长方体合并在一起。

（6）选择菜单栏中的"修改"→"三维操作"→"剖切"命令，对合并后的实体进行剖切，命令行提示与操作如图 11-164 所示。

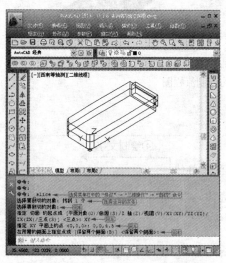

图 11-164　剖切实体

（7）单击"建模"工具栏中的"长方体"按钮，以(53, 4, 2.5)为角点绘制长度为 13、宽度为 12、高度为 4 的长方体。

（8）对第上一步绘制的长方体进行抽壳。单击"实体编辑"工具栏中的"抽壳"按钮，

根据 AutoCAD 命令行提示完成抽壳操作，命令行提示与操作如图 11-165 所示。

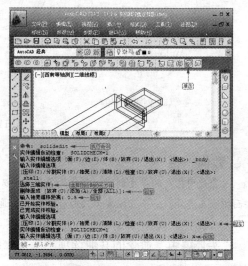

图 11-165　抽壳实体

（9）单击"建模"工具栏中的"长方体"按钮，以(60, 7, 4.5)为角点绘制长度为 2、宽度为 2.5、高度为 10 的长方体。

（10）单击"修改"工具栏中的"复制"按钮，对上一步绘制的长方体从(60, 7, 4.5)点处复制到(@0, 6, 0)处。

（11）单击"实体编辑"工具栏中的"差集"按钮，将上两步中绘制的两个长方体从抽壳后的实体中减去，结果如图 11-166 所示。

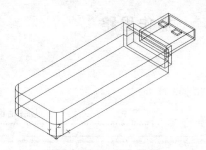

图 11-166　差集处理

（12）单击"建模"工具栏中的"长方体"按钮，以(53.5, 4.5, 3)为角点绘制长度为 12、宽度为 11、高度为 1.5 的长方体。

（13）改变视图方向。选择菜单栏中的"视图"→"动态观察器"→"自由动态观察"命

令，或是用鼠标点击"三维动态观察器"工具栏的三维动态观察的图标，将实体调整到易于观察的角度。

（14）单击"渲染"工具栏中的"隐藏"按钮，对实体进行消隐，结果如图 11-167 所示。

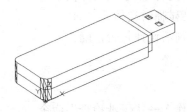

图 11-167　旋转消隐后的图形

（15）转换视图。选择菜单栏中的"视图"→"三维视图"→"西南等轴测"命令，转换为西南等轴测视图。

（16）单击"建模"工具栏中的"圆柱体"按钮，绘制一个椭圆柱体，命令行提示与操作如图 11-168 所示。

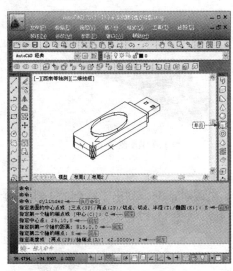

图 11-168　绘制圆柱体

（17）单击"绘图"工具栏中的"圆角"按钮，对椭圆柱体的上表面进行倒圆角，圆角半径是 1mm。

（18）单击"渲染"工具栏中的"隐藏"按钮，对实体进行消隐，结果如图 11-169 所示。

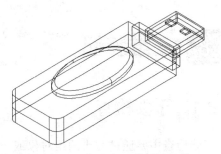

图 11-169　倒圆角后的椭圆柱体

（19）单击"绘图"工具栏中的"多行文字"按钮，在椭圆柱体的上表面编辑文字，命令行提示与操作如图 11-170 所示，AutoCAD 弹出文字编辑框，其中，"闪盘"的字体是宋体、文字高度是 2.5，"V.128M"的字体是 TXT、文字高度是 1.5。

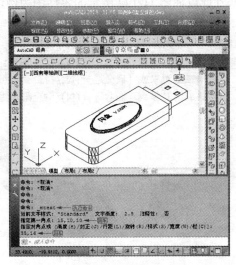

图 11-170　标注文字

（20）转换视图。选择菜单栏中的"视图"→"三维视图"→"俯视"命令，转换为俯视图。

（21）单击"渲染"工具栏中的"隐藏"按钮，对实体进行消隐，结果如图 11-171 所示。

图 11-171　结果图

11.8 三维装配

11.8.1 干涉检查

干涉检查主要通过对比两组对象或一对一地检查所有实体来检查实体模型中的干涉（三维实体相交或重叠的区域）。系统将在实体相交处创建和亮显临时实体。

干涉检查常用于检查装配体立体图是否干涉，从而判断设计是否正确。

1. 执行方式

● 命令行：INTERFERE（快捷命令：INF）。
● 菜单栏：选择菜单栏中的"修改"→"三维操作"→"干涉检查"命令。

2. 操作步骤

在此以如图 11-172 所示的零件图为例进行干涉检查。命令行提示与操作如下。

```
命令: INTERFERE✓
选择第一组对象或 [嵌套选择(N)/设置(S)]: 选择图 11-172（a）中的手柄
选择第一组对象或 [嵌套选择(N)/设置(S)]: ✓
选择第二组对象或 [嵌套选择(N)/检查第一组(K)] <检查>: 选择图 11-172（a）中的套环
选择第二组对象或 [嵌套选择(N)/检查第一组(K)] <检查>: ✓
```

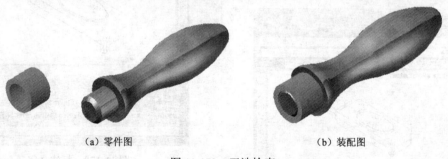

(a) 零件图　　　　　　　　(b) 装配图

图 11-172　干涉检查

系统打开"干涉检查"对话框，如图 11-173 所示。在该对话框中列出了找到的干涉对数量，并可以通过"上一个"和"下一个"按钮来亮显干涉对，如图 11-174 所示。

图 11-173　"干涉检查"对话框

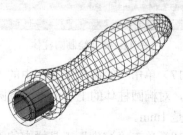

图 11-174　亮显干涉对

3．选项说明

（1）嵌套选择（N）：选择该选项，用户可以选择嵌套在块和外部参照中的单个实体对象。

（2）设置（S）：选择该选项，系统打开"干涉设置"对话框，如图 11-175 所示，可以设置干涉的相关参数。

图 11-175　"干涉设置"对话框

11.8.2　实例——减速器箱体三维装配图

本例首先创建大齿轮图块，接着装配大齿轮组件，然后绘制爆炸图，最后总装减速器。绘制流程如图 11-176 所示。

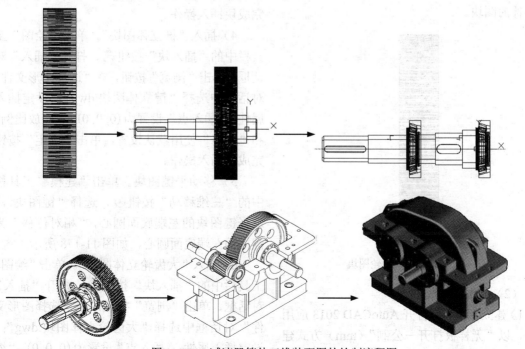

图 11-176　减速器箱体三维装配图的绘制流程图

01 chapter
02 chapter
03 chapter
04 chapter
05 chapter
06 chapter
07 chapter
08 chapter
09 chapter
10 chapter
11 chapter
12 chapter
13 chapter

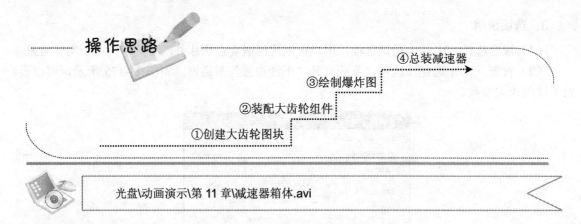

操作思路

④总装减速器
③绘制爆炸图
②装配大齿轮组件
①创建大齿轮图块

光盘\动画演示\第 11 章\减速器箱体.avi

操作步骤

（1）创建大齿轮图块。

1）打开文件。单击"标准"工具栏中的"打开"按钮 📂，找到"大齿轮立体图.dwg"文件。

2）创建并保存大齿轮图块。仿照前面创建与保存图块的操作方法，依次利用"BLOCK"和"WBLOCK"命令，将如图 11-177 所示的 A 点设置为"基点"，其他选项使用默认值，创建并保存"大齿轮立体图块"，结果如图 11-177 所示；采用同样的方法，创建变速箱其他零件的图块。

图 11-177 三维大齿轮图块

（2）装配大齿轮组件。

1）建立新文件。打开 AutoCAD 2013 应用程序，以"无样板打开—公制"（mm）方式建立新文件；将新文件命名为"大齿轮装配图.dwg"并保存。

2）配置绘图环境。将常用的二维和三维编辑与显示工具栏调出来，如"修改"、"视图"、"对象捕捉"、"着色"和"渲染"工具栏，放置在绘图区。

3）插入"轴立体图块"。单击"绘图"工具栏中的"插入块"按钮 🔣，打开"插入"对话框，单击"浏览"按钮，在"选择图形文件"对话框中选择"轴立体图块.dwg"；设定插入属性："插入点"设置为(0, 0, 0)，"缩放比例"和"旋转"使用默认设置。单击"确定"按钮完成块插入操作。

4）插入"键立体图块"。单击"绘图"工具栏中的"插入块"按钮 🔣，打开"插入"对话框，单击"浏览"按钮，在"选择图形文件"对话框中选择"键立体图块.dwg"；设定插入属性："插入点"设置为(0, 0, 0)，"缩放比例"和"旋转"使用默认设置，单击"确定"按钮完成块插入操作。

5）移动平键图块。单击"建模"工具栏中的"三维移动"按钮 🔄，选择"键图块"，选择键图块的左端底面圆心，"相对位移"为键槽的左端底面圆心，如图 11-178 所示。

6）插入"大齿轮立体图块"。单击"绘图"工具栏中的"插入块"按钮 🔣，打开"插入"对话框，单击"浏览"按钮，在"选择图形文件"对话框中选择"大齿轮立体图块.dwg"；设定插入属性："插入点"设置为(0, 0, 0)，"缩放比例"和"旋转"使用默认设置。单击"确定"按钮完成块插入操作。插入大齿轮图块后的结果如图 11-179 所示。

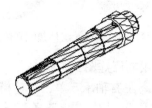

图 11-178 安装平键

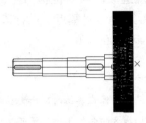

图 11-179 插入大齿轮图块

7）移动大齿轮图块。单击"建模"工具栏中的"三维移动"按钮，选择大齿轮图块，"基点"任意选取，"相对位移"是"@-57.5, 0, 0"，结果如图 11-180 所示。

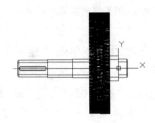

图 11-180 移动大齿轮图块

8）切换观察视角。切换到右视图，如图 11-181 所示。

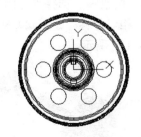

图 11-181 切换观察视角

9）旋转大齿轮图块。单击"建模"工具栏中的"三维旋转"按钮，将大齿轮图块绕

轴旋转 180º，结果如图 11-182 所示。

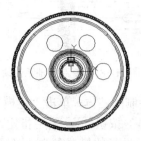

图 11-182 旋转大齿轮图块

10）为了方便装配，将大齿轮隐藏。新建图层 1，将大齿轮切换到图层 1 上，并将图层 1 冻结。

11）插入"大轴承立体图块"。单击"绘图"工具栏中的"插入块"按钮，打开"插入"对话框，单击"浏览"按钮，在"选择图形文件"对话框中选择"大轴承立体图块.dwg"；设定插入属性："插入点"设置为 (0, 0, 0)，"缩放比例"和"旋转"使用默认设置。单击"确定"按钮完成块插入操作，结果如图 11-183 所示。

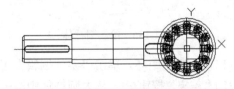

图 11-183 插入大轴承图块

12）旋转大轴承图块。单击"建模"工具栏中的"三维旋转"按钮，对轴承图块进行三维旋转操作，将轴承的轴线与齿轮轴的轴线相重合，即将大轴承图块绕 Y 轴旋转 90º，结果如图 11-184 所示。

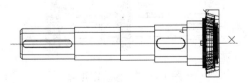

图 11-184 旋转大轴承图块

13）复制大轴承图块。单击"修改"工具栏中的"复制"按钮，将大轴承图块从原点复制到(-91, 0, 0)，结果如图 11-185 所示。

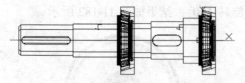

图 11-185　复制大轴承图块

14）绘制圆柱体。单击"建模"工具栏中的"圆柱体"按钮 ，采用指定两个底面圆心点和底面半径的模式绘制两个圆柱体：以 (0, 0, 300) 为底面中心点，半径为 17.5、顶圆圆心为 (@-16.5, 0, 0) 绘制圆柱体；以 (0, 0, 300) 为底面中心点，半径为 22、顶圆圆心为 (@-16.5, 0, 0) 绘制圆柱体，结果如图 11-186 所示。

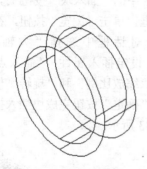

图 11-186　绘制圆柱体

15）绘制定距环。单击"实体编辑"工具栏中的"差集"按钮 ，从大圆柱体中减去小圆柱体，得到定距环实体。

16）移动定距环实体。单击"建模"工具栏中的"三维移动"按钮 ，选择大轴承图块，"基点"任意选取，"相对位移"是 "-74, 0, 0"，结果如图 11-187 所示。

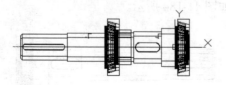

图 11-187　移动定距环

17）更改大齿轮图层属性。打开大齿轮图层，显示大齿轮实体，更改其图层属性为实体层。至此完成大齿轮组件装配立体图的设计，如图 11-188 所示。

图 11-188　大齿轮组件装配立体图

（3）绘制爆炸图。

1）剥离左右轴承。单击"建模"工具栏中的"三维移动"按钮 ，选择右侧轴承图块，"基点"任意选取，"相对位移"是 "@50, 0, 0"；选择左侧轴承图块，"基点"任意选取，"相对位移"是 "@-400, 0, 0"。

提示

爆炸图，就好像在实体内部产生爆炸一样，各个零件按照切线方向向外飞出，既可以直观地显示装配图中各个零件的实体模型，又可以表征各个零件的装配关系。在其他绘图软件，如 SolidWorks 中集成了爆炸图自动生成功能，系统可以自动生成装配图的爆炸效果图。而 AutoCAD 2013 暂时还没有集成这一功能，不过利用实体的编辑命令，同样可以在 AutoCAD 2013 种创建爆炸效果图。

2）剥离定距环。单击"建模"工具栏中的"三维移动"按钮 ，选择定距环图块，"基点"任意选取，"相对位移"是 "@-350, 0, 0"。

3）剥离齿轮。单击"建模"工具栏中的"三维移动"按钮 ，选择齿轮图块，"基点"任意选取，"相对位移"是 "@-220, 0, 0"。

4）剥离平键。单击"建模"工具栏中的"三维移动"按钮 ，选择平键图块，"基点"任意选取，"相对位移"是 "@0, 50, 0"，爆炸效果如图 11-189 所示。

图 11-189　大齿轮组件爆炸图

（4）总装减速器。

1）建立新文件。打开 AutoCAD 2013 应用程序，以"无样板打开－公制"（mm）方式建立新文件，将新文件命名为"减速器箱体装配.dwg"并保存。

2）配置绘图环境。将常用的二维和三维编辑与显示工具栏调出来，如"修改"、"视图"、"对象捕捉"和"渲染"工具栏，放置在绘图区。

3）插入"减速器箱体立体图块"。单击"绘图"工具栏中的"插入块"按钮，打开"插入"对话框，单击"浏览"按钮，在"选择图形文件"对话框中选择"箱体立体图块.dwg"；设定插入属性："插入点"设置为(0, 0, 0)，"缩放比例"和"旋转"使用默认设置，单击"确定"按钮完成块插入操作。

4）插入"齿轮轴组件立体图块"。单击"绘图"工具栏中的"插入块"按钮，打开"插入"对话框，单击"浏览"按钮，在"选择图形文件"对话框中选择"齿轮轴组件立体图块.dwg"；设定插入属性："插入点"设置为(77, 47.5, 152)，"缩放比例"为1，"旋转"为0°，单击"确定"按钮完成块插入操作，结果如图 11-190 所示。

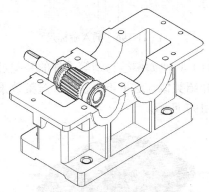

图 11-190　插入齿轮轴组件立体图块

5）插入"大齿轮组件图块"。单击"绘图"工具栏中的"插入块"按钮，打开"插入"对话框，单击"浏览"按钮，在"选择图形文件"对话框中选择"三维大齿轮组件图块.dwg"；设定插入属性："插入点"设置为(197, 122.5, 152)，"缩放比例"为1，"旋转"

为 90°，单击"确定"按钮完成块插入操作，结果如图 11-191 所示。

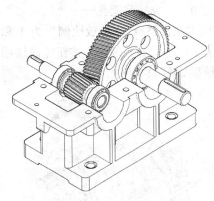

图 11-191　插入大齿轮组件图块

6）插入"减速器箱盖图块"。单击"绘图"工具栏中的"插入块"按钮，打开"插入"对话框，单击"浏览"按钮，在"选择图形文件"对话框中选择"减速器箱盖立体图块.dwg"；设定插入属性："插入点"设置为(197, 0, 152)，"缩放比例"为 1，"旋转"为90°，单击"确定"按钮完成块插入操作，结果如图 11-192 所示。

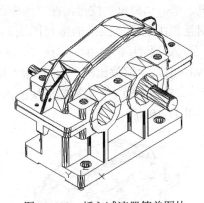

图 11-192　插入减速器箱盖图块

7）插入 4 个"减速器箱体端盖图块"。单击"绘图"工具栏中的"插入块"按钮，打开"插入"对话框，单击"浏览"按钮，在"选择图形文件"对话框中选择 4 个"箱体端盖图块.dwg"；设定插入属性：小端盖无孔——"插入点"设置为(77, -7.2, 152)，"缩放比例"为1，"旋转"为 180°；大端盖带孔——"插入点"设置为(197, -7.2, 152)，"缩放比例"为 1，

01 chapter
02 chapter
03 chapter
04 chapter
05 chapter
06 chapter
07 chapter
08 chapter
09 chapter
10 chapter
11 chapter
12 chapter
13 chapter

297

"旋转"为 180°；小端盖带孔——"插入点"设置为 (77, 177.2, 152)，"缩放比例"为 1 和"旋转"为 0°；大端盖无孔——"插入点"设置为 (197, 177.2, 152)，"缩放比例"为 1 和"旋转"为 0°，单击"确定"按钮完成块插入操作，结果如图 11-193 所示。

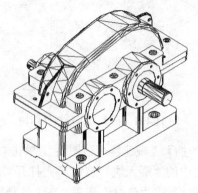

图 11-193   插入 4 个减速器箱体端盖图块

8）新建坐标系。利用（UCS）命令，绕 X 轴旋转 90°，建立新的用户坐标系。

9）插入"三维油标尺图块"。单击"绘图"工具栏中的"插入块"按钮，打开"插入"对话框，单击"浏览"按钮，在"选择图形文件"对话框中选择"三维油标尺图块.dwg"；设定插入属性："插入点"设置为 (380, 90, -85)，"缩放比例"为 1 和"旋转"为 315°，单击"确定"按钮完成块插入操作，结果如图 11-194 所示。

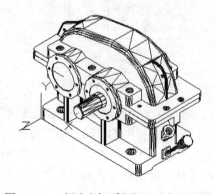

图 11-194   新建坐标系与插入油标尺图块

10）切换视角。将当前视图切换为前视图，如图 11-195 所示；打开对象捕捉的圆心命令，

单击"建模"工具栏中的"三维移动"按钮，选择游标尺作为"移动对象"，在游标尺上选择 1 点作为"移动基点"，"移动第二点"选择为齿轮基体上的 2 点，完成游标尺的创建，结果如图 11-196 所示。

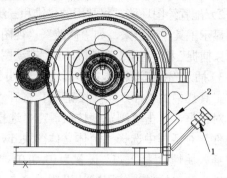

图 11-195   切换视图方向

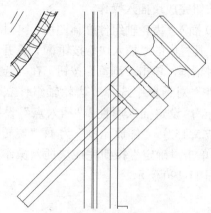

图 11-196   插入游标尺

11）其他如螺栓与销等零件的装配过程与上面介绍类似，这里不再赘述。渲染效果图如图 11-197 所示。

图 11-197   渲染效果图

11.9　上机操作

【实验 1】创建如图 11-198 所示的三通管。

1．目的要求

三维图形具有形象逼真的优点，但是三维图形的创建比较复杂，需要读者掌握的知识比较多。本例要求读者熟悉三维模型创建的步骤，掌握三维模型的创建技巧。

2．操作提示

（1）创建 3 个圆柱体。
（2）镜像和旋转圆柱体。
（3）圆角处理。

【实验 2】创建如图 11-199 所示的轴。

图 11-198　三通管

图 11-199　轴

1．目的要求

轴是最常见的机械零件。本例需要创建的轴集中了很多典型的机械结构形式，如轴体、孔、轴肩、键槽、螺纹、退刀槽、倒角等，因此需要用到的三维命令也比较多。通过本例的练习，可以使读者进一步熟悉三维绘图的技能。

2．操作提示

（1）顺次创建直径不等的 4 个圆柱。
（2）对 4 个圆柱进行并集处理。
（3）转换视角，绘制圆柱孔。
（4）镜像并拉伸圆柱孔。
（5）对轴体和圆柱孔进行差集处理。
（6）采用同样的方法创建键槽结构。
（7）创建螺纹结构。
（8）对轴体进行倒角处理。
（9）渲染处理。

01 chapter
02 chapter
03 chapter
04 chapter
05 chapter
06 chapter
07 chapter
08 chapter
09 chapter
10 chapter
11 chapter
12 chapter
13 chapter

第 12 章

机械设计工程实例

本章是 AutoCAD 2013 二维绘图命令的综合应用。箱体类零件都比较复杂，需要综合运用各种绘图命令，绘制多视图来综合表述零件的结构参数，同时尺寸标注的内容比较多，需要多个标注样式。

本章主要介绍阀体和减速器箱体的绘制以及尺寸标注的过程。

- ◆ 机械制图概述
- ◆ 减速器箱体平面图
- ◆ 减速器装配平面图

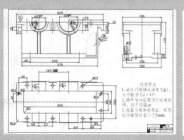
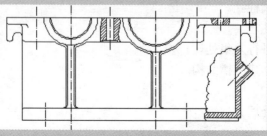
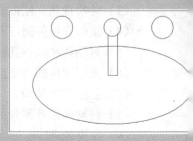

12.1 机械制图概述

12.1.1 零件图绘制方法

零件图是设计者用以表达对零件设计意图的一种技术文件。

1. 零件图的内容

零件图是表达零件结构形状、大小和技术要求的工程图样，工人根据它加工制造零件。一幅完整的零件图应包括以下内容。

（1）一组视图：表达零件的形状与结构。

（2）一组尺寸：标出零件上结构的大小、结构间的位置关系。

（3）技术要求：标出零件加工、检验时的技术指标。

（4）标题栏：注明零件的名称、材料、设计者、审核者、制造厂家等信息的表格。

2. 零件图的绘制过程

零件图的绘制过程包括草绘和绘制工作图，AutoCAD 一般用作绘制工作图。绘制零件图包括以下几步。

（1）设置作图环境。作图环境的设置一般包括以下两方面。

● 选择比例：根据零件的大小和复杂程度选择比例，尽量采用 1 : 1。

● 选择图纸幅面：根据图形、标注尺寸、技术要求所需图纸幅面，选择标准幅面。

（2）确定作图顺序，选择尺寸转换为坐标值的方式。

（3）标注尺寸，标注技术要求，填写标题栏。标注尺寸前要关闭剖面层，以免剖面线在标注尺寸时影响端点捕捉。

（4）校核与审核。

教你一招

机械设计零件图的作用与内容如下。

● 零件图：用来表达零件的形状、结构、尺寸、材料以及技术要求等的图样。

● 零件图的作用：生产准备、加工制造、质量检验和测量的依据。

零件图包括以下内容。

● 一组图形——能够完整、正确、清晰地表达出零件各部分的结构、形状（视图、剖视图、断面图等）。

● 一组尺寸——确定零件各部分结构、形状大小及相对位置的全部尺寸（定形、定位尺寸）。

● 技术要求——用规定的符号、文字标注或说明表示零件在制造、检验、装配、调试等过程中应达到的要求。

12.1.2 装配图的绘制方法

装配图表达了部件的设计构思、工作原理和装配关系，也表达了各零件间的相互位置、尺寸关系及结构形状，是绘制零件工作图、部件组装、调试及维护等的技术依据。设计装配工作图时要综合考虑工作要求、材料、强度、刚度、磨损、加工、装拆、调整、润滑和维护以及经济等诸多因素，并要使用足够的视图表达清楚。

1. 装配图内容

（1）一组图形：用一般表达方法和特殊表达方法，正确、完整、清晰和简捷地表达装配体的工作原理，零件之间的装配关系、连接关系和零件的主要结构形状。

（2）必要的尺寸：在装配图上必须标注出表示装配体的性能、规格以及装配、检验、安装时所需的尺寸。

（3）技术要求：用文字或符号说明装配体的性能、装配、检验、调试、使用等方面的要求。

（4）标题栏、零件序号和明细表：按一

01 chapter
02 chapter
03 chapter
04 chapter
05 chapter
06 chapter
07 chapter
08 chapter
09 chapter
10 chapter
11 chapter
12 chapter
13 chapter

定的格式，将零件、部件进行编号，并填写标题栏和明细表，以便读图。

2．装配图绘制过程

绘制装配图时应注意检验、校正零件的形状、尺寸，纠正零件草图中的不妥或错误之处。

（1）绘图前应当进行必要的设置，如绘图单位、图幅大小、图层线型、线宽、颜色、字体格式、尺寸格式等。设置方法见前述章节，为了绘图方便，比例尽量选用 1:1。

（2）绘图步骤。

1）根据零件草图，装配示意图绘制各零件图，各零件的比例应当一致，零件尺寸必须准确，可以暂不标尺寸，将每个零件用

"WBLOCK"命令定义为 DWG 文件。定义时，必须选好插入点，插入点应当是零件间相互有装配关系的特殊点。

2）调入装配干线上的主要零件，如轴，然后沿装配干线展开，逐个插入相关零件。插入后，若需要剪断不可见的线段，应当炸开插入块。插入块时应当注意确定它的轴向和径向定位。

3）根据零件之间的装配关系，检查各零件的尺寸是否有干涉现象。

4）根据需要对图形进行缩放，布局排版，然后根据具体情况设置尺寸样式，标注好尺寸及公差，最后填写标题栏，完成装配图。

12.2　减速器箱体平面图

本节将以如图 12-1 所示的减速器箱体平面图为例说明其绘制过程。

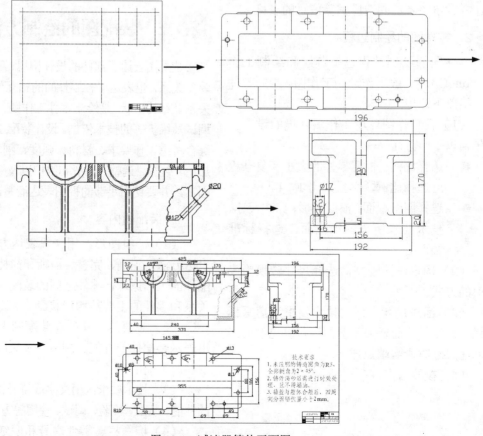

图 12-1　减速器箱体平面图

操作思路

③标注减速箱体以及填写标题栏

②绘制减速器箱体轮廓

①设置绘图环境

光盘\动画演示\第 12 章\减速器箱体.avi

12.2.1　配置绘图环境

（1）创建新文件。

1）创建新文件。启动 AutoCAD 2013 应用程序，选择菜单栏中的"文件"→"新建"命令，打开"选择样板"对话框，单击"打开"按钮右侧的下拉按钮，以"无样板打开—公制"（mm）方式创建新文件，将新文件命名为"减速器箱体.dwg"并保存。

2）设置绘图工具栏。在界面上方的工具栏区右击，选择快捷菜单中的"标准"、"图层"、"特性"、"绘图"、"修改"和"标注"这 6 个选项，打开这些工具栏，并将它们移动到绘图区的适当位置。

3）设置图形界限。在命令行中输入"LIMITS"命令，设置图幅为 841×594（选用 A1 图纸）。

4）开启栅格。按下状态栏中的"栅格显示"按钮，或按快捷键<F7>开启栅格；选择菜单栏中的"视图"→"缩放"→"全部"命令，调整绘图区的显示比例。

5）创建新图层。选择菜单栏中的"格式"→"图层"命令，打开"图层特性管理器"选项板，新建并设置每一个图层，如图 12-2 所示。

（2）绘制图幅和标题栏。

1）绘制图幅边框。将"图框层"设置为当前图层，单击"绘图"工具栏中的"矩形"按钮，绘制两角点坐标为(25, 5)、(835, 590)的矩形。

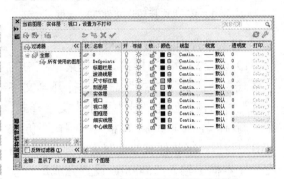

图 12-2　"图层特性管理器"选项板

2）插入"标题栏"块。前面已经把标题栏定义为"标题栏"块，在此只需调入该块。单击"绘图"工具栏中的"插入块"按钮，打开"插入"对话框，如图 12-3 所示，单击"浏览"按钮，打开"选择图形文件"对话框，如图 12-4 所示，选择"标题栏.dwg"文件。

图 12-3　"插入"对话框

3）放置标题栏。在"插入"对话框中，设定"插入点"坐标为(655, 5)，"缩放比例"

和"旋转"使用默认设置，单击"确定"按钮，
完成标题栏的绘制。

图 12-4　"选择图形文件"对话框

（3）设置文字和尺寸标注样式。

1）设置文字标注样式。选择菜单栏中的
"格式"→"文字样式"命令，打开"文字
样式"对话框；创建"技术要求"文字样式，
在"字体名"下拉列表框中选择"仿宋
_GB2312"，"字体样式"设置为常规，在"高
度"文本框中输入 5.0000，设置完成后，单
击"应用"按钮，完成"技术要求"文字标
注格式的设置。

2）创建新标注样式。选择菜单栏中的"标
注"→"标注样式"命令，打开"标注样式管
理器"对话框，创建"机械制图标注"样式，
各属性与前面章节设置相同，并将其设置为当
前使用的标注样式。

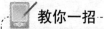

教你一招

《机械制图》国家标准中规定中心线不能超出
轮廓线 2～5mm。

12.2.2　绘制减速器箱体

（1）绘制中心线。

1）切换图层。将"中心线层"置为当前
图层。

2）绘制中心线。单击"绘图"工具栏中
的"直线"按钮，绘制 3 条水平直线
{(50, 150)，(500, 150)}、{(50, 360)，

(800, 360)}和{(50, 530)，(800, 530)}；绘制 5
条竖直直线{(65, 50)，(65, 550)}、{(490, 50)，
(490, 550)}、{(582, 350)，(582, 550)}、
{(680, 350)，(680, 550)} 和 {(778, 50)，
(778, 550)}，结果如图 12-5 所示。

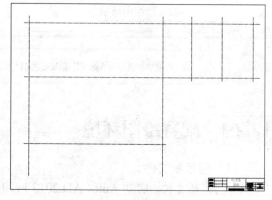

图 12-5　绘制中心线

（2）绘制减速器箱体俯视图。

1）切换图层。将当前图层从"中心线层"
切换到"实体层"。

2）绘制矩形。单击"绘图"工具栏中的
"矩形"按钮，利用给定矩形两个角点的方
法分别绘制矩形 1{(65, 52)，(490, 248)}、矩
形 2{(100, 97)，(455, 203)}、矩形 3{(92, 54)，
(463, 246)}、矩形 4{(92, 89)，(463, 211)}。
矩形 1 和矩形 2 构成箱体顶面轮廓线，矩形 3
表示箱体底座轮廓线，矩形 4 表示箱体中间腔
轮廓线，结果如图 12-6 所示。

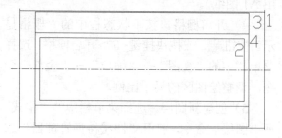

图 12-6　绘制矩形

3）更改图形对象的颜色。选择矩形 3，单
击"特性"工具栏中的"颜色"下拉列表框，
如图 12-7 所示，在其中选择一种颜色赋予矩形
3，使用同样的方法更改矩形 4 的线条颜色。

图 12-7　"颜色"下拉列表框

4）绘制轴孔。绘制轴孔中心线，单击"修改"工具栏中的"偏移"按钮，选择左端直线，从左向右偏移量为 110 和 255；绘制轴孔，重复"偏移"命令，绘制左轴孔直径为 68，右轴孔直径为 90，结果如图 12-8 所示。

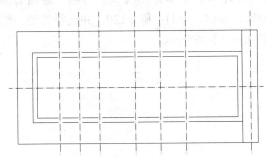

图 12-8　绘制轴孔

5）细化顶面轮廓线。单击"修改"工具栏中的"偏移"按钮，分别选择上下轮廓线，向内偏移 5，分别选择两轴孔轮廓线，向外偏移 12；单击"修改"工具栏中的"修剪"按钮，进行相关图线的修剪，结果如图 12-9 所示。

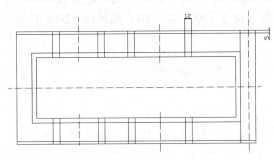

图 12-9　偏移并修剪直线

6）顶面轮廓线倒圆角。单击"修改"工具栏中的"圆角"按钮，矩形 1 的 4 个直角的圆角半径为 10，其他处倒圆角半径为 5，矩形 2 的 4 个直角的圆角半径为 5；单击"修改"

工具栏中的"修剪"按钮，进行相关图线的修剪，结果如图 12-10 所示。

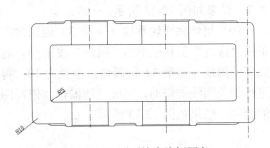

图 12-10　顶面轮廓线倒圆角

7）绘制螺栓孔和销孔中心线。单击"修改"工具栏中的"偏移"按钮，进行如图 12-11 所示的偏移操作，竖直偏移量和水平偏移量如图上标注；单击"修改"工具栏中的"修剪"按钮，进行相关图线的修剪，结果如图 12-11 所示。

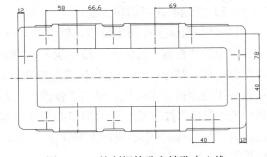

图 12-11　绘制螺栓孔和销孔中心线

8）绘制螺栓孔和销孔。螺栓孔上下为 $\phi 13$ 的通孔，右侧为 $\phi 11$ 的通孔；销孔由 $\phi 10$ 和 $\phi 8$ 两个投影圆组成；单击"绘图"工具栏中的"圆"按钮，以中心线交点为圆心分别绘制；单击"修改"工具栏中的"修剪"按钮，进行相关图线的修剪，结果如图 12-12 所示。

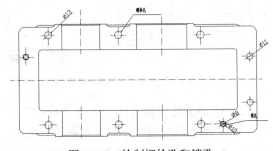

图 12-12　绘制螺栓孔和销孔

9）细化轴孔。单击"修改"工具栏中的"倒角"按钮▱，"角度"为 45°，"距离模式"为 2，结果如图 12-13 所示。

10）箱体底座轮廓线（矩形 3）倒圆角。单击"修改"工具栏中的"圆角"按钮▱，对底座轮廓线（矩形 3）倒圆角，半径为 10；再进行相关图线的修剪，完成减速器箱体俯视图的绘制，结果如图 12-13 所示。

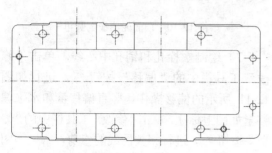

图 12-13　减速器箱体俯视图

（3）绘制减速器箱体主视图。

1）绘制箱体主视图定位线。单击"绘图"工具栏中的"直线"按钮✏，按下状态栏中的"对象捕捉"按钮▢和"正交模式"按钮⌐，从俯视图绘制投影定位线；单击"修改"工具栏中的"偏移"按钮▱，上面的中心线向下偏移量为 12，下面的中心线向上偏移量为 20，结果如图 12-14 所示。

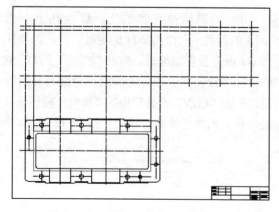

图 12-14　绘制箱体主视图定位线

2）绘制主视图轮廓线。单击"修改"工具栏中的"修剪"按钮⊹，对主视图进行修剪，形成箱体顶面、箱体中间膛和箱体底座的轮廓线，结果如图 12-15 所示。

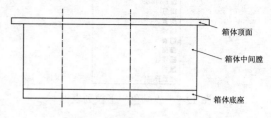

图 12-15　绘制主视图轮廓线

3）绘制轴孔和端盖安装面。单击"绘图"工具栏中的"圆"按钮⊘，以两条竖直中心线与顶面线交点为圆心，分别绘制左侧一组同心圆 $\phi68$、$\phi72$、$\phi92$ 和 $\phi98$；右侧一组同心圆 $\phi90$、$\phi94$、$\phi114$ 和 $\phi120$，并进行修剪，结果如图 12-16 所示。

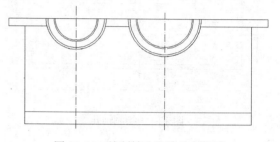

图 12-16　绘制轴孔和端盖安装面

4）绘制偏移直线。单击"修改"工具栏中的"偏移"按钮▱，顶面向下偏移量为 40；再进行相关图线的修剪，补全左右轮廓线，结果如图 12-17 所示，补全左右轮廓线利用"延伸"命令完成，其使用方法如图 12-18 所示。

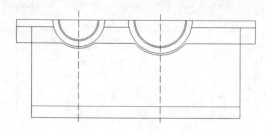

图 12-17　绘制偏移直线

图 12-18　"延伸"命令的使用方法

5）绘制左右耳片。单击"绘图"工具栏中的"圆"按钮 ⊘，绘制耳片半径为8、深度为15；单击"修改"工具栏中的"修剪"按钮 ⁒，进行修剪，结果如图 12-19 所示。

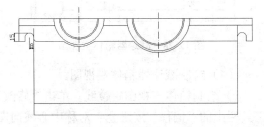

图 12-19　绘制左右耳片

6）绘制左右肋板。单击"修改"工具栏中的"偏移"按钮 ⚏，绘制偏移直线，肋板宽度为 12，与箱体中间腔的相交宽度为 16，再对图形进行修剪，结果如图 12-20 所示。

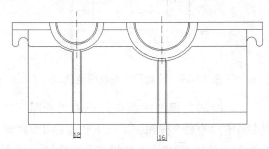

图 12-20　绘制左右肋板

7）倒圆角。单击"修改"工具栏中的"圆角"按钮 ⌒，采用不修剪、半径模式，对主视图进行圆角操作，箱体的铸造圆角半径为 5，倒圆角后再对图形进行修剪，结果如图 12-21 所示。

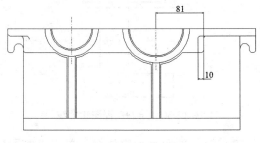

图 12-21　图形倒圆角 1

8）绘制样条曲线。单击"绘图"工具栏中的"样条曲线"按钮 ∿，在两个端盖安装面之间绘制曲线构成剖切平面，结果如图 12-22 所示。

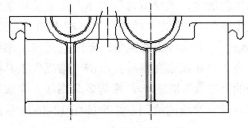

图 12-22　绘制样条曲线

9）绘制螺栓通孔。在剖切平面中，绘制螺栓通孔 φ13×38 和安装沉孔 φ24×2；单击"绘图"工具栏中的"图案填充"按钮 ▨，绘制图层切换到"剖面层"，绘制剖面线。用同样的方法，绘制销通孔 φ10×12、螺栓通孔 φ11×10 和安装沉孔 φ15×2，绘制结果如图 12-23 所示。

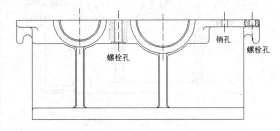

图 12-23　绘制螺栓通孔

10）绘制油标尺安装孔轮廓线。单击"修改"工具栏中的"偏移"按钮 ⚏，箱底向上偏移量为 100；以偏移线与箱体右侧线交点为起点，（@30<-45）和（@30<-135）为接下的两点坐标绘制直线，结果如图 12-24 所示。

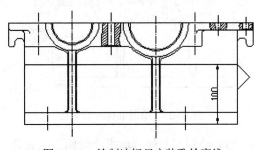

图 12-24　绘制油标尺安装孔轮廓线

11）绘制云线和偏移直线。单击"绘图"工具栏中的"修订云线"按钮 ☁，绘制油标尺安装孔剖面界线，如图 12-25 所示；单击"修改"工具栏中的"偏移"按钮 ，分别选择箱体外轮廓线，水平偏移量为 8，向上偏移量依次为 5 和 8；单击"绘图"工具栏中的"圆弧"按钮 ，绘制 R3 圆弧角，圆滑连接向上偏移量为 5 直线和底面直线；单击"修改"工具栏中的"修剪"按钮 ，修剪多余图线，完成箱体内壁轮廓线的绘制，结果如图 12-26 所示。

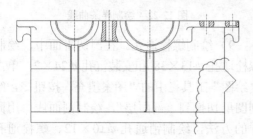

图 12-25　绘制云线和偏移直线

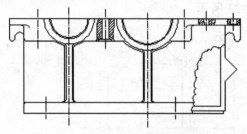

图 12-26　修剪后的结果

12）绘制油标尺安装孔。单击"绘图"工具栏中的"直线"按钮 和"修改"工具栏中的"偏移"按钮 ，绘制孔径为 $\phi 12$，安装沉孔为 $\phi 20 \times 1.5$ 的油标尺安装孔，结果如图 12-27 所示。

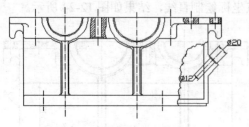

图 12-27　绘制油标尺安装孔

13）绘制剖面线。单击"绘图"工具栏中的"图案填充"按钮 ，绘制图层切换到"剖面层"，绘制剖面线，完成减速器箱体主视图的绘制，结果如图 12-28 所示。

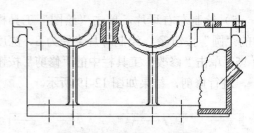

图 12-28　减速器箱体主视图

（4）绘制减速器箱体左视图。

1）绘制箱体左视图定位线。单击"修改"工具栏中的"偏移"按钮 ，对称中心线向左右各偏移 61 和 96，结果如图 12-29 所示。

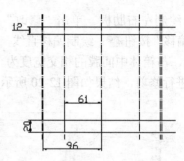

图 12-29　绘制箱体左视图定位线

2）绘制左视图轮廓线。单击"绘图"工具栏中的"直线"按钮 ，按下状态栏中的"对象捕捉"按钮 和"正交模式"按钮 ，从主视图和俯视图绘制投影定位线，形成左视图的外轮廓线；单击"修改"工具栏中的"修剪"按钮 ，对图形进行修剪，形成箱体顶面、箱体中间膛和箱体底座的轮廓线，结果如图 12-30 所示。

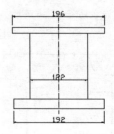

图 12-30　绘制左视图轮廓线

3）绘制顶面水平定位线。单击"绘图"工具栏中的"直线"按钮 ，以主视图中特征点为起点，利用"正交"功能绘制水平定位线，结果如图 12-31 所示。

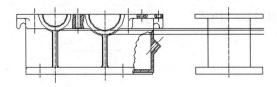

图 12-31 绘制顶面水平定位线

4）绘制顶面竖直定位线。单击"修改"工具栏中的"延伸"按钮 ⼧，将左右两侧轮廓线延伸；单击"修改"工具栏中的"偏移"按钮 ⼏，左右偏移量为 5，结果如图 12-32 所示。

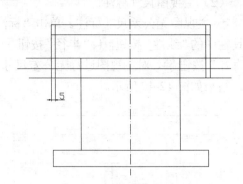

图 12-32 绘制顶面竖直定位线

5）修剪图形。单击"修改"工具栏中的"修剪"按钮 ⼧，修剪多余图线，结果如图 12-33 所示。

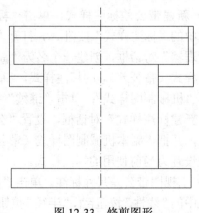

图 12-33 修剪图形

6）绘制肋板。单击"修改"工具栏中的"偏移"按钮 ⼏，左右偏移量为 5；单击"修改"工具栏中的"修剪"按钮 ⼧，修剪多余图线，结果如图 12-34 所示。

7）倒圆角。单击"修改"工具栏中的"圆角"按钮 ⼝，对图形倒圆角，圆角半径为 5，

结果如图 12-35 所示。

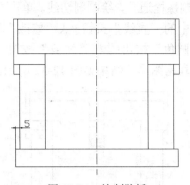

图 12-34 绘制肋板

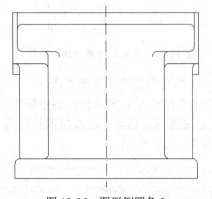

图 12-35 图形倒圆角 2

8）绘制底座凹槽。单击"修改"工具栏中的"偏移"按钮 ⼏，中心线左右偏移量均为 50，底面线向上偏移量为 5，绘制底座凹槽；单击"绘图"工具栏中的"圆角"按钮 ⼝，对图形倒圆角，圆角半径为 5；单击"修改"工具栏中的"修剪"按钮 ⼧，修剪多余图线，结果如图 12-36 所示。

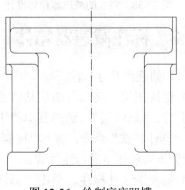

图 12-36 绘制底座凹槽

9）绘制底座螺栓通孔。绘制方法与主视

图中螺栓通孔的绘制方法相同,绘制定位中线,绘制螺栓通孔,绘制剖切线。单击"绘图"工具栏中的"直线"按钮、"修改"工具栏中的"圆角"按钮和"修剪"按钮等绘制中间耳钩图形,结果如图 12-37 所示。

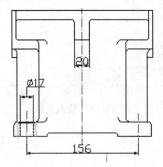

图 12-37　绘制底座螺栓通孔及耳钩

10)修剪俯视图。单击"修改"工具栏中的"删除"按钮,删除俯视图中箱体中间膛轮廓线(矩形 4),最终完成减速器箱体的设计,结果如图 12-38 所示。

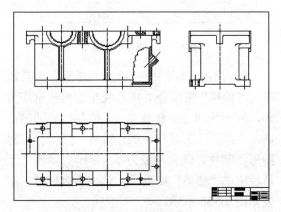

图 12-38　完成的减速器箱体设计

12.2.3　标注减速器箱体

(1)俯视图尺寸标注。

1)切换图层。将当前图层从"实体层"切换到"尺寸标注层";选择菜单栏中的"标注"→"标注样式"命令,将"机械制图标注"样式设置为当前使用的标注样式。

2)俯视图尺寸标注。单击"标注"工具栏中的"线性"按钮、"半径"按钮和"直径"按钮,对俯视图进行尺寸标注,结果如

图 12-39 所示。

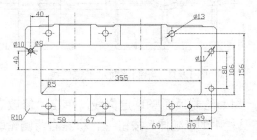

图 12-39　俯视图尺寸标注

(2)主视图尺寸标注。

1)主视图无公差尺寸标注。单击"标注"工具栏中的"线性"按钮、"半径"按钮和"直径"按钮,对主视图进行无公差尺寸标注,结果如图 12-40 所示。

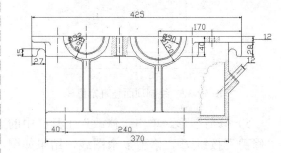

图 12-40　主视图无公差尺寸标注

2)新建带公差标注样式。单击"标注"工具栏中的"标注样式"按钮,打开"标注样式管理器"对话框,创建一个名为"副本机械制图样式(带公差)"的标注样式,"基础样式"为"机械制图样式";单击"继续"按钮,打开"新建标注样式"对话框,设置"公差"选项卡,并把"副本机械制图样式(带公差)"的样式设置为当前使用的标注样式。

3)主视图带公差尺寸标注。单击"标注"工具栏中的"线性"按钮、"半径"按钮和"直径"按钮,对主视图进行带公差的尺寸标注。使用前面章节介绍的带公差尺寸标注方法,进行公差编辑修改,标注结果如图 12-41 所示。

(3)左视图尺寸标注。

1)切换当前标注样式。将"机械制图样式"设置为当前使用的标注样式。

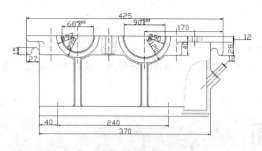

图 12-41　主视图带公差尺寸标注

2）左视图无公差尺寸标注。单击"标注"工具栏中的"线性"按钮┣┫和"直径"按钮◯，对左视图进行无公差尺寸标注，结果如图 12-42 所示。

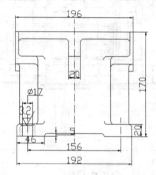

图 12-42　左视图无公差尺寸标注

（4）标注技术要求。

1）设置文字标注格式。选择菜单栏中的"格式"→"文字样式"命令，打开"文字样式"对话框，在"字体名"下拉列表框中选择"仿宋_GB2312"，单击"应用"按钮，将其设置为当前使用的文字样式。

2）文字标注。单击"绘图"工具栏中的"多行文字"按钮 **A**，打开多行文字编辑器，在其中填写技术要求，如图 12-43 所示。

图 12-43　标注技术要求

（5）标注粗糙度。制作粗糙度图块，结合"多行文字"命令标注粗糙度。

教你一招

　　AutoCAD 默认上偏差的值为正或零，下偏差的值为负或零，所以在"上偏差"和"下偏差"微调框中输入数值时，不必同时输入正负号，标注时，系统自动加上。另外，新标注样式所规定的上下偏差在该标注样式进行标注的每个尺寸是不可变的，即每个尺寸都是相同的偏差，如果要改变上下偏差的数值，必须替代或新建标注样式。

12.2.4　填写标题栏

　　将"标题栏层"图层置为当前图层，在标题栏中填写"减速器箱体"，其最终效果如图 12-44 所示。

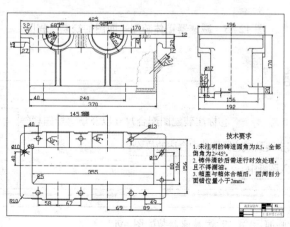

图 12-44　最终效果图

01 chapter
02 chapter
03 chapter
04 chapter
05 chapter
06 chapter
07 chapter
08 chapter
09 chapter
10 chapter
11 chapter
12 chapter
13 chapter

教你一招

对于标题栏的填写，比较方便的方法是把已经填写好的文字复制，然后再进行修改，这样不仅简便，而且可以简单解决文字对齐的问题。

12.3 减速器箱体装配平面图

本例利用插入块、移动、修剪、删除标注等命令绘制减速器箱体装配平面图。绘制流程如图 12-45 所示。

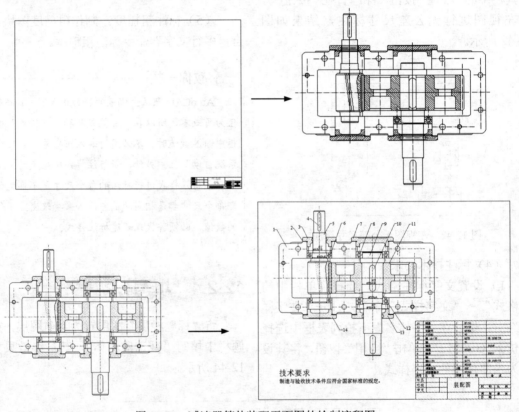

图 12-45　减速器箱体装配平面图的绘制流程图

操作思路

③标注装配图配合尺寸以及填写标题栏等

②利用"移动"命令使其安装到减速器箱体中合适的位置

①将减速器箱体图块插入图纸中

光盘\动画演示\第 12 章\减速器装配图.avi

12.3.1 配置绘图环境

（1）创建新文件。

1）新建文件。启动 AutoCAD 2013 应用程序，选择菜单栏中的"文件"→"新建"命令，打开"选择样板"对话框，单击"打开"按钮右侧的下拉按钮，以"无样板打开—公制"（mm）方式创建新文件；将新文件命名为"减速器装配图.dwg"并保存。

2）设置绘图工具栏。在界面上方的工具栏区中右击，在打开的快捷菜单中选择"标准"、"图层"、"特性"、"绘图"、"修改"和"标注"这 6 个工具栏，并将它们移动到绘图区的适当位置。

3）设置图形界限。在命令行中输入"LIMITS"命令，设置图幅为 841×594（即使用 A1 图纸）。

4）开启栅格功能。按下状态栏中的"栅格显示"按钮，调整绘图区的显示比例。

5）创建新图层。单击"图层"工具栏中的"图层特性管理器"按钮，打开"图层特性管理器"选项板，新建并设置每一个图层，如图 12-46 所示。

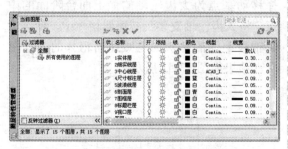

图 12-46 "图层特性管理器"选项板

（2）绘制图幅边框并插入标题栏。

1）绘制图幅边框。将"图框层"图层置为当前图层，单击"绘图"工具栏中的"矩形"按钮，指定矩形的两个角点坐标分别为 (25, 5) 和 (835, 590)。

2）插入"标题栏"块。把 A3 样板图中的标题栏定义为"标题栏"块，单击"绘图"工具栏中的"插入块"按钮，打开"插入"对话框，如图 12-47 所示，单击"浏览"按钮，打开"选择图形文件"对话框，如图 12-48 所示，选择"标题栏.dwg"文件，然后单击"打开"按钮。

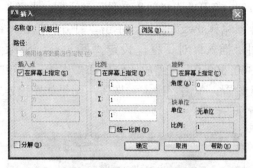

图 12-47 "插入"对话框

图 12-48 "选择图形文件"对话框

3）放置标题栏。在"插入"对话框中，设定"插入点"坐标为 (655, 5, 0)，"缩放比例"和"旋转"使用默认设置，单击"确定"按钮，完成标题栏的绘制。至此，配置绘图环境完成，结果如图 12-49 所示。

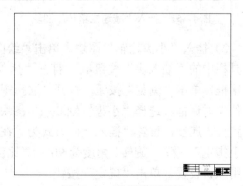

图 12-49 配置绘图环境

12.3.2 拼装装配图

（1）安装已有图块。

1）插入"减速器箱体"图块。单击"绘图"工具栏中的"插入块"按钮 🔲，打开"插入"对话框，如图 12-50 所示，单击"浏览"按钮，打开"选择图形文件"对话框，选择"减速器箱体.dwg"图块，单击"打开"按钮，返回"插入"对话框，设定"插入点"坐标为（360, 300, 0），"缩放比例"和"旋转"使用默认设置，单击"确定"按钮，结果如图 12-51 所示。

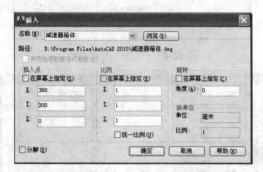

图 12-50　"插入"对话框

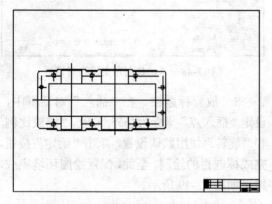

图 12-51　插入"减速器箱体"图块

2）插入"小齿轮轴"图块。单击"绘图"工具栏中的"插入块"按钮 🔲，打开"插入"对话框，单击"浏览"按钮，打开"选择图形文件"对话框，选择"小齿轮轴.dwg"图块；设置插入属性，设置"插入点"方式为"在屏幕上指定"，设置"旋转"角度为90°，"比例"使用默认设置，单击"确定"按钮。

3）移动图块。单击"修改"工具栏中的"移动"按钮 ✛，选择"小齿轮轴"图块，将小齿轮轴安装到减速器箱体中，使小齿轮轴最下面的台阶面与箱体的内壁重合，结果如图 12-52 所示。

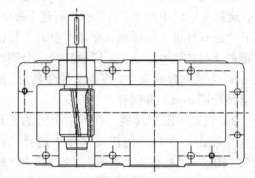

图 12-52　安装小齿轮轴

4）插入"大齿轮轴"图块。单击"绘图"工具栏中的"插入块"按钮 🔲，打开"插入"对话框，单击"浏览"按钮，打开"选择图形文件"对话框，选择"大齿轮轴.dwg"图块；设置插入属性，设置"插入点"方式为"在屏幕上指定"，设置"旋转"角度为-90°，"比例"使用默认设置，单击"确定"按钮。

5）移动图块。单击"修改"工具栏中的"移动"按钮 ✛，选择"大齿轮轴"图块，选择移动基点为大齿轮轴的最上面台阶面的中点，将大齿轮轴安装到减速器箱体中，使大齿轮轴最上面的台阶面与减速器箱体的内壁重合，结果如图 12-53 所示。

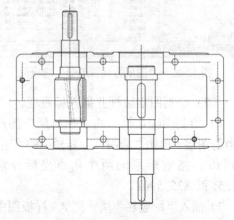

图 12-53　安装大齿轮轴

6）插入"大齿轮"图块。单击"绘图"工具栏中的"插入块"按钮，打开"插入"对话框，单击"浏览"按钮，打开"选择图形文件"对话框，选择"大齿轮.dwg"图块；设置插入属性，设置"插入点"方式为"在屏幕上指定"，设置"旋转"角度为 90°，其他选项保持默认设置，单击"确定"按钮。

7）移动图块。单击"修改"工具栏中的"移动"按钮，选择"大齿轮"图块，移动基点为大齿轮上端面的中点，将大齿轮安装到减速器箱体中，使大齿轮上端面与大齿轮轴的台阶面重合，结果如图 12-54 所示。

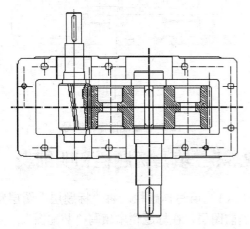

图 12-54　安装大齿轮

8）安装其他减速器零件。仿照上面的方法，安装大轴承以及 4 个箱体端盖，结果如图 12-55 所示。

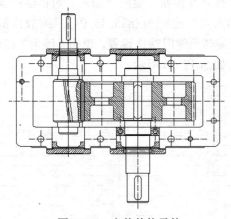

图 12-55　安装其他零件

（2）补全装配图。

1）绘制大、小轴承。单击"修改"工具栏中的"复制"按钮，复制"大轴承"图块，并将其移动到大齿轮轴上的合适位置。绘制小齿轮轴上的两个轴承，内径为 $\phi40$、外径为 $\phi68$、宽度为 14，结果如图 12-56 所示。

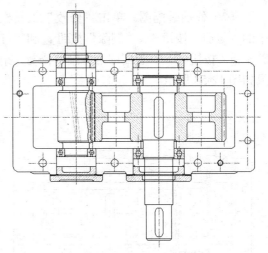

图 12-56　绘制大、小轴承

2）绘制定距环。在轴承与端盖、轴承与齿轮之间绘制定距环，结果如图 12-57 所示。

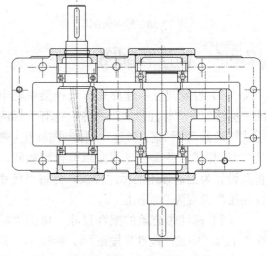

图 12-57　绘制定距环

12.3.3 修剪装配图

（1）分解所有图块。单击"修改"工具栏中的"分解"按钮 📖，选择所有图块进行分解。

（2）修剪装配图。单击"修改"工具栏中的"修剪"按钮 ⊹、"删除"按钮 🖉 和"打断于点"按钮 ⊏，对装配图进行细节修剪，结果如图 12-58 所示。

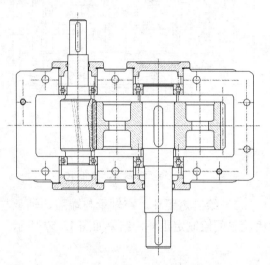

图 12-58　修剪装配图

12.3.4 标注装配图

（1）设置尺寸标注样式。选择菜单栏中的"标注"→"标注样式"命令，打开"标注样式管理器"对话框，创建"机械制图标注（带公差）"样式，各属性与前面章节设置相同，将其设置为当前使用的标注样式，并将"尺寸标注层"设置为当前图层。

（2）标注带公差的配合尺寸。单击"标注"工具栏中的"线性"按钮 ⊢，标注小齿轮轴与小轴承的配合尺寸、小轴承与箱体轴孔的配合尺寸、大齿轮轴与大齿轮的配合尺寸、大齿轮轴与大轴承的配合尺寸以及大轴承与箱体轴孔的配合尺寸。

（3）标注零件号。利用"QLEADER"命令，从装配图左上角开始，沿装配图外表面按顺时针方向依次为各个减速器零件进行编号，结果如图 12-59 所示。

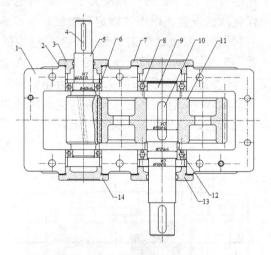

图 12-59　装配图零件编号

12.3.5 填写标题栏和明细表

（1）填写标题栏。将"标题层"图层置为当前图层，在标题栏中填写"装配图"。

（2）插入"明细表"图块。单击"绘图"工具栏中的"插入块"按钮 🗔，打开"插入"对话框，单击"浏览"按钮，打开"选择图形文件"对话框，选择"明细表.dwg"图块，单击"打开"按钮，返回"插入"对话框；设定"插入点"坐标为(835, 45, 0)，"缩放比例"和"旋转"使用默认设置，单击"确定"按钮，结果如图 12-60 所示。

14	端盖	1	HT150	
13	端盖	1	HT150	
12	定距环	1	Q235A	
11	大齿轮	1	40	
10	键 16×70	1	Q275	GB 1095-79
9	轴	1	45	
8	轴承	2		30208
7	端盖	1	HT200	
6	轴承	2		30211
5	轴	1	45	
4	键8×50	1	Q275	GB 1095-79
3	端盖	1	HT200	
2	调整垫片	2组	08F	
1	减速器箱体	1	HT200	
序号	名　称	数量	材　料	备　注

图 12-60　插入"明细表"图块

（3）单击"绘图"工具栏中的"多行文字"按钮A，标注技术要求。至此，装配图绘制完毕，结果如图 12-61 所示。

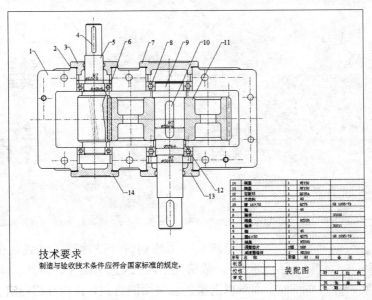

图 12-61 减速器装配图

第13章

建筑设计工程实例

　　建筑总平面规划设计是建筑工程设计中比较重要的环节,一般情况下,建筑总平面包含多种功能的建筑群体。本章以别墅的总平面图为例,详细介绍建筑总平面图的设计以及 CAD 绘制方法与相关技巧,包括总平面图中的场地、建筑单体、小区道路等的绘制和文字尺寸及标注方法。

◆ 建筑绘图概述

◆ 别墅建筑图绘制

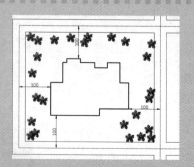
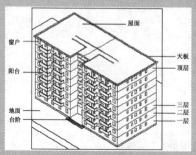
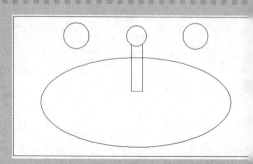

13.1 建筑绘图概述

13.1.1 建筑绘图的特点

将一个将要建造的建筑物的内外形状和大小，以及各个部分的结构、构造、装修、设备等内容，按照现行国家标准的规定，用正投影法，详细准确地绘制出图样，绘制的图样称为"房屋建筑图"。由于该图样主要用于指导建筑施工，所以一般叫做"建筑施工图"。

建筑施工图是按照正投影法绘制出来的。正投影法就是在两个或两个以上相互垂直的、分别平行于建筑物主要侧面的投影面上，绘出建筑物的正投影，并把所得正投影按照一定规则绘制在同一个平面上。这种由两个或两个以上的正投影组合而成，用来确定空间建筑物形体的一组投影图，叫做正投影图。

建筑物根据使用功能和使用对象的不同分为很多种类。一般说来，建筑物的第一层称为底层，也称为一层或首层。从底层往上数，称为二层、三层……顶层。一层下面有基础，基础和底层之间有防潮层。对于大的建筑物而言，可能在基础和底层之间还有地下一层、地下二层等。建筑物一层一般有台阶、大门、一层地面等。各层均有楼面、走道、门窗、楼梯、楼梯平台、梁柱等。顶层还有屋面板、女儿墙、天沟等。其他的一些构件有雨水管、雨篷、阳台、散水等。其中，屋面、楼板、梁柱、墙体、基础主要起直接或间接支撑来自建筑物本身和外部载荷的作用；门、走廊、楼梯、台阶起着沟通建筑物内外和上下交通的作用；窗户和阳台起着通风和采光的作用；天沟、雨水管、散水、明沟起着排水的作用。其中一些构件的示意图如图13-1所示。

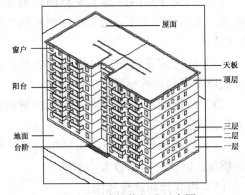

图 13-1 建筑物组成示意图

13.1.2 建筑绘图分类

建筑图根据图纸的专业内容或作用不同分为以下几类。

（1）图纸目录：首先列出新绘制的图纸，再列出所用的标准图纸或重复利用的图纸。一个新的工程都要绘制一定的新图纸，在目录中，这部分图纸位于前面，可能还用到大量的标准图纸或重复使用的图纸，放在目录的后面。

（2）设计总说明：包括施工图的设计依据、工程的设计规模和建筑面积、相对标高与绝对标高的对应关系、建筑物内外的使用材料说明、新技术新材料或特殊用法的说明、门窗表等。

（3）建筑施工图：由总平面图、平面图、立面图、剖面图和构造详图构成。建筑施工图简称为"建施"。

（4）结构施工图：由结构平面布置图、构件结构详图构成。结构施工图简称为"结施"。

（5）设备施工图：由给水排水、采暖通风、电气等设备的布置平面图和详图构成。设备施工图简称为"设施"。

13.1.3 总平面图

1. 总平面图概述

作为新建建筑施工定位、土方施工以及施工总平面设计的重要依据，一般情况下总平面

01 chapter
02 chapter
03 chapter
04 chapter
05 chapter
06 chapter
07 chapter
08 chapter
09 chapter
10 chapter
11 chapter
12 chapter
13 chapter

图应该包括以下内容。

（1）测量坐标网或施工坐标网：测量坐标网采用"X，Y"表示，施工坐标网采用"A，B"来表示。

（2）新建建筑物的定位坐标、名称、建筑层数以及室内外的标高。

（3）附近的有关建筑物、拆除建筑物的位置和范围。

（4）附近的地形地貌：包括等高线、道路、桥梁、河流、池塘以及土坡等。

（5）指北针和风玫瑰图。

（6）绿化规定和管道的走向。

（7）补充图例和说明等。

以上各项内容，不是任何工程设计都缺一不可的。在实际的工程中，要根据具体情况和工程的特点来确定取舍。对于较为简单的工程，可以不画等高线、坐标网、管道、绿化等。一个总平面图的示例如图 13-2 所示。

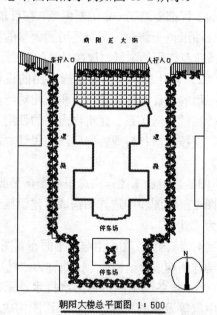

图 13-2　总平面图示例

2．总平面图中的图例说明

（1）新建建筑物：采用粗实线来表示，如图 13-3 所示。当有需要时可以在右上角用点数或数字来表示建筑物的层数，如图 13-4 和图 13-5 所示。

图 13-3　新建建筑物例

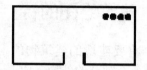

图 13-4　以点表示层数（4 层）

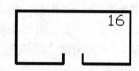

图 13-5　以数字表示层数（16 层）

（2）旧有建筑物：采用细实线来表示，如图 13-6 所示。同新建建筑物图例一样，也可以采用在右上角用点数或数字来表示建筑物的层数。

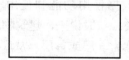

图 13-6　旧有建筑物图例

（3）计划扩建的预留地或建筑物：采用虚线来表示，如图 13-7 所示。

图 13-7　计划中的建筑物图例

（4）拆除的建筑物：采用打上叉号的细实线来表示，如图 13-8 所示。

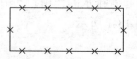

图 13-8　拆除的建筑物图例

（5）坐标：如图 13-9 和图 13-10 所示。注意两种不同坐标的表示方法。

图 13-9 测量坐标图例

图 13-10 施工坐标图例

（6）新建道路：如图 13-11 所示。其中，"R8"表示道路的转弯半径为 8m，"30.10"为路面中心的标高。

图 13-11 新建道路图例

（7）旧有道路：如图 13-12 所示。

图 13-12 旧有道路图例

（8）计划扩建的道路：如图 13-13 所示。

图 13-13 计划扩建的道路图例

（9）拆除的道路：如图 13-14 所示。

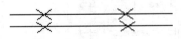

图 13-14 拆除的道路图例

3. 详解阅读总平面图

（1）了解图样比例、图例和文字说明。总平面图的范围一般都比较大，所以要采用比较小的比例。对于总平面图来说，1∶500 算是

很大的比例，也可以使用 1∶1000 或 1∶2000 的比例。总平面图上的尺寸标注，要以"m"为单位。

（2）了解工程的性质和地形地貌。例如从等高线的变化可以知道地势的走向高低。

（3）可以了解建筑物周围的情况。

（4）明确建筑物的位置和朝向。房屋的位置可以用定位尺寸或坐标来确定。定位尺寸应标出与原建筑物或道路中心线的距离。当采用坐标来表示建筑物位置时，宜标出房屋的 3 个角坐标。建筑物的朝向可以根据图中的风玫瑰图来确定。风玫瑰中有箭头的方向为北向。

（5）从底层地面和等高线的标高，可知该区域内的地势高低、雨水排向，并可以计算挖填土方的具体数量。总平面图中的标高，均为绝对标高。

4. 标高投影知识

总平面图中的等高线就是一种立体的标高投影。所谓标高投影，就是在形体的水平投影上，以数字标注出各处的高度来表示形体形状的一种图示方法。

众所周知，地形对建筑物的布置和施工都有很大影响。一般情况下都要对地形进行人工改造，例如平整场地和修建道路等。所以要在总平面图中把建筑物周围的地形表示出来。如果还是采用原来的正投影、轴侧投影等方法来表示，则无法表示出地形的复杂形状。在这种情况下，就采用标高投影法来表示这种复杂的地形。

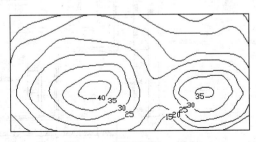

图 13-15 地形图的一部分

总平面图中的标高是绝对标高。所谓绝对标高就是以我国青岛市外的黄海海平面作为

01 chapter
02 chapter
03 chapter
04 chapter
05 chapter
06 chapter
07 chapter
08 chapter
09 chapter
10 chapter
11 chapter
12 chapter
13 chapter

321

零点来测定的高度尺寸。在标高投影图中，通常都绘出立体上平面或曲面的等高线来表示该立体。山地一般都是不规则的曲面，以一系列整数标高的水平面与山地相截，把所截得的等高截交线正投影到水平面上来，得到一系列不规则形状的等高线，标注上相应的标高值即可，所得图形称为地形图。如图 13-15 所示就是地形图的一部分。

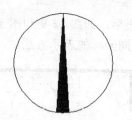

图 13-16　绘制指北针

5. 绘制指北针和风玫瑰

指北针和风玫瑰是总平面图中两个重要的指示符号。指北针的作用是在图纸上标出正北方向，如图 13-16 所示。风玫瑰不仅能表示出正北方向，还能表示出全年该地区的风向频率大小，如图 13-17 所示。

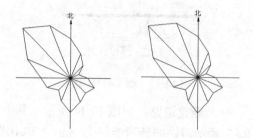

图 13-17　风玫瑰最终效果图

13.1.4　建筑平面图概述

建筑平面图就是假想使用一水平的剖切面沿门窗洞的位置将房屋剖切后，对剖切面以下部分所作的水平剖面图。建筑平面图简称平面图，主要反映房屋的平面形状、大小和房间的布置，墙柱的位置、厚度和材料，门窗类型和位置等。建筑平面图是建筑施工图中最为基本的图样之一。一个建筑平面图的示例如图 13-18 所示。

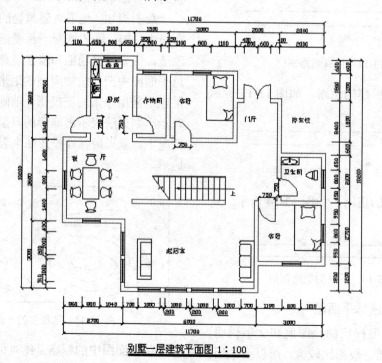

别墅一层建筑平面图 1:100

图 13-18　建筑平面图示例

1．建筑平面图的图示要点

（1）每个平面图对应一个建筑物楼层，并注有相应的图名。

（2）可以表示多层的一张平面图称为标准层平面图。标准层平面图各层的房间数量、大小和布置都必须一样。

（3）建筑物左右对称时，可以将两层平面图绘制在同一张图纸上，左右分别绘制各层的一半，同时中间要注上对称符号。

（4）如果建筑平面较大时，可以分段绘制。

2．建筑平面图的图示内容

（1）表示墙、柱、门、窗的位置和编号，房间名称或编号，轴线编号等。

（2）注出室内外的有关尺寸及室内楼、地面的标高。建筑物的底层，标高为±0.000。

（3）表示出电梯、楼梯的位置以及楼梯的上下方向和主要尺寸。

（4）表示阳台、雨篷、踏步、斜坡、雨水管道、排水沟等的具体位置以及大小尺寸。

（5）绘出卫生器具、水池、工作台以及其他重要的设备位置。

（6）绘出剖面图的剖切符号以及编号。根据绘图习惯，一般只在底层平面图绘制。

（7）标出有关部位上节点详图的索引符号。

（8）绘制出指北针。根据绘图习惯，一般只在底层平面图绘出指北针。

13.1.5　建筑立面图概述

立面图主要反映房屋的外貌和立面装修的做法，这是因为建筑物给人的外表美感主要来自其立面的造型和装修。建筑立面图是用来研究建筑立面造型和装修的。主要反映主要入口或建筑物外貌特征的一面立面图叫做正立面图，其余面的立面图相应地称为背立面图和侧立面图。如果按房屋的朝向来分，可以称为南立面图、东立面图、西立面图和北立面图。如果按轴线编号来分，也可以有①～⑥立面图、Ⓐ～Ⓛ立面图等。建筑立面图使用大量图

例来表示很多细部，这些细部的构造和做法，一般都另有详图。如果建筑物有一部分立面不平行于投影面，可以将这部分立面展开到与投影面平行的位置，再绘制其立面图，然后在其图名后注写"展开"字样。一个建筑立面图的示例如图 13-19 所示。

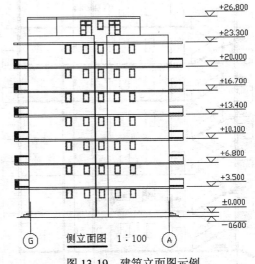

图 13-19　建筑立面图示例

建筑立面图的图示内容主要包括以下几个方面。

（1）室内外地面线、房屋的勒脚、台阶、门窗、阳台、雨篷；室外的楼梯、墙和柱；外墙的预留孔洞、檐口、屋顶、雨水管、墙面修饰构件等。

（2）外墙各个主要部位的标高。

（3）建筑物两端或分段的轴线和编号。

（4）标出各部分构造、装饰节点详图的索引符号。使用图例和文字说明外墙面的装饰材料和做法。

13.1.6　建筑剖面图概述

建筑剖面图就是假想用一个或多个垂直于外墙轴线的铅垂剖切面，将建筑物剖开后所得的投影图，简称剖面图。剖面图的剖切方向一般是横向（平行于侧面的），当然这不是绝对的要求。剖切位置一般选择在能反映出建筑物内部构造比较复杂和有典型部位的位置，并

01 chapter
02 chapter
03 chapter
04 chapter
05 chapter
06 chapter
07 chapter
08 chapter
09 chapter
10 chapter
11 chapter
12 chapter
13 chapter

应通过门窗的位置。多层建筑物应该选择在楼梯间或层高不同的位置。剖面图上的图名应与平面图上所标注的剖切符号编号一致。剖面图的断面处理和平面图的处理相同。一个建筑剖面图示例如图 13-20 所示。

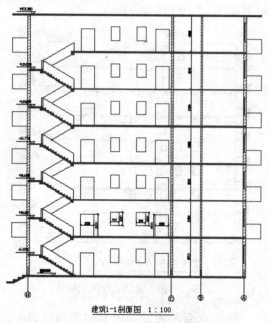

图 13-20　建筑剖面图示例

剖面图的数量是根据建筑物具体情况和施工需要来确定的，其图示内容主要包括以下几个方面。

（1）墙、柱及其定位轴线。

（2）室内底层地面、地沟、各层的楼面、顶棚、屋顶、门窗、楼梯、阳台、雨篷、墙洞、防潮层、室外地面、散水、脚踢板等能看到的内容。习惯上可以不画基础的大放脚。

（3）各个部位完成面的标高：包括室内外地面、各层楼面、各层楼梯平台、檐口或女儿墙顶面、楼梯间顶面、电梯间顶面的标高。

（4）各部位的高度尺寸：包括外部尺寸和内部尺寸。外部尺寸包括门、窗洞口的高度、层间高度以及总高度。内部尺寸包括地坑深度、隔断、隔板、平台、室内门窗的高度。

（5）楼面、地面的构造。一般采用引出线指向所说明的部位，按照构造的层次顺序，逐层加以文字说明。

（6）详图的索引符号。

13.1.7　建筑详图概述

建筑详图就是对建筑物的细部或构、配件采用较大的比例将其形状、大小、做法以及材料详细表示出来的图样。建筑详图简称详图。

详图的特点一是大比例，二是图示详尽清楚，三是尺寸标注全。一般说来，墙身剖面图只需要一个剖面详图就能表示清楚，而楼梯间、卫生间就可能需要增加平面详图，门窗就可能需要增加立面详图。详图的数量与建筑物的复杂程度以及平、立、剖面图的内容及比例相关。需要根据具体情况来选择，其标准就是要达到能完全表达详图的特点。一个建筑详图示例如图 13-21 所示。

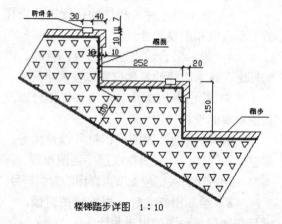

楼梯踏步详图　1：10

图 13-21　建筑详图示例

13.2　别墅建筑图绘制

本例别墅是设计建造于某城市郊区的一座独院别墅，砖混结构，地下一层、地上两层，共三层。地下层主要布置活动室，一层布置客厅、卧室、餐厅、厨房、卫生间、工人房、棋牌室、洗衣房、车库、游泳池，二层布置卧室、书房、卫生间、室外观景平台。

13.2.1　别墅总平面布置

绘制别墅总平面布置的流程如图 13-22 所示。

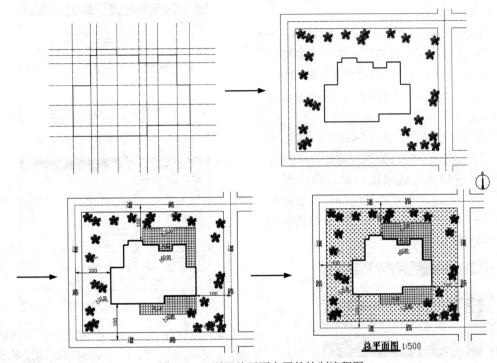

图 13-22　别墅总平面布置的绘制流程图

操作思路

③标注

②建筑物布置

①设置绘图参数

光盘\动画演示\第 13 章\别墅总平面布置.avi

1．设置绘图参数

（1）设置单位。选择菜单栏中的"格式"→"单位"命令，系统打开"图形单位"对话框，如图 13-23 所示；设置长度"类型"为"小数"、"精度"为"0.0000"；设置角度"类型"为"十进制度数"，"精度"为"0"；系统默认逆时针方向为正，"插入时的缩放单位"设置为"无单位"。

（2）设置图形边界。在命令行中输入"LIMITS"命令，设置图幅为 420000 × 297000。

图 13-23　"图形单位"对话框

（3）设置图层。

1）设置图层名。单击"图层"工具栏中的"图层特性管理器"按钮，打开"图层特性管理器"选项板，单击"新建图层"按钮，生成一个名为"图层 1"的图层，修改图层名称为"轴线"。

2）设置图层颜色。为了区分不同图层上的图线，增加图形不同部分的对比性，可以在"图层特性管理器"选项板中单击对应图层"颜色"列下的颜色色块，系统打开"选择颜色"对话框，如图 13-24 所示，在该对话框中选择需要的颜色。

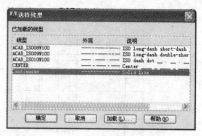

图 13-25 "选择线型"对话框

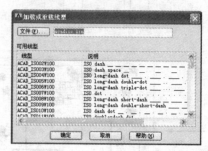

图 13-26 "加载或重载线型"对话框

4）设置线宽。在工程图纸中，不同的线宽表示不同的含义，因此要对不同图层的线宽进行设置；单击"图层特性管理器"选项板中"线宽"列下的选项，系统打开"线宽"对话框，如图 13-27 所示，在该对话框中选择适当的线宽，单击"确定"按钮完成"轴线"图层的设置，结果如图 13-28 所示。

图 13-24 "选择颜色"对话框

3）设置线型。在常用的工程图纸中，通常要用到不同的线型，用不同的线型表示不同的含义。在"图层特性管理器"选项板中单击"线型"列下的线型选项，系统打开"选择线型"对话框，如图 13-25 所示，在该对话框中选择对应的线型；如果在"已加载的线型"列表框中没有需要的线型，可以单击"加载"按钮，打开"加载或重载线型"对话框加载线型，如图 13-26 所示。

图 13-27 "线宽"对话框

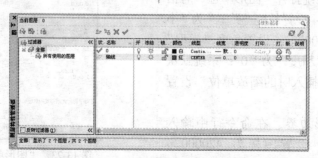

图 13-28 "轴线"图层的设置

5）按照上述步骤，完成其他图层的设置，结果如图 13-29 所示。

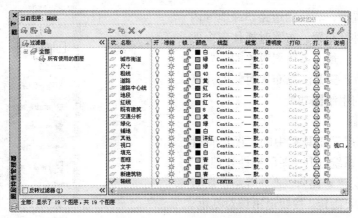

图 13-29　其他图层的设置

✎ **教你一招**

　　在绘制建筑轴线时，一般选择建筑横向、纵向的最大长度为轴线长度，但当建筑物形体过于复杂时，太长的轴线往往会影响图形效果，因此，也可以仅在一些需要轴线定位的建筑局部绘制轴线。

2. 建筑物布置

（1）绘制轴线网。

1）单击"图层"工具栏中的"图层特性管理器"按钮🔲，系统打开"图层特性管理器"选项板，双击"轴线"图层，把"轴线"图层置为当前图层，单击"确定"按钮退出该对话框。

2）单击"绘图"工具栏中的"构造线"按钮🖊，在正交模式下绘制竖直构造线和水平构造线，组成"十"字辅助线网。

3）单击"修改"工具栏中的"偏移"按钮🔳，将竖直构造线向右边连续偏移 3700、1300、4200、4500、1500、2400、3900 和 2700；将水平构造线连续向上偏移 2100、4200、3900、4500、1600 和 1200，得到主要轴线网，结果如图 13-30 所示。

（2）绘制新建建筑。

1）单击"图层"工具栏中的"图层特性管理器"按钮🔲，系统打开"图层特性管理器"选项板，双击"新建筑物"图层，把"新建筑物"图层置为当前图层，单击"确定"按钮退出该对话框。

2）单击"绘图"工具栏中的"直线"按

钮🖊，根据轴线网绘制出建筑的主要轮廓，结果如图 13-31 所示。

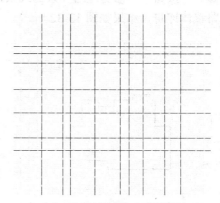

图 13-30　绘制主要轴线网

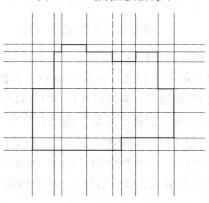

图 13-31　绘制建筑主要轮廓

3．场地道路、绿地等布置

完成建筑布置后，其余的道路、绿地等内容都在此基础上进行布置。布置时抓住三个要点：一是找准场；二是注意布置对象的必要尺寸及相对位置关系；三是注意布置对象的几何构成特征，充分利用绘图功能。

（1）绘制道路。

1）单击"图层"工具栏中的"图层特性管理器"按钮，系统打开"图层特性管理器"选项板，双击图层"道路"，把"道路"层置为当前图层，单击"确定"按钮退出该对话框。

2）单击"修改"工具栏中的"偏移"按钮，把所有最外围轴线都向外偏移 10000，然后将偏移后的轴线分别向两侧偏移 2000，选择所有的道路，然后右击，在打开的快捷菜单中选择"特性"命令，在打开的特性选项板中选择"图层"，把所选对象的图层改为"道路"层，得到主要的道路；单击"修改"工具栏中的"修剪"按钮，修剪道路多余的线条，使得道路整体连贯，结果如图 13-32 所示。

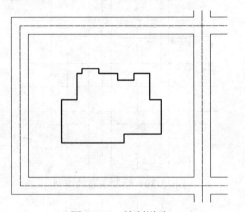

图 13-32　绘制道路

（2）布置绿化。

1）单击"标准"工具栏中的"工具选项板窗口"按钮，系统打开如图 13-33 所示的工具选项板，选择"建筑"选项卡中的"树"图例，把"树"图例放在一个空白处，然后单击"绘图"工具栏中的"缩放"按钮，把"树"图例放大到合适尺寸，结果如图 13-34所示。

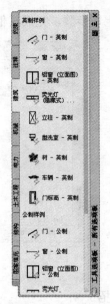

图 13-33　工具选项板

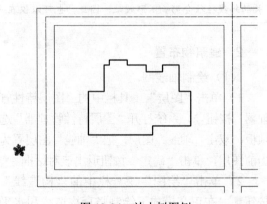

图 13-34　放大树图例

2）单击"修改"工具栏中的"复制"按钮，把"树"图例复制到各个位置，完成植物的绘制和布置，结果如图 13-35 所示。

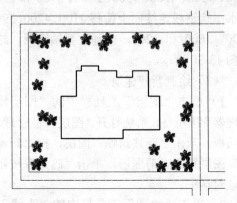

图 13-35　布置绿化植物

4．各种标注

总平面图的标注内容包括尺寸、标高、文字标注、指北针、文字说明等内容，它们是总平面图中不可或缺的部分。

（1）尺寸标注。

总平面图上的尺寸应标注新建筑物的总长、总宽及与周围建筑物、构筑物、道路中心线之间的距离。

1）尺寸样式设置。

（a）选择菜单栏中的"标注"→"标注样式"命令，系统打开"标注样式管理器"对话框，如图 13-36 所示。

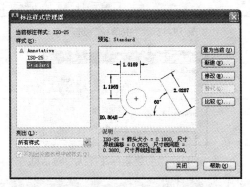

图 13-36　"标注样式管理器"对话框

（b）单击"新建"按钮，打开"创建新标注样式"对话框，在"新样式名"文本框中输入"总平面图"，如图 13-37 所示。

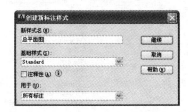

图 13-37　"创建新标注样式"对话框

（c）单击"继续"按钮，打开"新建标注样式：总平面图"对话框，单击"线"选项卡，设定"尺寸界线"选项组中的"超出尺寸线"为 400，如图 13-38 所示。

（d）单击"符号和箭头"选项卡，在"箭头"选项组的"第一个"下拉列表框中选择"建筑标记"选项，在"第二个"下拉列表框中

选择"建筑标记"选项，并设定"箭头大小"为 400，如图 13-39 所示。

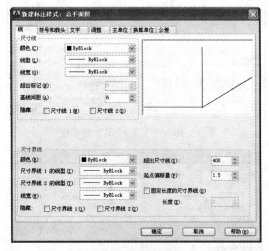

图 13-38　"线"选项卡

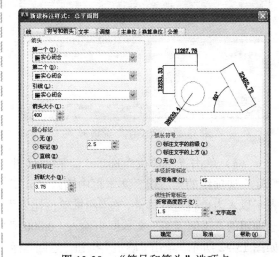

图 13-39　"符号和箭头"选项卡

（e）单击"文字"选项卡，单击"文字样式"右边的按钮，打开"文字样式"对话框；单击"新建"按钮，创建新的文字样式"米单位"，取消勾选"使用大字体"复选框，在"字体名"下拉列表框中选择"黑体"选项，设定文字"高度"为"2000"，如图 13-40 所示。最后单击"关闭"按钮关闭对话框。

（f）在"文字"选项卡的"文字外观"选项组的"文字高度"文本框中输入"2000"，在"文字位置"选项组的"从尺寸线偏移"文本框中输入"200"，如图 13-41 所示。

01 chapter
02 chapter
03 chapter
04 chapter
05 chapter
06 chapter
07 chapter
08 chapter
09 chapter
10 chapter
11 chapter
12 chapter
13 chapter

329

图 13-40 "文字样式"对话框

心闭合"箭头，如图 13-44 所示，单击"确定"按钮，完成半径标注样式的设置。

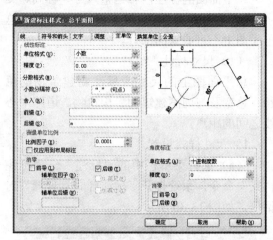

图 13-42 "主单位"选项卡

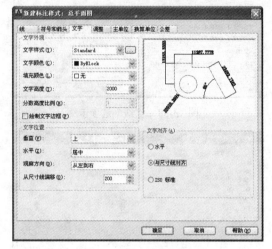

图 13-41 "文字"选项卡

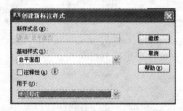

图 13-43 "创建新标注样式"对话框

（g）单击"主单位"选项卡，在"线性标注"选项组的"后缀"文本框中输入"m"，表示以米为单位进行标注，在"测量单位比例"选项组的"比例因子"文本框中输入"0.0001"如图 13-42 所示，单击"确定"按钮，返回"标注样式管理器"对话框；在"样式"列表框中选择"总平面图"样式，单击"置为当前"按钮，最后单击"关闭"按钮返回绘图区。

（h）选择菜单栏中的"标注"→"标注样式"命令，系统打开"标注样式管理器"对话框，单击"新建"按钮，打开"创建新标注样式"对话框，以"总平面图"为基础样式，在"用于"下拉列表框中选择"半径标注"选项，创建"总平面图：半径"样式，如图 13-43 所示；单击"继续"按钮，打开"新建标注样式：总平面图：半径"对话框，在"符号和箭头"选项卡中，将"第二个"箭头定为"实

图 13-44 半径标注样式的设置

（i）采用与半径标注样式设置相同的操作方法，分别创建角度和引线标注样式，如图 13-45 和 13-46 所示。

2）标注尺寸。单击"标注"工具栏中的"线性"按钮，以左侧道路中心线上一点与第一个尺寸界线原点，以总平面左侧道路中心

线上一点为第二条尺寸界线原点进行标注。标注结果如图 13-47 所示；重复上述命令，在总平面图中，标注新建筑物到道路中心线的相对距离，结果如图 13-48 所示。

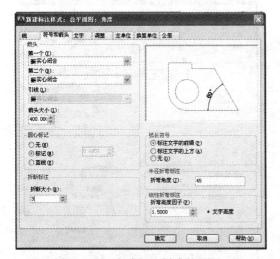

图 13-45　角度标注样式的设置

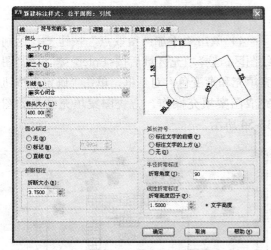

图 13-46　引线标注样式的设置

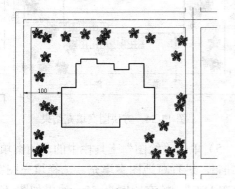

图 13-47　标注尺寸 1

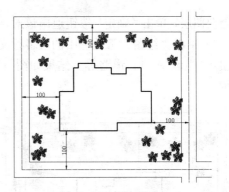

图 13-48　标注尺寸 2

（2）标高标注。单击"绘图"工具栏中的"插入块"按钮，打开"插入"对话框，如图 13-49 所示；在"名称"下拉列表框中选择"标高"选项，单击"确定"按钮，插入到总平面图中；单击"绘图"工具栏中的"多行文字"按钮 A，输入相应的标高值，结果如图 13-50 所示。

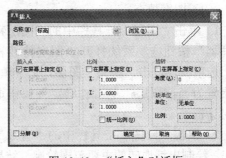

图 13-49　"插入"对话框

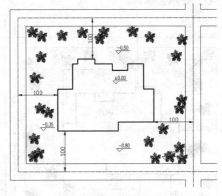

图 13-50　标注标高

（3）文字标注。

1）单击"图层"工具栏中的"图层特性管理器"按钮，系统打开"图层特性管理器"选项板，双击"文字"图层，把"文字"层置

01 chapter
02 chapter
03 chapter
04 chapter
05 chapter
06 chapter
07 chapter
08 chapter
09 chapter
10 chapter
11 chapter
12 chapter
13 chapter

为当前图层，单击"确定"按钮退出该对话框。

2）单击"绘图"工具栏中的"多行文字"按钮 A，标注入口、道路等，结果如图 13-51 所示。

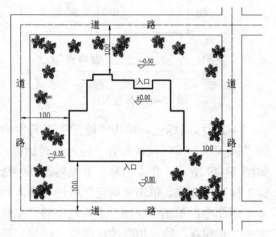

图 13-51　标注文字

（4）图案填充。

1）单击"图层"工具栏中的"图层特性管理器"按钮，系统打开"图层特性管理器"选项板，双击"填充"图层，把"填充"图层置为当前图层，单击"确定"按钮退出该对话框。

2）单击"绘图"工具栏中的"直线"按钮，绘制出铺地砖的主要范围轮廓，结果如图 13-52 所示。

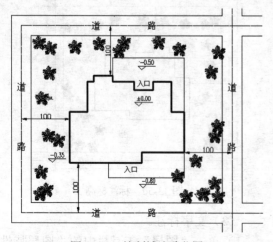

图 13-52　绘制铺地砖范围

3）单击"绘图"工具栏中的"图案填充"

按钮，在打开的"图案填充和渐变色"对话框中选择填充图案为"Angle"，更改填充比例为 150，如图 13-53 所示。

图 13-53　"图案填充和渐变色"对话框

4）单击"添加：拾取点"按钮，返回绘图区，选择填充区域后按<Enter>键，返回"图案填充和渐变色"对话框，单击"确定"按钮完成图案填充操作，方块图案填充结果如图 13-54 所示。

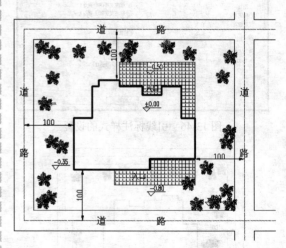

图 13-54　方块图案填充结果

5）单击"绘图"工具栏中的"图案填充"按钮，进行草地图案填充，选择填充图案为"GRASS"，填充比例为 50，结果如图 13-55

所示。

（5）图名标注。单击"绘图"工具栏中的"多行文字"按钮 A，标注图名，结果如图 13-56 所示。

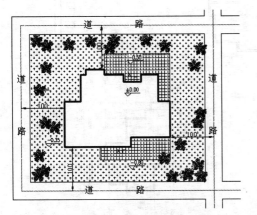

图 13-55 草地图案填充结果

总平面图 1:500

图 13-56 标注图名

（6）绘制指北针。单击"绘图"工具栏中的"圆"按钮 ⊘，绘制一个圆；单击"绘图"工具栏中的"直线"按钮 ╱，绘制圆的竖直直径和另外两条弦，结果如图 13-57 所示。单击"绘图"工具栏中的"图案填充"按钮，选择指针填充图案为"SOLID"，得到指北针的图例，结果如图 13-58 所示。单击"绘图"工具栏中的"多行文字"按钮 A，在指北针上部标上"北"字，标注字高为"1500"，字体为"仿宋-GB2312"，结果如图 13-59 所示；最终完成总平面图的绘制，结果如图 13-60 所示。

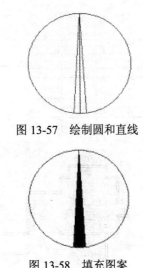

图 13-57 绘制圆和直线

图 13-58 填充图案

北

图 13-59 绘制指北针

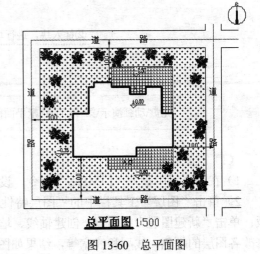

总平面图 1:500

图 13-60 总平面图

13.2.2 绘制别墅平面图

本节以别墅平面图为例介绍平面图的一般绘制方法。别墅是练习建筑绘图的理想实例，因为其规模不大、不复杂，易接受，而且包含的建筑构配件也比较齐全。下面将主要介绍地下层平面图的绘制，如图 13-61 所示。

01 chapter
02 chapter
03 chapter
04 chapter
05 chapter
06 chapter
07 chapter
08 chapter
09 chapter
10 chapter
11 chapter
12 chapter
13 chapter

333

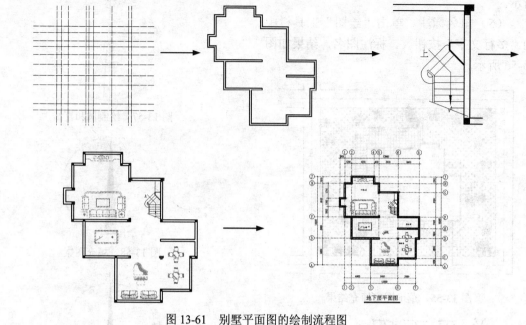

图 13-61 别墅平面图的绘制流程图

操作思路

③标注

②插入块，进行填充

①绘制轮廓线

光盘\动画演示\第 13 章\别墅平面图.avi

（1）设置绘图环境。

1）在命令行中输入"LIMITS"命令，设置图幅为 42000×29700。

2）单击"图层"工具栏中的"图层特性管理器"按钮，打开"图层特性管理器"选项板；单击"新建图层"按钮，创建轴线、墙线、标注、标高、楼梯、室内布局等图层，然后修改各图层的颜色、线型和线宽等，结果如图 13-62 所示。

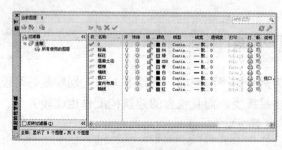

图 13-62 设置图层

（2）绘制轴线网。

1）单击"图层"工具栏中的"图层特性管理器"按钮，打开"图层特性管理器"选项板；选择"轴线"图层，然后单击"置为当前"按钮，将当前图层设置为"轴线"图层。

2）单击"绘图"工具栏中的"构造线"按钮，绘制一条水平构造线和一条竖直构造线，组成"十"字构造线，结果如图 13-63 所示。

图 13-63　绘制"十"字构造线

3）单击"修改"工具栏中的"偏移"按钮，将水平构造线分别向上偏移 1200、3600、1800、2100、1900、1500、1100、1600 和 1200，得到水平方向的辅助线；将竖直构造线分别向右偏移 900、1300、3600、600、900、3600、3300 和 600，得到竖直方向的辅助线，它们和水平辅助线一起构成正交的辅助线网，得到地下层的辅助线网格，结果如图 13-64 所示。

图 13-64　地下层辅助线网格

（3）绘制墙体。

1）单击"图层"工具栏中的"图层特性管理器"按钮，打开"图层特性管理器"选项板，将"墙线"图层置为当前图层。

2）选择菜单栏中的"格式"→"多线样式"命令，打开"多线样式"对话框，如图 13-65 所示；单击"新建"按钮，打开"创建新的多线样式"对话框，在"新样式名"文本框中输入 240，如图 13-66 所示；单击"继续"按钮，打开"新建多线样式：240"对话框，将"图元"列表框中的元素偏移量设为 120 和-120，如图 13-67 所示。

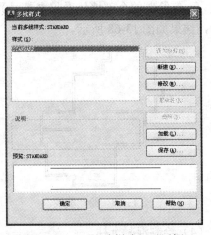

图 13-65　"多线样式"对话框

图 13-66　"创建新的多线样式"对话框

图 13-67　"新建多线样式：240"对话框

3）单击"确定"按钮，返回"多线样式"对话框，将多线样式"240"置为当前层，完成"240"墙体多线的设置。

4）选择菜单栏中的"绘图"→"多线"

命令，根据命令提示把对正方式设为"无"，把多线比例设为"1"，注意多线的样式为"240"，完成多线样式的调节。

5）选择菜单栏中的"绘图"→"多线"命令，根据辅助线网格绘制墙线。

6）单击"绘图"工具栏中的"分解"按钮 ，将多线分解；单击"修改"工具栏中的"修剪"按钮 和"绘图"工具栏中的"直线"按钮 ，使绘制的全部墙体看起来都是光滑连贯的，结果如图 13-68 所示。

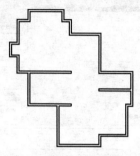

图 13-68　绘制墙线

（4）绘制混凝土柱。

1）单击"图层"工具栏中的"图层特性管理器"按钮 ，打开"图层特性管理器"选项板，将"混凝土柱"图层置为当前图层。

2）单击"绘图"工具栏中的"矩形"按钮 ，捕捉内外墙线的两个角点作为矩形对角线上的两个角点，绘制土柱边框，结果如图 13-69 所示。

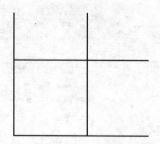

图 13-69　绘制土柱边框

3）单击"绘图"工具栏中的"图案填充"按钮 ，打开"图案填充和渐变色"对话框，如图 13-70 所示；单击"图案"下拉列表框右侧的按钮 ，打开"填充图案选项板"对话框，如图 13-71 所示，选择"SOLID"选项，然后

单击"确定"按钮返回"图案填充和渐变色"对话框；单击"添加：点拾取"按钮 ，在柱子轮廓内单击，然后右击，返回对话框，最后单击"确定"按钮，完成填充，结果如图 13-72 所示。

图 13-70　"图案填充和渐变色"对话框

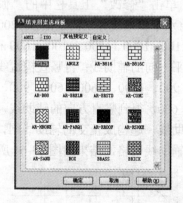

图 13-71　"填充图案选项板"对话框

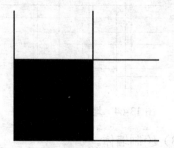

图 13-72　填充图案

4）单击"修改"工具栏中的"复制"按钮 ，将混凝土柱图案复制到相应的位置上，

结果如图 13-73 所示。注意复制时，灵活应用对象捕捉功能，这样会很方便定位。

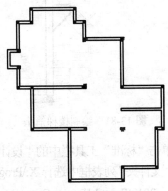

图 13-73　复制混凝土柱

（5）绘制楼梯。

1）单击"图层"工具栏中的"图层特性管理器"按钮，打开"图层特性管理器"选项板，将"楼梯"图层置为当前图层。

2）单击"修改"工具栏中的"偏移"按钮，将楼梯间右侧的轴线向左偏移 720，将上侧的轴线向下依次偏移 1380、290 和 600；单击"修改"工具栏中的"修剪"按钮和"绘图"工具栏中的"直线"按钮，将偏移后的直线进行修剪和补充，然后将其设置为"楼梯"图层，结果如图 13-74 所示。

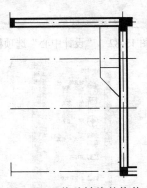

图 13-74　偏移轴线并修剪

3）将楼梯承台位置的线段颜色设置为黑色，并将其线宽改为 0.6，结果如图 13-75 所示。

4）单击"修改"工具栏中的"偏移"按钮，将内墙线向左偏移 1200，将楼梯承台的斜边向下偏移 1200，然后将偏移后的直线设置为"楼梯"图层，结果如图 13-76 所示。

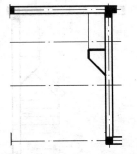

图 13-75　修改楼梯承台线段

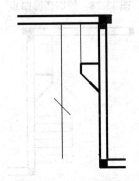

图 13-76　偏移直线并修改

5）单击"绘图"工具栏中的"直线"按钮，绘制台阶边线，结果如图 13-77 所示。

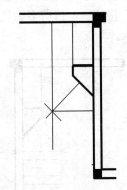

图 13-77　绘制台阶边线

6）单击"修改"工具栏中的"偏移"按钮，将台阶边线分别向两侧偏移，偏移距离均为 250，完成楼梯踏步的绘制，结果如图 13-78 所示。

7）单击"修改"工具栏中的"偏移"按钮，将楼梯边线向左偏移 60，绘制楼梯扶手；单击"绘图"工具栏中的"直线"按钮和"圆弧"按钮，细化踏步和扶手，结果如图 13-79 所示。

01 chapter
02 chapter
03 chapter
04 chapter
05 chapter
06 chapter
07 chapter
08 chapter
09 chapter
10 chapter
11 chapter
12 chapter
13 chapter

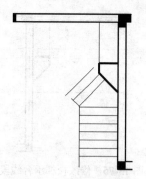

图 13-78　绘制楼梯踏步

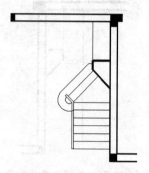

图 13-79　绘制楼梯扶手

8）单击"绘图"工具栏中的"直线"按钮 ，绘制倾斜折断线；单击"修改"工具栏中的"修剪"按钮 ，修剪多余线段，结果如图 13-80 所示。

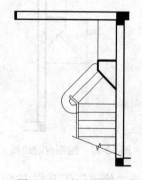

图 13-80　绘制折断线

9）单击"绘图"工具栏中的"多段线"按钮 和"多行文字"按钮 A，绘制楼梯箭头，完成地下层楼梯的绘制，结果如图 13-81 所示。

（6）室内布置。

1）单击"图层"工具栏中的"图层特性管理器"按钮 ，打开"图层特性管理器"选项板，将当前图层设置为"室内布局"图层。

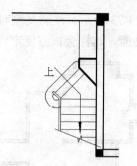

图 13-81　绘制楼梯箭头

2）单击"标准"工具栏中的"设计中心"按钮 ，在"文件夹"列表框中选择 X:\Program Files\AutoCAD 2013\Sample\DesignCenter\Home-Space Planner.dwg 中的"块"选项，右侧的列表框中出现桌子、椅子、床、钢琴等室内布置样例，如图 13-82 所示，将这些样例拖到"工具选项板"的"建筑"选项卡中，如图 13-83 所示。

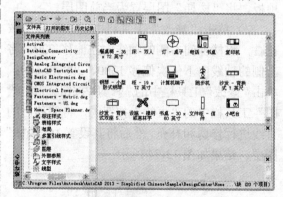

图 13-82　"设计中心"选项板

图 13-83　工具选项板

教你一招

在使用图库插入家具模块时，经常会遇到家具尺寸太大或太小、角度与实际要求不一致，或在家具组合图块中，部分家具需要更改等情况。这时，可以调用"比例"、"旋转"等修改工具来调整家具的比例和角度，如有必要还可以将图形模块先进行分解后，再对家具的样式或组合进行修改。

3）单击"标准"工具栏中的"工具选项板窗口"按钮▦，在"建筑"选项卡中双击"钢琴"图块，确定合适的插入点和缩放比例，将钢琴放置在室内合适的位置，结果如图 13-84 所示。

的功能用途等，结果如图 13-86 所示。

图 13-85　地下层平面图的室内布置

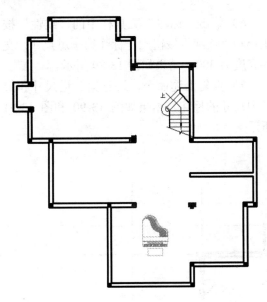

图 13-84　插入钢琴

4）单击"绘图"工具栏中的"插入块"按钮▦，将沙发、茶几、音箱、台球桌、棋牌桌等插入到合适位置，完成地下层平面图的室内布置，结果如图 13-85 所示。

（7）尺寸标注和文字说明。

1）单击"图层"工具栏中的"图层特性管理器"按钮▦，打开"图层特性管理器"选项板，将"标注"图层置为当前图层。

2）单击"绘图"工具栏中的"多行文字"按钮A，进行文字说明，主要包括房间及设施

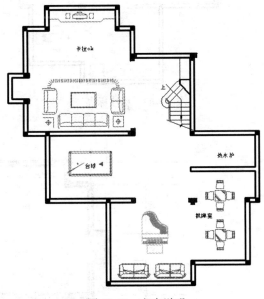

图 13-86　文字说明

3）单击"绘图"工具栏中的"直线"按钮▱和"多行文字"按钮A，标注室内标高，结果如图 13-87 所示。

4）双击"轴线"图层，把"轴线"图层置为当前图层，修改轴线网，结果如图 13-88 所示。

5）选择菜单栏中的"标注"→"标注样式"命令，打开"标注样式管理器"对话框，

01 chapter
02 chapter
03 chapter
04 chapter
05 chapter
06 chapter
07 chapter
08 chapter
09 chapter
10 chapter
11 chapter
12 chapter
13 chapter

339

新建"地下层平面图"标注样式；单击"线"选项卡，在"尺寸界线"选项组中设置"超出尺寸线"为200；单击"符号和箭头"选项卡，设定"箭头"为"▨建筑标记"、"箭头大小"为200；单击"文字"选项卡，设置"文字高度"为300，在"文字位置"选项组中设置"从尺寸线偏移"量为100。

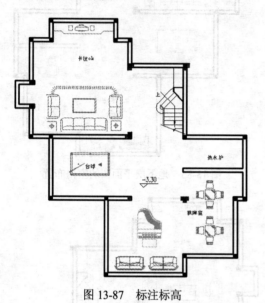

图 13-87　标注标高

图 13-88　修改轴线网

6）单击"标注"工具栏中的"线性"按钮⊢和"连续"按钮⊢⊢⊢，标注第一道尺寸，文字高度为300，结果如图13-89所示。

7）重复上述命令，进行第二道尺寸和最外围尺寸的标注，结果如图 13-90 和图 13-91 所示。

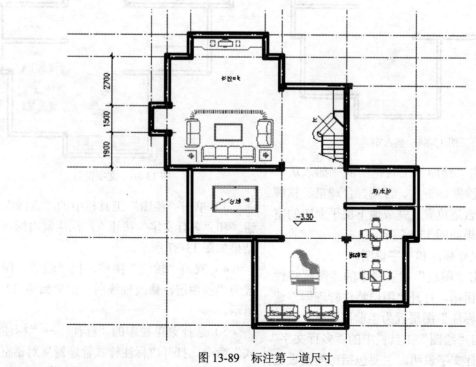

图 13-89　标注第一道尺寸

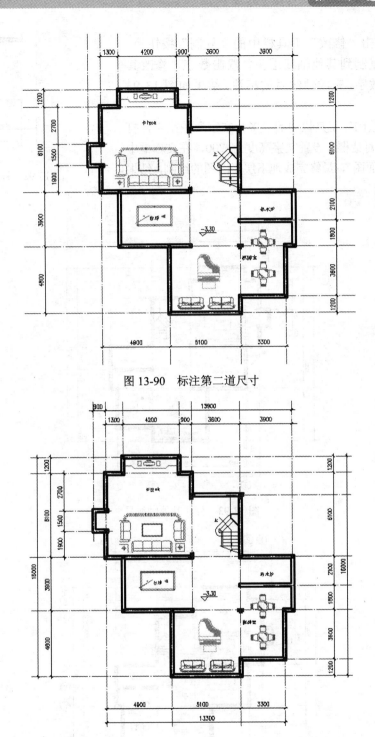

图 13-90　标注第二道尺寸

图 13-91　标注外围尺寸

01 chapter
02 chapter
03 chapter
04 chapter
05 chapter
06 chapter
07 chapter
08 chapter
09 chapter
10 chapter
11 chapter
12 chapter
13 chapter

　　8）轴线号标注。根据规范要求，横向轴号一般用阿拉伯数字 1、2、3…标注，纵向轴号用字母 A、B、C…标注。

　　单击"绘图"工具栏中的"圆"按钮 ⊙ ，在轴线端绘制一个直径为 600 的圆；单击"绘图"工具栏中的"多行文字"按钮 A ，在圆的中央标注一个数字"1"，字高为 300，如图

13-92 所示；单击"修改"工具栏中的"复制"按钮，将该轴号图例复制到其他轴线端头，双击数字，修改其他轴线号中的数字，完成轴线号的标注，结果如图 13-93 所示。

9）单击"绘图"工具栏中的"多行文字"按钮**A**，打开"文字格式"对话框；设置文字高度为 700，在文本框中输入"地下层平面图"，最终完成地下层平面图的绘制，结果如图 13-94 所示。

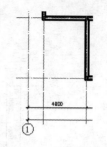

图 13-92 标注轴号 1

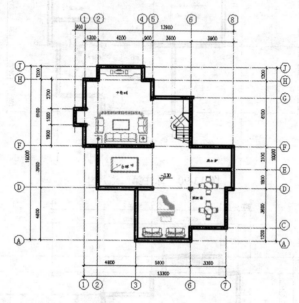

图 13-93 标注其他轴线号

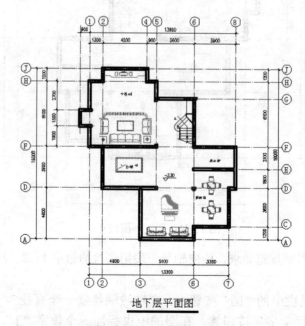

地下层平面图

图 13-94 地下层平面图

综合上述步骤继续绘制如图 13-95～图 13-97 所示的一层平面图、二层平面图、屋顶平面图。

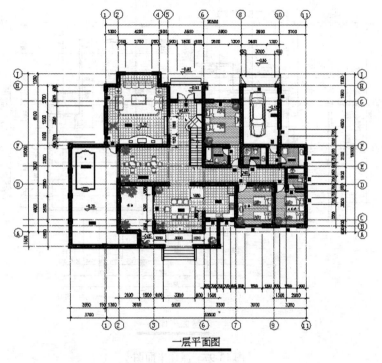

图 13-95　一层平面图

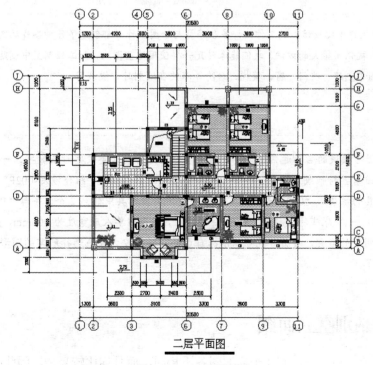

图 13-96　二层平面图

01 chapter

02 chapter

03 chapter

04 chapter

05 chapter

06 chapter

07 chapter

08 chapter

09 chapter

10 chapter

11 chapter

12 chapter

13 chapter

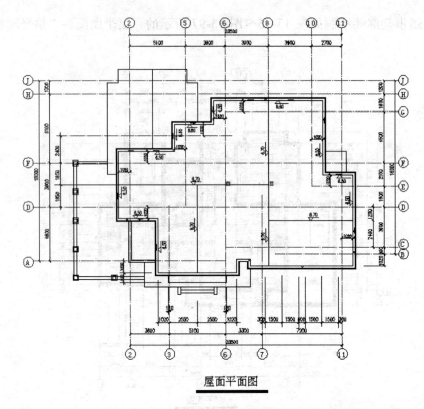

屋面平面图

图 13-97　屋顶平面图

13.2.3　绘制别墅立面图

由于此别墅前、后、左、右 4 个立面图各不相同，而且均比较复杂，因此必须绘制 4 个立面图。首先绘制南立面图，绘制流程如图 13-98 所示。

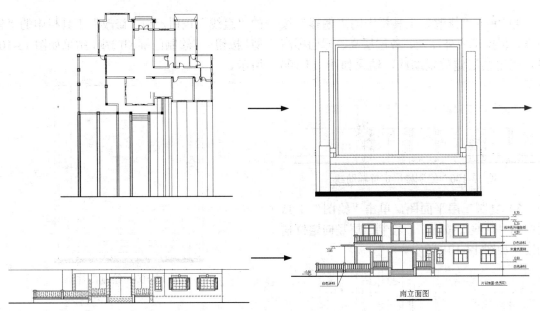

图 13-98　别墅南立面图的绘制流程图

操作思路

①绘制轮廓线　②细化部分　③标注

光盘\动画演示\第 13 章\别墅立面图.avi

（1）设置绘图环境。

1）在命令行中输入"LIMITS"命令，设置图幅为 42000×29700。

2）单击"图层"工具栏中的"图层特性管理器"按钮，打开"图层特性管理器"选项板，创建"立面"图层。

（2）绘制定位辅助线。

1）单击"图层"工具栏中的"图层特性管理器"按钮，打开"图层特性管理器"选项板，将"立面"图层置为当前图层。

2）复制一层平面图，并将暂时不用的图层关闭；单击"绘图"工具栏中的"多段线"按钮，在一层平面图下方绘制一条地平线，地平线上方需留出足够的绘图空间。

3）单击"绘图"工具栏中的"直线"按钮，由一层平面图向下引出定位辅助线，包括墙体外墙轮廓、墙体转折处以及柱轮廓线等，结果如图 13-99 所示。

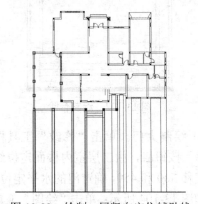

图 13-99　绘制一层竖向定位辅助线

4）单击"修改"工具栏中的"偏移"按钮 ▲，根据室内外高差、各层层高、屋面标高等，确定楼层定位辅助线，结果如图 13-100 所示。

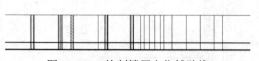

图 13-100　绘制楼层定位辅助线

5）复制二层平面图，单击"绘图"工具栏中的"直线"按钮 ✐，绘制二层竖向定位辅助线，如图 13-101 所示。

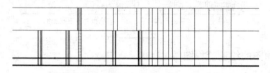

图 13-101　绘制二层竖向定位辅助线

（3）绘制一层立面图。

1）绘制台阶和门柱。单击"绘图"工具栏中的"直线"按钮 ✐ 和"修改"工具栏中的"偏移"按钮 ▲，绘制台阶，台阶的踏步高度为 150，如图 13-102 所示；再根据门柱的定位辅助线，单击"绘图"工具栏中的"直线"按钮 ✐ 和"修改"工具栏中的"修剪"按钮 ✂，绘制门柱，如图 13-103 所示。

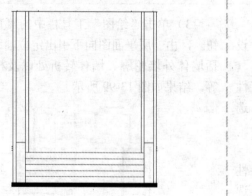

图 13-102　绘制台阶

2）绘制大门。单击"修改"工具栏中的"偏移"按钮 ▲，由二层室内楼面定位线依次向下偏移 500 和 450，确定门的水平定位直线，结果如图 13-104 所示；单击"绘图"工具栏中

的"直线"按钮 ✐ 和"修改"工具栏中的"修剪"按钮 ✂，绘制门框和门扇，结果如图 13-105 所示。

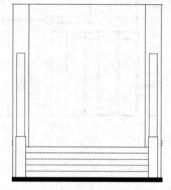

图 13-103　绘制门柱

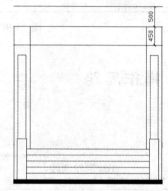

图 13-104　绘制大门水平定位直线

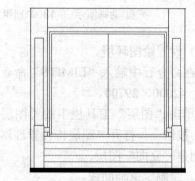

图 13-105　绘制门框和门扇

3）绘制坎墙。单击"修改"工具栏中的"修剪"按钮 ✂，修剪坎墙的定位辅助线，完成坎墙的绘制，结果如图 13-106 所示。

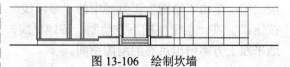

图 13-106　绘制坎墙

4）绘制砖柱。单击"修改"工具栏中的"偏移"按钮 ▱ 和"修剪"按钮 ⊁，根据砖柱的定位辅助线绘制砖柱，结果如图 13-107 所示。

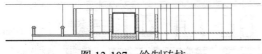

图 13-107 绘制砖柱

5）绘制栏杆。单击"修改"工具栏中的"偏移"按钮 ▱，将坎墙线依次向上偏移 100、100、600 和 100；单击"绘图"工具栏中的"直线"按钮 ✐，绘制两条竖直线；单击"修改"工具栏中的"矩形阵列"按钮 ▦，将竖直线阵列，完成栏杆的绘制，结果如图 13-108 所示。

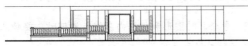

图 13-108 绘制栏杆

6）绘制窗户。单击"绘图"工具栏中的"直线"按钮 ✐ 和"修改"工具栏中的"偏移"按钮 ▱ 和"修剪"按钮 ⊁，绘制窗户，结果如图 13-109 所示。然后进一步细化窗户，绘制窗户的外围装饰，如图 13-110 所示。

图 13-109 绘制窗户

图 13-110 细化窗户

7）绘制一层屋檐。单击"绘图"工具栏中的"直线"按钮 ✐ 和"修改"工具栏中的"偏移"按钮 ▱ 和"修剪"按钮 ⊁，根据定位辅助直线，绘制一层屋檐，最终完成的一层立面图如图 13-111 所示。

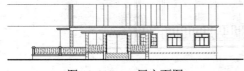

图 13-111 一层立面图

（4）绘制二层立面图。

1）绘制砖柱。单击"修改"工具栏中的"偏移"按钮 ▱ 和"修剪"按钮 ⊁，根据砖柱的定位辅助线绘制砖柱，结果如图 13-112 所示。

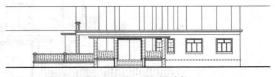

图 13-112 绘制砖柱

2）绘制栏杆。单击"修改"工具栏中的"复制"按钮 ❀，将一层立面图中的栏杆复制到二层立面图中并修改，结果如图 13-113 所示。

图 13-113 绘制栏杆

3）绘制窗户。单击"修改"工具栏中的"复制"按钮 ❀，将一层立面图中大门右侧的 4 个窗户复制到二层立面图中；单击"绘图"工具栏中的"直线"按钮 ✐ 和"修改"工具栏中的"偏移"按钮 ▱，绘制左侧的两个窗户，结果如图 13-114 所示。

图 13-114 绘制窗户

4）绘制二层屋檐。单击"绘图"工具栏中的"直线"按钮 ✐ 和"修改"工具栏中的"偏移"按钮 ▱ 和"修剪"按钮 ⊁，根据定位辅助直线，绘制二层屋檐，完成二层立面体的绘制，结果如图 13-115 所示。

图 13-115 绘制二层屋檐

（5）文字说明和标注。单击"绘图"工具栏中的"直线"按钮和"多行文字"按钮 A，进行标高标注和文字说明，最终完成南立面图的绘制，结果如图 13-116 所示。

图 13-116　南立面图

教你一招

选择菜单栏中的"文件"→"图形实用工具"→"清理"命令，对图形和数据内容进行清理时，要确认该元素在当前图纸中确实毫无作用，避免丢失一些有用的数据和图形元素。

对于一些暂时无法确定是否该清理的图层，可以先将其保留，仅删去该图层中无用的图形元素；或将该图层关闭，使其保持不可见状态，待整个图形文件绘制完成后再进行选择性地清理。

综合上述步骤继续绘制如图 13-117～图 13-119 所示的北立面图、西立面图和东立面图。

图 13-117　北立面图

图 13-118　西立面图

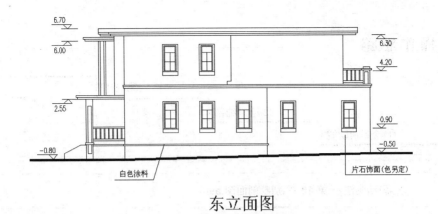

东立面图

图 13-119 东立面图

教你一招

立面图中的标高符号一般绘制在立面图形外,同方向的标高符号应大小一致,并排列在同一条铅垂线上。必要时(为清楚起见),也可标注在图内。若建筑立面图左右对称,标高应标注在左侧,否则两侧均应标注。

13.2.4 绘制别墅剖面图

本节以绘制别墅剖面图为例,介绍剖面图的绘制方法与技巧。

首先确定剖切位置和投射方向,根据别墅方案的情况,选择 1-1 和 2-2 剖切位置。1-1 剖切位置中一层剖切线经过车库、卫生间、过道和卧室,二层剖切线经过北侧卧室、卫生间、过道和南侧卧室。2-2 剖切位置中一层剖切线经过楼梯间、过道和客厅,二层剖切线经过楼梯间、过道和主人房。剖视方向向左,绘制流程如图 13-120 所示。

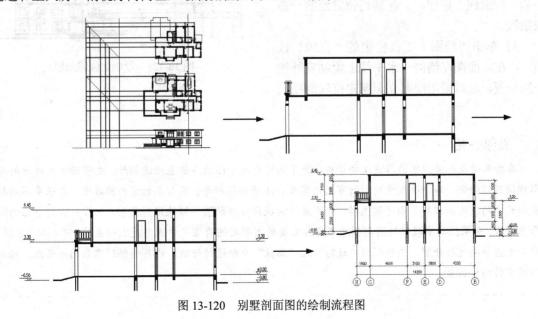

图 13-120 别墅剖面图的绘制流程图

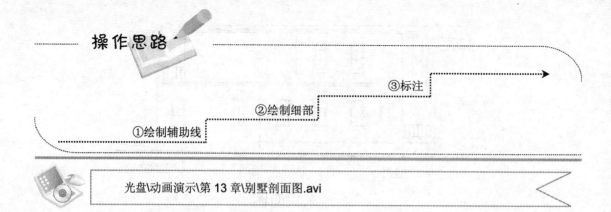

操作思路

③标注

②绘制细部

①绘制辅助线

光盘\动画演示\第 13 章\别墅剖面图.avi

（1）设置绘图环境。

1）在命令行中输入"LIMITS"命令，设置图幅为 42000×29700。

2）单击"图层"工具栏中的"图层特性管理器"按钮，打开"图层特性管理器"选项板，创建"剖面"图层。

（2）绘制定位辅助线。

1）单击"图层"工具栏中的"图层特性管理器"按钮，打开"图层特性管理器"选项板，将"剖面"图层置为当前图层。

2）复制一层平面图、二层平面图和南立面图，并将暂时不用的图层关闭。为便于从平面图中引出定位辅助线，单击"绘图"工具栏中的"构造线"按钮，在剖切位置绘制一条构造线。

3）单击"绘图"工具栏中的"直线"按钮，在立面图左侧同一水平线上绘制室外地平线位置，然后采用绘制立面图定位辅助线的

方法绘制出剖面图的定位辅助线，结果如图 13-121 所示。

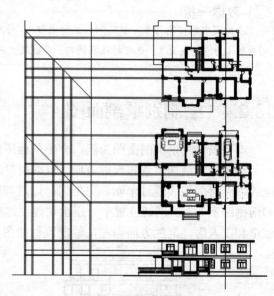

图 13-121　绘制定位辅助线

教你一招

在绘制建筑剖面图中的门窗或楼梯时，除了利用前面介绍的方法直接绘制外，也可借助图库中的图形模块进行绘制，如一些未被剖切的可见门窗或一组楼梯栏杆等。在常见的室内图库中，有很多不同种类和尺寸的门窗和栏杆立面可供选择，绘图者只需找到合适的图形模块进行复制，然后粘贴到自己的图形中即可。如果图库中提供的图形模块与实际需要的图形之间存在尺寸或角度上的差异，可利用"分解"命令先将模块进行分解，然后利用"旋转"或"缩放"命令进行修改，将其调整到满意的结果后，插入到图中的相应位置。

（3）绘制室外地平线和一层楼板。

1）单击"绘图"工具栏中的"直线"按钮╱和"修改"工具栏中的"偏移"按钮，根据平面图中的室内外标高确定楼板层和地平线的位置，单击"修改"工具栏中的"修剪"按钮，将多余的线段进行修剪。

2）单击"绘图"工具栏中的"图案填充"按钮，将室外地平线和楼板层填充为"SOLID"图案，结果如图13-122所示。

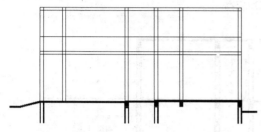

图13-122 绘制室外地平线和一层楼板

（4）绘制二层楼板和屋顶楼板。

利用与上述相同的方法绘制二层楼板和屋顶楼板，结果如图13-123所示。

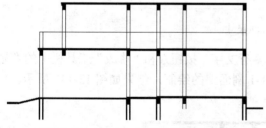

图13-123 绘制二层楼板和屋顶楼板

（5）绘制墙体。单击"修改"工具栏中的"修剪"按钮，修剪墙线，然后将修剪后的墙线设置线宽为0.3，形成墙体剖面线，结果如图13-124所示。

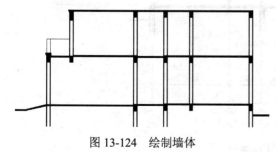

图13-124 绘制墙体

（6）绘制门窗。单击"修改"工具栏中的"修剪"按钮，绘制门窗洞口；单击"绘图"工具栏中的"多段线"按钮，绘制门窗，绘制方法与平面图和立面图中绘制门窗的方法相同，结果如图13-125所示。

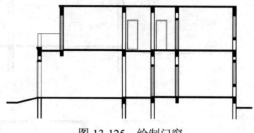

图13-125 绘制门窗

（7）绘制砖柱。利用与立面图中相同的方法绘制砖柱，结果如图13-126所示。

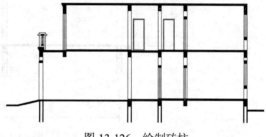

图13-126 绘制砖柱

（8）绘制栏杆。利用与立面图中相同的方法绘制栏杆，结果如图13-127所示。

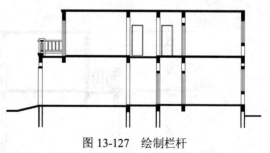

图13-127 绘制栏杆

（9）文字说明和标注。

1）单击"绘图"工具栏中的"直线"按钮╱和"多行文字"按钮A，进行标高标注，结果如图13-128所示。

2）单击"标注"工具栏中的"线性"按钮和"连续"按钮，标注门窗洞口、层高、轴线和总体长度尺寸，结果如图13-129所示。

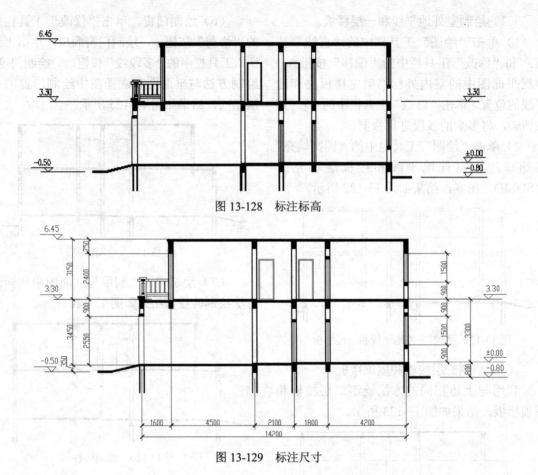

图 13-128 标注标高

图 13-129 标注尺寸

3）单击"绘图"工具栏中的"圆"按钮⊙、"多行文字"按钮 A 和"修改"工具栏中的"复制"按钮%，标注轴线号和文字说明。最终完成 1-1 剖面图的绘制，结果如图 13-130 所示。

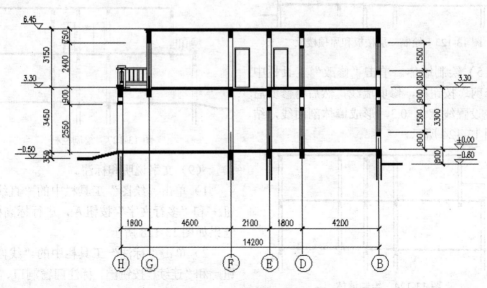

图 13-130 1-1 剖面图

综合上述步骤继续绘制如图 13-131 所示的 2-2 剖面图。

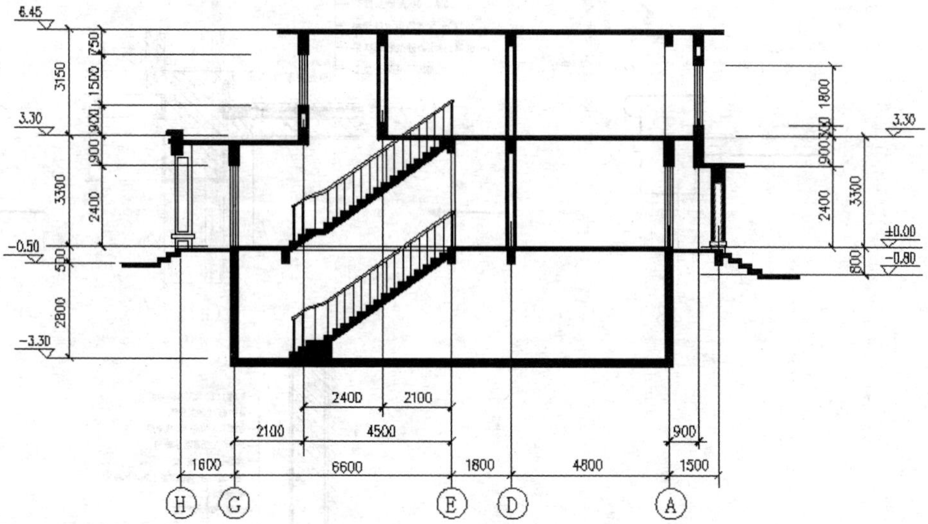

图 13-131　2-2 剖面图

教你一招

众所周知，建筑剖面图的作用是对无法在平面图和立面图中表达清楚的建筑内部进行剖切，以表达建筑设计师对建筑物内部的组织与处理。由此可见，剖切平面位置的选择很重要。剖面图的剖切平面一般选择在建筑内部结构和构造比较复杂的位置，或选择在内部结构和构造有变化、有代表性的部位，如楼梯间等。

对于不同建筑物，其剖切面数量也是不同的。对于结构简单的建筑物，可能绘制一两个剖切面就足够了；对于有些构造复杂且内部功能没有明显规律性的建筑物，则需要绘制从多个角度剖切的剖面图才能满足要求。对于结构和形状对称的建筑物，剖面图可以只绘制一半，有的建筑物在某一条轴线之间具有不同的布置，则可以在同一个剖面图上绘出不同位置的剖面图，但是要添加文字标注加以说明。

另外，由于建筑剖面图要表达房屋高度与宽度或长度之间的组成关系，一般而言，比平面图和立面图都要复杂，且要求表达的构造内容也较多，因此，有时会将建筑剖面图采用较大的比例（如 1∶50）绘出。

以上这些绘图方法和设计原则，可以帮助设计者和绘图者更科学、更有效地绘制出建筑剖面图，以达到更准确、鲜明地表达建筑物性质和特点的目的。

13.2.5　绘制别墅建筑详图

本节以绘制别墅建筑详图为例，介绍建筑详图绘制的一般方法与技巧。首先绘制外墙身详图，绘制流程如图 13-132 所示。

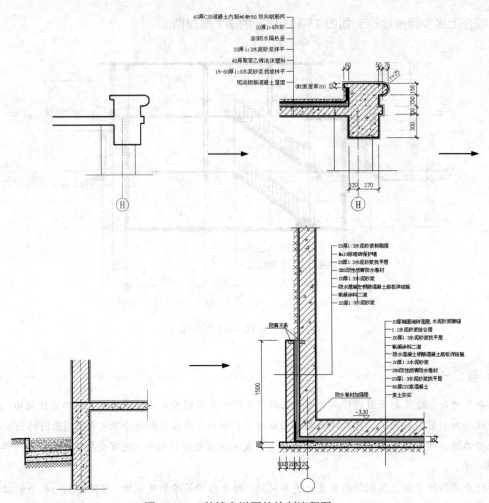

图 13-132　外墙身详图的绘制流程图

操作思路

③标注

②图案填充

①绘制轮廓线

 光盘\动画演示\第 13 章\别墅建筑详图.avi

（1）绘制墙身节点 1。墙身节点 1 的绘制内容包括屋面防水和隔热层。

1）绘制檐口轮廓。单击"绘图"工具栏中的"直线"按钮、"圆弧"按钮、"圆"按钮和"多行文字"按钮A，绘制轴线、楼

板和檐口轮廓线，结果如图 13-133 所示；单击"修改"工具栏中的"偏移"按钮，将檐口轮廓线向外偏移 50，完成抹灰的绘制，如图 13-134 所示。

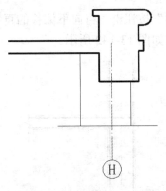

图 13-133　绘制檐口轮廓线

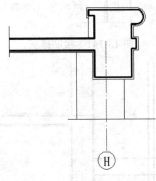

图 13-134　绘制檐口抹灰

2）单击"修改"工具栏中的"偏移"按钮 🖫，将楼板层分别向上偏移 20、40、20、10 和 40，并将偏移后的直线设置为细实线，结果如图 13-135 所示；单击"绘图"工具栏中的"多段线"按钮 ⤵，绘制防水卷材，多段线宽度为 1，转角处作圆弧处理，结果如图 13-136 所示。

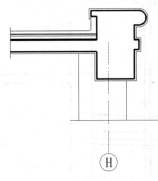

图 13-135　偏移直线

3）图案填充。单击"绘图"工具栏中的"图案填充"按钮 ▨，依次填充各种材料图例，钢筋混凝土采用"ANSI31"和"AR-CONC"图案的叠加，聚苯乙烯泡沫塑料采用"ANSI37"

图案，结果如图 13-137 所示。

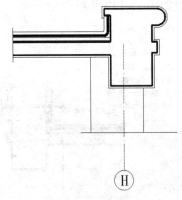

图 13-136　绘制防水层

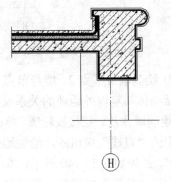

图 13-137　填充图案

4）尺寸标注。单击"标注"工具栏中的"线性"按钮 ⊢、"连续"按钮 ⊩ 和"半径"按钮 ◎，进行尺寸标注，结果如图 13-138 所示。

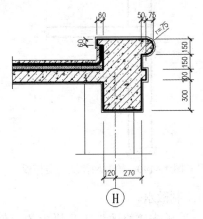

图 13-138　标注尺寸

5）文字说明。单击"绘图"工具栏中的"直线"按钮 ✐，绘制引出线；单击"绘图"工具栏中的"多行文字"按钮 A，说明屋面防

01 chapter
02 chapter
03 chapter
04 chapter
05 chapter
06 chapter
07 chapter
08 chapter
09 chapter
10 chapter
11 chapter
12 chapter
13 chapter

水层的多层次构造，最终完成墙身节点 1 的绘制，结果如图 13-139 所示。

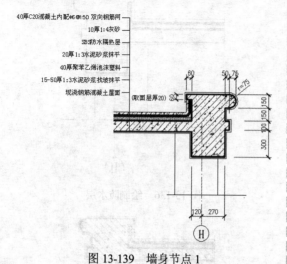

40厚C20混凝土内配φ6@150 双向钢筋网
10厚1:4灰砂
SBS防水隔热层
20厚1:3水泥砂浆抹平
40厚聚苯乙烯泡沫塑料
15-50厚1:3水泥砂浆找坡抹平
现浇钢筋混凝土屋面

图 13-139　墙身节点 1

（2）绘制墙身节点 2。墙身节点 2 的绘制内容包括墙体与室内外地坪的关系及散水。

1）绘制墙体及一层楼板轮廓。单击"绘图"工具栏中的"直线"按钮，绘制墙体及一层楼板轮廓，结果如图 13-140 所示；单击"修改"工具栏中的"偏移"按钮，将墙体及楼板轮廓线向外偏移 20，并将偏移后的直线设置为细实线，完成抹灰的绘制，结果如图 13-141 所示。

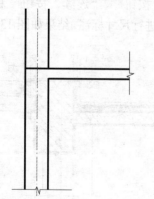

图 13-140　绘制墙体及一层楼板

2）绘制散水。

（a）单击"修改"工具栏中的"偏移"按钮，将墙线左侧的轮廓线依次向左偏移615、60，将一层楼板下侧轮廓线依次向下偏移 367、182、80、71；单击"修改"工具栏中

的"移动"按钮，将向下偏移的直线向左移动，结果如图 13-142 所示。

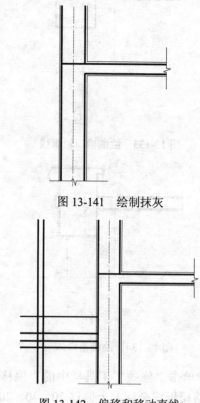

图 13-141　绘制抹灰

图 13-142　偏移和移动直线

（b）单击"修改"工具栏中的"旋转"按钮，将移动后的直线以最下端直线的左端点为基点进行旋转，旋转角度为 2°，结果如图 13-143 所示。

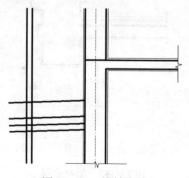

图 13-143　旋转直线

（c）单击"修改"工具栏中的"修剪"按钮，修剪多余的直线，结果如图 13-144 所示。

图 13-144　修剪直线

3）图案填充。单击"绘图"工具栏中的"图案填充"按钮，依次填充各种材料图例，钢筋混凝土采用"ANSI31"和"AR-CONC"图案的叠加，砖墙采用"ANSI31"图案，素土采用"ANSI37"图案，素混凝土采用"AR-CONC"图案；单击"绘图"工具栏中的"椭圆"按钮和"修改"工具栏中的"复制"按钮，绘制鹅卵石图案，结果如图 13-145 所示。

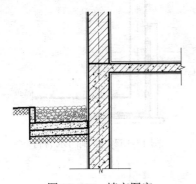

图 13-145　填充图案

4）尺寸标注。单击"标注"工具栏中的"线性"按钮、"直线"按钮和"多行文字"按钮A，进行尺寸标注，结果如图 13-146 所示。

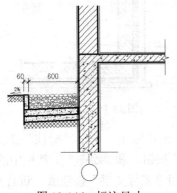

图 13-146　标注尺寸

5）文字说明。单击"绘图"工具栏中的"直线"按钮，绘制引出线；单击"绘图"工具栏中的"多行文字"按钮A，说明散水的多层次构造，最终完成墙身节点 2 的绘制，结果如图 13-147 所示。

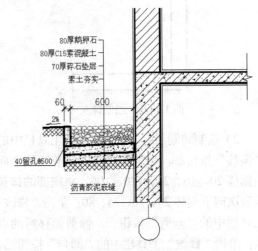

图 13-147　墙身节点 2

（3）绘制墙身节点 3。墙身节点 3 的绘制内容包括地下室地坪和墙体防潮层。

1）绘制地下室墙体及底部。单击"绘图"工具栏中的"直线"按钮，绘制地下室墙体及底部轮廓，结果如图 13-148 所示；单击"修改"工具栏中的"偏移"按钮，将轮廓线向外偏移 20，并将偏移后的直线设置为细实线，完成抹灰的绘制，如图 13-149 所示。

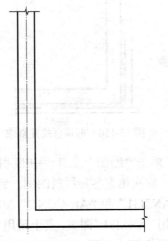

图 13-148　绘制地下室墙体及底部

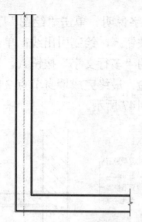

图 13-149　绘制抹灰

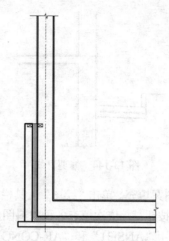

图 13-151　绘制防腐木条

2）绘制防潮层。单击"修改"工具栏中的"偏移"按钮🔹，将墙线左侧的抹灰线依次向左偏移 20、16、24、120、106，将底部的抹灰线依次向下偏移 20、16、24、80；单击"修改"工具栏中的"修剪"按钮🔪，修剪偏移后的直线；单击"修改"工具栏中的"圆角"按钮◻，将直角处倒圆角，并修改线段的宽度，结果如图 13-150 所示；单击"绘图"工具栏中的"直线"按钮✏，绘制防腐木条，结果如图 13-151所示；单击"绘图"工具栏中的"多段线"按钮⤵，绘制防水卷材，结果如图 13-152 所示。

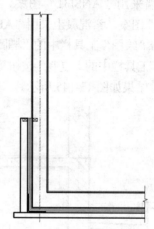

图 13-152　绘制防水卷材

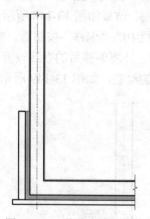

图 13-150　偏移直线并修改

3）单击"绘图"工具栏中的"图案填充"按钮▨，依次填充各种材料图例，钢筋混凝土采用"ANSI31"和"AR-CONC"图案的叠加，砖墙采用"ANSI31"图案，素土采用"ANSI37"图案，素混凝土采用"AR-CONC"图案，结果如图 13-153 所示。

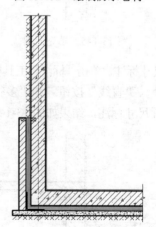

图 13-153　填充图案

4）尺寸标注。单击"标注"工具栏中的"线性"按钮⊢和"绘图"工具栏中的"直线"按钮✏和"多行文字"按钮 A，进行尺寸标注和标高标注，结果如图 13-154 所示。

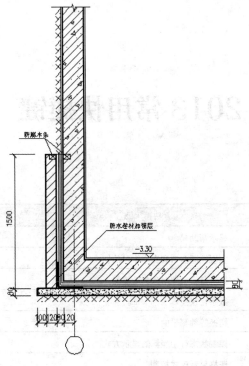

图 13-154　标注尺寸

5）文字说明。单击"绘图"工具栏中的
"直线"按钮，绘制引出线；单击"绘图"
工具栏中的"多行文字"按钮A，说明散水的
多层次构造，最终完成墙身节点3的绘制，结
果如图 13-155 所示。

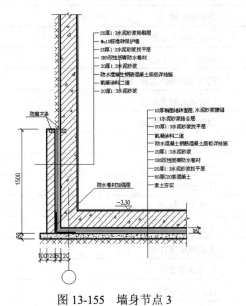

图 13-155　墙身节点 3

综合上述步骤继续绘制如图 13-156～图
13-158 所示的卫生间 4 放大图、卫生间 5 放大
图、装饰柱详图。

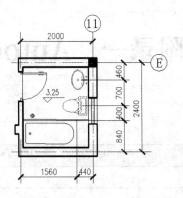

卫生间4大样

图 13-156　卫生间 4 放大图

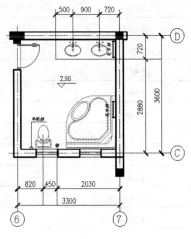

卫生间5大样

图 13-157　卫生间 5 放大图

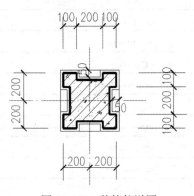

图 13-158　装饰柱详图

附录一　AutoCAD 2013 常用快捷键

快　捷　键	功　能
<F1>	显示帮助
<F2>	实现绘图窗口和文本窗口的切换
<F3>	控制是否实现对象自动捕捉
<F4>	数字化仪控制
<F5>	切换等轴测平面
<F6>	控制状态行中坐标的显示方式
<F7>	栅格显示模式控制
<F8>	正交模式控制
<F9>	栅格捕捉模式控制
<F10>	切换"极轴追踪"
<F11>	对象捕捉追踪模式控制
<F12>	切换"动态输入"
<Ctrl>+<A>	选择图形中未锁定或冻结的所有对象
<Ctrl>+<B>	切换捕捉模式
<Ctrl>+<C>	将选择的对象复制到剪贴板上
<Ctrl>+<D>	切换"动态 UCS"
<Ctrl>+<E>	在等轴测平面之间循环
<Ctrl>+<F>	切换执行对象捕捉
<Ctrl>+<G>	切换执行对象捕捉
<Ctrl>+<J>	重复执行上一个命令
<Ctrl>+<I>	切换坐标显示
<Ctrl>+<K>	插入超链接
<Ctrl>+<L>	切换正交模式
<Ctrl>+<M>	重复上一个命令
<Ctrl>+<N>	新建图形文件
<Ctrl>+<O>	打开图形文件
<Ctrl>+<P>	打印当前图形
<Ctrl>+<S>	保存文件

续表

快　捷　键	功　　能
<Ctrl>+<T>	切换数字化仪模式
<Ctrl>+<U>	极轴模式控制（<F10>）
<Ctrl>+<V>	粘贴剪贴板上的内容
<Ctrl>+<W>	对象捕捉追踪模式控制（<F11>）
<Ctrl>+<X>	将所选内容剪切到剪贴板上
<Ctrl>+<Y>	取消前面的"放弃"动作
<Ctrl>+<Z>	恢复上一个动作
<Ctrl>+<1>	打开"特性"选项板
<Ctrl>+<2>	切换"设计中心"
<Ctrl>+<3>	切换"工具选项板"窗口
<Ctrl>+<4>	切换"图纸集管理器"
<Ctrl>+<6>	切换"数据库连接管理器"
<Ctrl>+<7>	切换"标记集管理器"
<Ctrl>+<8>	切换"快速计算器"选项板
<Ctrl>+<9>	切换"命令行"窗口
<Ctrl>+<Shift>+<A>	切换组
<Ctrl>+<Shift>+<C>	使用基点将对象复制到 Windows 剪贴板
<Ctrl>+<Shift>+<S>	另存为
<Ctrl>+<Shift>+<V>	将剪贴板中的数据作为块进行粘贴
<Ctrl>+<Shift>+<P>	切换"快捷特性"界面
<Shift>+<A>	切换捕捉模式
<Shift>+<C>	对象捕捉替代:圆心
<Shift>+<D>	禁用所有捕捉和追踪
<Shift>+<E>	对象捕捉替代:端点
<Shift>+<L>	禁用所有捕捉和追踪
<Shift>+<M>	对象捕捉替代:中点
<Shift>+<P>	对象捕捉替代:端点
<Shift>+<Q>	切换"对象捕捉追踪"
<Shift>+<S>	启用强制对象捕捉
<Shift>+<V>	对象捕捉替代:中点
<Shift>+<X>	切换"极轴追踪"
<Shift>+<Z>	切换动态 UCS 模式
<Delete>	删除
<End>	跳到最后一帧

【注意】在"自定义用户界面"编辑器中，可以查看、打印或复制快捷键列表和临时替代键列表。列表中的快捷键和临时替代键是程序中已加载的 CUIx 文件所使用的此类按键。

附录二　AutoCAD 2013 快捷命令

快 捷 命 令	命　　令	功　　能
A	ARC	创建圆弧
AA	AREA	计算指定区域的面积和周长
ADC	ADCENTER	打开"设计中心"选项板
AL	ALIGN	在二维或三维空间中将某对象与其他对象对齐
AP	APPLOAD	加载或卸载应用程序
AR	ARRAY	阵列
ATE	ATTEDIT	改变块的属性信息
ATT	ATTDEF	创建属性定义
ATTE	-ATTEDIT	编辑块的属性
AV	DSVIEWER	鸟瞰视图
B	BLOCK	创建块
BC	BCLOSE	关闭块编辑器
BE	BEDIT	在块编辑器中打开块定义
BH	BHATCH	使用图案填充或渐变填充来填充封闭区域或选定对象
BO	BOUNDARY	从封闭区域创建面域或多段线
BR	BREAK	在两点间打断选定对象
BS	BSAVE	保存定义块并参照
C	CIRCLE	创建圆
CH、MO	PROPERTIES	显示对象特性
CHA	CHAMFER	为对象的边加倒角
CHK	CHECKSTANDARDS	检查当前图形中是否存在标准冲突
CO	COPY	复制对象
COL	COLOR	设置新对象的颜色
D	DIMSTYLE	创建和修改标注样式

快捷命令	命令	功能
DAL	DIMALIGNED	对齐线性标注
DAN	DIMANGULAR	角度标注
DBA	DIMBASELINE	基线标注
DBC	DBCONNECT	提供至外部数据库表的接口
DCE	DIMCENTER	创建圆或圆弧的中心标记或中心线
DCO	DIMCONTINUE	连续标注
DDI	DIMDIAMETER	为圆或圆弧创建直径标注
DED	DIMEDIT	编辑标注
DI	DIST	测量两点之间的距离和角度
DIV	DIVIDE	定数等分
DLI	DIMLINEAR	线性标注
DO	DONUT	绘制填充的圆或环
DOR	DIMORDINATE	坐标点标注
DOV	DIMOVERRIDE	替换标注系统变量
DRA	DIMRADIUS	为圆或圆弧创建半径标注
DS、SE	DSETTINGS	打开"草图设置"对话框
DV	DVIEW	使用相机和目标定义平行投影或透视视图
E	ERASE	从图形中删除对象
ED	DDEDIT	编辑文字、标注文字、属性定义和特征控制框
EL	ELLIPSE	创建椭圆或椭圆弧
EX	EXTEND	延伸对象
EXP	EXPORT	输出其他格式文件
EXT	EXTRUDE	拉伸
EXIT	QUIT	退出程序
F	FILLET	倒圆角
FI	FILTER	创建可重复使用的过滤器以便根据特性选择对象
-H	HATCH	利用填充图案、实体填充或渐变填充来填充封闭区域或选定对象
HE	HATCHEDIT	修改现有的图案填充对象
HI	HIDE	重生成三维模型时不显示隐藏线
I	INSERT	将命名块或图形插入到当前图形中
IM	IMAGE	打开"外部参照"选项板
IAD	IMAGEADJUST	控制选定图像的亮度、对比度和淡入度显示

快 捷 命 令	命 令	功 能
IAT	IMAGEATTACH	向当前图形中附着新的图形对象
ICL	IMAGECLIP	根据指定边界修剪选定图像的显示
IMP	IMPORT	将不同格式的文件输入到当前图形中
INF	INTERFERE	采用两个或多个三维实体的公用部分创建三维复合实体
IN	INTERSECT	采用两个或多个实体或面域的交集创建复合实体或面域并删除交集以外的部分
IO	INSERTOBJ	插入链接或嵌入对象
L	LINE	创建直线段
LA	LAYER	管理图层和图层特性
LO	-LAYOUT	创建新布局，重命名、复制、保存或删除现有布局
LEAD	LEADER	创建连接注释与特征的线
LEN	LENGTHEN	拉长对象
LT	LINETYPE	加载、设置和修改线型
LI、LS	LIST	显示选定对象的数据库信息
LTS	LTSCALE	设置线型比例因子
LW	LWEIGHT	设置当前线宽、线宽显示选项和线宽单位
M	MOVE	在指定方向上按指定距离移动对象
MA	MATCHPROP	属性匹配
ME	MEASURE	沿对象的长度或周长按测定间隔创建点对象或块
MI	MIRROR	创建对象的镜像副本
ML	MLINE	创建多线
MS	MSPACE	从图纸空间切换到模型空间视口
MT、T	MTEXT	创建多行文字
MV	MVIEW	创建并控制布局视口
O	OFFSET	偏移命令，用于创建同心圆、平行线
OS	OSNAP	设置对象捕捉模式
OP	OPTIONS	选项显示设置
P	PAN	移动当前视口中显示的图形
PA	PASTESPEC	插入剪贴板数据并控制数据格式
PE	PEDIT	多线段编辑
PL	PLINE	创建二维多段线
PLOT	PRINT	将图形输入到打印设备或文件
PO	POINT	创建点对象

快捷命令	命　令	功　能
POL	POLYGON	创建闭合的等边多段线
PRE	PREVIEW	打印预览
PRCLOSE	PROPERTIESCLOSE	关闭"特性"选项板
PS	PSPACE	从模型空间切换到图纸空间视口
PR	PROPERTIES	显示对象特性
PU	PURGE	删除图形中未使用的项目
PARAM	BPARAMETER	编辑块的参数类型
R	REDRAW	刷新当前视口中的显示
RE	REGEN	从当前视口重生成整个图形
REC	RECTANG	绘制矩形多段线
REN	RENAME	修改对象名称
RO	ROTATE	绕基点旋转对象
RR	RENDER	渲染对象
REA	REGENALL	重新生成图形并刷新所有视口
REG	REGION	将封闭区域的对象转换为面域
REV	REVOLVE	绕轴旋转二维对象以创建实体
RPR	RPREF	设置渲染系统配置
S	STRETCH	拉伸与选择窗口或多边形交叉的对象
SC	SCALE	按比例放大或缩小对象
ST	STYLE	创建、修改或设置文字样式
SN	SNAP	规定光标按指定的间距移动
SU	SUBTRACT	采用差集运算创建组合面域或实体
SL	SLICE	剖切实体
SO	SOLID	创建二维填充多边形
SP	SPELL	检查图形中文字的拼写
SPL	SPLINE	绘制样条曲线
SPE	SPLINEDIT	编辑样条曲线或样条曲线拟合多段线
SCR	SCRIPT	从脚本文件中执行一系列命令
SEC	SECTION	使用平面和实体、曲面或网格的交集创建面域
SET	SETVAR	列出并修改系统变量值
SSM	SHEETSET	打开图纸集管理器
TO	TOOLBAR	显示、隐藏和自定义工具栏

快 捷 命 令	命 令	功 能
TOL	TOLERANCE	创建形位公差
T	TEXT	创建单行文字对象
TA	TABLET	校准、配置、打开和关闭已安装的数字化仪
TH	THICKNESS	设置当前三维实体的厚度
TI、TM	TILEMODE	使"模型"选项卡或最后一个布局选项卡当前化
TOR	TORUS	创建圆环形三维实体
TR	TRIM	利用其他对象定义的剪切边修剪对象
TP	TOOLPALETTES	打开工具选项板
TS	TABLESTYLE	创建、修改或指定表格样式
U	UNDO	撤销命令
UNI	UNION	通过并集运算创建组合面域或实体
UC	UCSMAN	管理已定义的用户坐标系
UN	UNITS	控制坐标和角度的显示格式并确定精度
VP	DDVPOINT	预设视点
W	WBLOCK	将对象或块写入新的图形文件中
WE	WEDGE	创建楔体
X	EXPLOPE	将复合对象分解为部件对象
XA	XATTACH	插入 DWG 文件作为外部参照
XB	XBIND	将外部参照依赖符号命名绑定到当前图形中
XC	XCLIP	根据指定边界修剪选定外部参照或块参照的显示
XL	XLINE	创建无限长直线（即构造线）
XP	XPLODE	将复合对象分解为其组件对象
XR	XREF	打开外部参照选项板
Z	ZOOM	放大或缩小视图中对象的外观尺寸
3A	3DARRAY	创建三维阵列
3F	3DFACE	在三维空间中创建三侧面或四侧面的曲面
3DO	3DORBIT	在三维空间中动态查看对象
3P	3DPOLY	在三维空间中使用"连续"线型创建由直线段构成的多段线